El libro de las nubes

VINCENZO LEVIZZANI

El libro de las nubes

Manual práctico y teórico
para leer la atmósfera

GUADALMAZÁN

Título original:
Il libro delle nuvole. Manuale pratico e teorico per leggere il cielo

© Vincenzo Levizzani, 2021
© Il Saggiatore Srl, Milano, 2021

Derechos negociados por Ute Körner Literary Agent
www.uklitag.com

© Vincenzo Levizzani, 2025
© Talenbook, s.l., 2025

Primera edición en Guadalmazán: marzo de 2025

Guadalmazán · Colección Divulgación Científica
Traducción y edición de Antonio Cuesta

www.editorialguadalmazan.com
guadalmazan@almuzaralibros.com

Talenbook, s.l.
C/ Cervantes, 26 · 28014 · Madrid

Imprime: Liberdúplex
ISBN: 978-84-19414-57-1
Depósito Legal: M-5296-2025
Hecho e impreso en España - *Made and printed in Spain*

A Ángela, que mantiene mis pies en la tierra.

*A los jóvenes: deteneos y maravillaos al contemplar
el cielo para poder desvelarlo a los distraídos.*

*En memoria de un gigante,
Hans Rudolf Pruppacher (1930-2020).*

Índice

Ahora sea tu paso más cauto:
a un tiro de piedra de aquí
se prepara una extraña escena.
La puerta corroída de un templete
está cerrada para siempre.
Una gran luz se difunde sobre el umbral herboso.
Y aquí, donde las plagas humanas
no resonarán, ficticio dolor,
vigila tendido en el suelo un caquéxico perro.
Nunca más se moverá
en esta hora que se adivina sofocante.
Sobre el techo se asoma
una grandiosa nube.

Eugenio Montale,
«La nube», *Prometeus Unbound*, 1925

Soy la hija de la tierra, soy la hija de las aguas,
soy el retoño de los cielos;
atravieso los poros del mar y sus riberas;
puedo cambiar, morir no puedo.
Pues después de las lluvias, en cuanto inmaculado
el pabellón del cielo brilla,
y los vientos y el sol con sus convexos rayos
la aérea cúpula edifican,
ríome silenciosa del cenotafio mío,
y de la lluvia desde el seno.
Como niño del vientre o espectro de la tumba,
surjo y deshágolo de nuevo.

Percy Bysshe Shelley,
«La nube», *Prometeus Unbound*, 1820

Fuera se extiende la tierra vacía hasta el horizonte, se abre
el cielo donde corren las nubes. En las formas caprichosas
que el viento y el azar les otorgan, el hombre se apresura
en descubrir figuras: un velero, una mano, un elefante...

Italo Calvino,
Las ciudades invisibles, 1972

Nota a la edición española

En Italia lo han llamado «*il signore delle nuvole*», el señor de las nubes, y no es para menos. Vincenzo Levizzani ha dedicado su vida a desentrañar los secretos de esas masas etéreas que pueblan los cielos. Como investigador del CNR, el ISAC y profesor de la Universidad de Bolonia, podría haberse limitado a escribir un tratado técnico sobre meteorología. En cambio, nos regala algo mucho más valioso, una exploración que trasciende los límites convencionales de la ciencia.

La riqueza de los fenómenos atmosféricos se refleja en el lenguaje. Los meteorólogos conocen vocablos maravillosos, como *graupel* —ese granizo de nieve que parece sacado de un cuento hadas y nórdicos troles—, en Galicia existen al menos 61 palabras distintas para nombrar la lluvia y más de cien formas de decir que está lloviendo. Los inuit han desarrollado un vocabulario extraordinariamente preciso para describir los distintos blancos y texturas de la nieve, los maorís distinguen diez tipos diferentes de viento en su lengua, y los beduinos atesoran un rico vocabulario para los fenómenos atmosféricos del desierto, con términos específicos para cada tipo de viento según su intensidad, temperatura y la cantidad de arena que transporta. En japonés, existe una palabra, *komorebi* (木漏れ日), para describir con exactitud la luz del sol que se filtra a través de la atmósfera y las hojas de los árboles. Los habitantes de las Islas Filipinas tienen nombres para cada tifón según su intensidad y comportamiento. Porque nombrar es conocer, y conocer es amar y sobrevivir.

Levizzani nos guía por este universo donde cada término encierra una historia. Nos adentramos en laboratorios donde se estudian las nubes, escrutamos los instrumentos que las analizan y descubrimos la física que las gobierna. La ciencia y el lenguaje se entrelazan para revelarnos los secretos del cielo, donde cada gota, cada cristal de hielo, cada formación nubosa tiene su propia voz.

Las nubes han sido lienzo y laboratorio, inspiración y objeto de estudio. Este libro, nacido por primera vez en las prestigiosas prensas milanesas de Il Saggiatore —editorial fundada por Alberto Mondadori donde ciencia y arte siempre han convivido—, captura esa dualidad única. En nuestra edición en español hemos tratado de preservar el equilibrio del original italiano, donde la precisión científica y la eficacia narrativa fluyen como las corrientes de aire ascendentes que moldean las nubes. Esta obra abre una ventana al fascinante mundo de la nefología, la ciencia que las estudia. Un territorio donde la precisión científica convive con la rica diversidad lingüística que la humanidad ha desarrollado para nombrar lo inefable. Porque cada cultura ha creado su propio vocabulario para descifrar los mensajes que las nubes escriben en el cielo. Ellas siguen ahí arriba, en ese espacio donde las palabras y la ciencia se encuentran para contar la historia del agua y del aire, esperando ser descubiertas una vez más.

ANTONIO CUESTA

Introducción.
El hombre y las nubes

«Las mañanas transcurren claras y desiertas / en las orillas del río, que al alba se nubla y oscurece / su verde, en espera del sol. / [...] Las nubes dispersas tienen pulpas maduras».
CESARE PAVESE, «Grappa en septiembre», *Trabajar cansa*, 1943.

¿Alguna vez nos hemos detenido a pensar que vivimos bajo un manto de nubes durante gran parte de nuestra existencia? A menudo, absortos en las distracciones cotidianas, apenas reparamos en la lluvia que cae, en la nieve que se acumula o en las formas y colores de los cielos tormentosos —a menos que estos fenómenos interfieran con nuestros planes—. Sin embargo, aunque no les prestemos atención, las nubes son una presencia constante en nuestras vidas. Es raro que el cielo esté completamente despejado. Quienes viven en la cima de una colina o montaña, o aquellos que trabajan en el campo, son testigos privilegiados de esta realidad, acostumbrados a ver las nubes como compañeras inseparables. Hoy, sin embargo, parece que miramos menos al cielo. Nuestro horizonte está saturado de edificios, y nuestros teléfonos «inteligentes» nos mantienen con la vista fija en pantallas, alejándonos del espectáculo atmosférico. Aun así, las nubes persisten. Su danza silenciosa sigue desplegándose, ofreciendo una representación que, en la mayoría de los casos, supera con creces la banalidad de lo que consumimos en esta era hiperconectada.

Las nubes son un elemento omnipresente del cielo en todas las estaciones, pero no deben considerarse meros adornos escenográficos. Son mucho más que eso: son compañeras de viaje que influyen profundamente en nuestras vidas. Un cielo gris plomizo anuncia la llegada de la lluvia, mientras que nubes blancas y esponjosas, como copos de algodón, auguran buen tiempo y nos invitan a salir a disfrutar del día. No son ajenas a nuestra experiencia diaria; al contrario, pueden revelarnos mucho sobre lo que está por ocurrir.

Resulta asombroso cómo nuestra civilización ha perdido el hábito de contemplar el cielo. Basta con alzar la mirada un instante para maravillarse, y sin embargo, solo nos sorprendemos ante la abundancia de nubes cuando vemos las fotografías que los astronautas capturan desde el espacio o las imágenes que los satélites nos envían a diario.

Figura 1: Imagen de la Tierra captada por satélites meteorológicos durante el mes de octubre de 2015. En cualquier momento, aproximadamente el 70 % del planeta está cubierto por nubes [NASA].

En estas páginas, nos proponemos recuperar esa conexión con el universo nuboso que, en gran medida, hemos perdido en el frenesí de la vida moderna. La primera pregunta que debemos plantearnos, al levantar la vista, es quizás la más obvia y la que más nos afecta: a partir de las nubes —su forma, color, disposición en el cielo, su transparencia, altura, densidad o espesor—, ¿podemos obtener informa ción sobre el tiempo que hará a corto o incluso a medio plazo? La respuesta es compleja, pero no imposible. Los refranes meteorológicos tienen sus raíces en los milenios que la humanidad ha pasado observando el cielo, tratando de descifrar sus mensajes. No siempre se acertaba, claro. Algunos dichos son ingenuos, mientras que otros reflejan realidades locales influenciadas por la geografía y las creencias populares. Sin embargo, nuestros antepasados no iban tan desencaminados cuando escrutaban el cielo en busca de respuestas.

En cuanto a nosotros, como especie, son pocos los días en los que vemos un cielo completamente despejado. La presencia de nubes depende de dónde vivamos, de la estación del año y de nuestro punto de observación. Gracias a los satélites, que vigilan constantemente la Tierra, hemos descubierto que el 70 % de nuestra atmósfera está cubierta por formaciones nubosas (Figura 1). Aunque comúnmente llamamos a la Tierra el «planeta azul» por sus océanos, bien podríamos rebautizarla como el «planeta nuboso». Otros cuerpos celestes del sistema solar también tienen formaciones que podríamos llamar nubes, pero las de Júpiter, por ejemplo, están compuestas principalmente de hidrógeno, helio, metano y amoníaco, una mezcla muy distinta a la que sustenta la vida en nuestro planeta. Las nubes terrestres, en cambio, son parte integral del ciclo del agua y, por tanto, esenciales para la vida tal como la conocemos.

La ciencia ha desarrollado una mirada cada vez más refinada sobre las nubes y su estructura. La física de las nubes es una rama de la meteorología y la física atmosférica. Sin embargo, ser un experto en nubes no significa ser un poeta o un observador distraído del cielo, sino un estudioso atento a cada mínimo cambio en su apariencia, buscando comprender las razones detrás de su evolución, ya sea lenta o vertiginosa. No hay nada místico en observar las nubes con el ojo de quien las ha estudiado toda una vida. Al contrario, el físico de las nubes es alguien con los pies firmemente plantados en la tierra, que busca entender con precisión lo que ve. Desentrañar los secretos de las nubes requiere conocimientos de física, química y, a veces, incluso de biología, ya que son fenómenos increíblemente complejos, difíciles de reproducir en un laboratorio y, por tanto, esquivos incluso para los científicos más experimentados. No les pediré que dominen todos estos conceptos de inmediato, pero les proporcionaré las herramientas básicas para que, día a día, puedan aprender a leer el cielo. O al menos intentarlo. Les aseguro que valdrá la pena.

He dedicado mi vida a la observación de las nubes. Suena extraño decirlo, pero es así. No creo que mis padres imaginaran, al verme nacer, que acabaría persiguiendo a estas mensajeras escurridizas y etéreas de los caprichos del cielo. Explicar qué pasa por la mente de alguien que hace de las nubes su misión científica y personal no es fácil. Si a eso le sumamos que mi elección surgió de la búsqueda de algo «concreto» que estudiar, todo parece una contradicción. Pero no lo es. Durante mi último año de física en la universidad, estaba decidido a dedicarme a la astrofísica, atraído por el misterio del cosmos. Sin embargo, como suele ocurrir en la vida, todo cambió gracias a las palabras de quien se convertiría en mi maestro, Franco Prodi: «una vida para las nubes». En una charla para estudiantes, el profesor Prodi habló sobre la física de la atmósfera y me invitó a visitar su laboratorio en el Consejo Nacional de Investigaciones en Bolonia. Aquella visita me hizo entender que mi anhelo de infinito y de explorar los mecanismos de la naturaleza me llevaba más cerca de lo que imaginaba: a las gotitas infinitesimales y los cristales de hielo que forman las nubes. Más tarde, tuve el honor de trabajar en California con Hans R. Pruppacher, uno de los mayores expertos en el tema. Detrás de cada científico hay maestros que inspiran, guían y ayudan a descubrir su potencial. En mi caso, la física de las nubes no fue una excepción. Así es como uno se convierte en un científico que mira al cielo nublado y, a su vez, en un profesor que comparte esta pasión con quienes continuarán un trabajo que nunca termina. Como decía Sócrates: «Solo sé que no sé nada». Y esa es, precisamente, la esencia de la investigación científica: una búsqueda interminable.

Así que alcemos la mirada y aprendamos a ver las nubes no como meros adornos del cielo, sino como parte integral de nuestra vida cotidiana. Aprendamos a interpretar sus señales, a entender los cambios constantes de la atmósfera. Descubriremos, si tenemos la paciencia de adentrarnos en estas páginas, que no hay dos nubes iguales y cómo se forman en el vasto lienzo del cielo azul. Viajaremos entre gotitas, cristales, graupel y granizo, explorando los secretos más íntimos de las nubes. Nos preguntaremos qué papel juegan en la meteorología y en las predicciones del tiempo, y si están cambiando debido al clima.

Será un viaje apasionante, entre laboratorios de investigación, aviones que atraviesan las nubes, radares que las escudriñan y satélites que las vigilan sin descanso. En el camino, conoceremos a científicos extraordinarios que han desvelado los misterios de las nubes, mostrándonos que no son producto de la fantasía o de los caprichos de los dioses, sino fenómenos naturales con reglas que aún estamos tratando de descifrar.

¡Partamos!

1. NUVOLE Y NUBI[1]

«No me culpes si hablo con las nubes».

HENRY D. THOREAU, *Carta a Mrs. Lucy Brown*, 1842.

Escritores, poetas y pintores han explorado el cielo tratando de descifrar los secretos de las nubes, de espiar sus movimientos, génesis y evolución. Han intentado describir su influencia sobre el ánimo humano porque el cielo está más cerca de nuestra alma de lo que podemos pensar. En el hombre ha prevalecido principalmente el sentido de maravilla y de asombro frente a la grandiosidad de los fenómenos nubosos, como bien expresa el poema «*Ora sia il tuo passo*» («Ahora sea tu paso») de *Ossi di seppia* (*Huesos de sepia*), de Eugenio Montale (1925)[2]. Las religiones siempre han considerado las nubes como una línea de demarcación entre el cielo y la tierra, una especie de puerta de los cielos desde la que se puede —o no— dialogar con Dios, también a través del despliegue de la fuerza de los elementos. En la Biblia recordamos, entre los muchos pasajes en los que están presentes las nubes, «el arco sobre las nubes», es decir, el arcoíris, como sello de la alianza entre Dios y los hombres después del diluvio universal (Génesis 9), la

---

1   [N. del T.] En el original italiano, el autor juega con la distinción entre los términos «*nuvole*» y «*nubi*», una diferencia que no tiene un equivalente exacto en nuestro idioma. Mientras que «*nuvole*» tiene un carácter más poético y se usa sobre todo en el lenguaje cotidiano, «*nubi*» sería el término, más técnico, preferido por la literatura científica.

2   [N. del T.] El poema se reproduce traducido en la página 15: *Ora sia il tuo passo / più cauto: a un tiro di sasso / di qui si prepara / una più rara scena. / La porta corrosa d'un tempietto / è rinchiusa per sempre. / Una grande luce è diffusa / sull'erbosa soglia. / E qui dove peste umane / non suoneranno, o fittizia doglia, / vigila steso al suolo un magro cane. / Mai più si muoverà / in quest'ora che s'indovina afosa. / Sopra il tetto s'affaccia / una nuvola grandiosa.*

nube que acompaña y guía a los israelitas en el éxodo (Éxodo 13,21), la nube de la Transfiguración de Jesús (Marcos 9,7; Mateo 17,5; Lucas 9,34) que remite a las teofanías del Antiguo Testamento y, finalmente, «...y veréis al Hijo del Hombre sentado a la diestra del poder de Dios, y viniendo en las nubes del cielo» (Marcos 14,62). Una visión de las nubes al servicio de una escenografía celestial entendida como empíreo, en la que se despliega la intervención divina a través de los elementos: «Él cubre el cielo de nubes, prepara la lluvia para la tierra... Hace caer la nieve como lana, como polvo esparce la escarcha, arroja como migas el granizo, ante su helada, ¿quién resiste?» (Salmo 147) o «Derramaron aguas las nubes, tronaron los cielos y tus saetas brillaron. El sonido de tu trueno en el torbellino, los relámpagos alumbraron el mundo, se estremeció y tembló la tierra», (Salmo 77).

Por su parte, el Corán dice: «¿Acaso no observas que Alá impulsa las nubes lentamente, luego las agrupa hasta formar cúmulos, y después ves caer de ellas la lluvia? ¿Acaso no reparas que Alá hace caer del cielo granizo con el que azota a quien quiere y le protege de él a quien Le place, cuando sólo el resplandor del relámpago podría cegarles?» (Corán 24,43). Esta visión, cercana o no a la realidad de la formación de las nubes, ha permanecido en la mente del hombre durante milenios y se ha reflejado en el enfoque protocientífico y aún más en la historia del arte.

No podemos dejar de recordar las representaciones de las nubes realizadas por los pintores de todas las épocas, que nos hacen entender cómo ha cambiado con el tiempo el conocimiento de sus mecanismos de formación. Los ejemplos en la historia del arte pictórico occidental son innumerables. Las representaciones bizantinas, por ejemplo, son hieráticas e indicativas de un empíreo por encima de las nubes, pero todavía están lejos de ser realistas, y durante casi mil años su representación sigue siendo esquemática y poco realista tanto en los frescos como en las miniaturas de la Edad Media. Giotto di Bondone en el siglo XIV es uno de los primeros en representar las nubes similares al algodón en un cielo azul, pero aún están idealizadas y al servicio de un discurso teológico. El Quattrocento de Piero della Francesca representa las nubes en formas muy estilizadas y que hacen de fondo a las figuras más importantes en primer plano (por ejemplo, en *El bautismo de Cristo*, c. 1440-1460). Se hinchan con Andrea Mantegna a finales del siglo en la Camera Picta (Cámara pintada o Cámara de los esposos) del Castillo de San Giorgio en Mantua.

Las nubes alcanzan un aspecto más natural con Leonardo da Vinci, Cima da Conegliano y Alberto Durero. *La Tempestad,* de Giorgione (1502-1503), expresa la amenaza inminente de una tormenta sobre el pequeño burgo y sobre la plácida vida de los hombres y ha sido definida como el primer verdadero paisaje de la historia del arte occidental o, en todo caso, el primer cuadro en el que la naturaleza asume un claro y explícito papel protagonista.

En el manierismo y en el Barroco, las nubes pueblan las bóvedas de las iglesias y de las catedrales de toda Europa de manera muy teatral y arremolinada, en particular en las numerosas ascensiones de santos al cielo. Los pintores flamencos relatan con gran esmero los plomizos cielos nubosos del norte de Europa; por encima de todos recordamos la obra maestra de Jan Vermeer, *Vista de Delft* (1660-1661), con las nubes bajas sobre la tranquila ciudad mercantil. En cambio, las nubes son expresión de serenidad y frescura primaveral en los cielos de los grandes vedutistas venecianos, Giovanni Antonio Canal, más conocido como Canaletto, su sobrino Bernardo Bellotto y Francesco Guardi.

El Romanticismo utiliza las nubes a manos llenas para describir los estados de ánimo que se reflejan en cielos, a veces tempestuosos y a veces serenos. El inglés John Constable pintó entre 1820 y 1822 pequeños y rápidos óleos para registrar las condiciones del cielo sin ninguna pretensión de exponerlos; eran, en esencia, apuntes y observaciones de nubes (*cloud spotting*).

El siglo XIX ve florecer descripciones pictóricas de las nubes muy fieles e incluso científicamente rigurosas, como las de Claude Monet y Alfred Sisley. Los impresionistas utilizan las nubes para indicar el fluir rápido del tiempo, el devenir incesante del mundo; y para dar fuerza a la poética del instante que debe ser capturado en el lienzo antes de que transcurra y se pierda irremediablemente. Un maestro de la representación de esos momentos nubosos es Jean Désiré Gustave Courbet, reconocido como uno de los pintores más significativos del movimiento realista.

Un discurso aparte merecen los cielos pintados por Vincent van Gogh, que nutría con un profundo respeto por la naturaleza y su fuerza, reflejo de la inquietud del alma humana. Los cielos tempestuosos son una constante de su obra atormentada, como los pintados en el famoso *Trigal con cuervos,* de 1890, en el que la tormenta se abate sobre el campo como un presagio de muerte, acompañada por un lúgubre vuelo de cuervos, casi buitres, sobre un cadáver que el pintor intuye que pronto será el suyo. Van Gogh, al igual que muchos otros

El Bautismo de Cristo (1506), obra inconclusa de Andrea Mantegna ubicada en la basilica di Sant'Andrea en Mantua, representa el bautismo de Jesús por San Juan Bautista en una composición de notable dramatismo. A pesar de su estado de conservación deteriorado, que deja ver la tela original en algunas zonas, destaca la magistral ejecución del perizoma de Cristo y el paisaje característico del artista, con colinas escalonadas y árboles cítricos que evocan obras anteriores como el *Retablo Trivulzio*. La obra, terminada posiblemente por su hijo Francesco, fue destinada a la capilla funeraria del propio Mantegna [Basílica de San Andrés, Mantua].

La Tempestad, Giorgione (1502-1503) [Galería de la Academia de Venecia] y
Vista de Delft, Jan Vermeer (1660-1661) [Galería Real de Pinturas Mauritshuis].

La Cámara de los Esposos en el Palacio Ducal de Mantua representa una obra maestra del ilusionismo pictórico renacentista. En este espacio íntimo, Mantegna transformó una simple habitación en un teatro visual donde las paredes cobran vida a través de frescos que combinan el retrato cortesano con innovadores efectos de trampantojo. La obra culmina en su célebre óculo, que parece abrir el techo al cielo mismo, creando una de las primeras y más influyentes perspectivas *di sotto in sù* (vista desde abajo) de la historia del arte [Palazzo Ducale].

Póster con la imagen de una de las obras de Roy F. Lichtenstein,
Cloud and Sea [Museo Ludwig, Colonia].

pintores de su tiempo, fue influenciado fuertemente por las obras de los más grandes artistas japoneses de la época que comenzaban a llegar a Europa, como Hiroshige Utagawa y Hokusai Katsushika, autor de *La gran ola*, quizás la xilografía más famosa del arte nipón.

Las nubes son trastocadas por las vanguardias del siglo XX, asumiendo tintes multicolores en el expresionismo, y convirtiéndose luego en objetos fuera del tiempo y del espacio en el surrealismo. René Magritte, en particular, juega ambiguamente con las nubes como elemento del paisaje representado, pero al mismo tiempo haciéndolas dialogar con quien mira. Finalmente, se transforman en cómics en las obras de Roy F. Lichtenstein, como *Cloud and Sea* de 1969, tendiendo un puente hacia la literatura más popular.

La poesía se ha ocupado de manera natural de las nubes como escenarios etéreos y evocadores de los infinitos matices del alma humana. Una gran cantidad de composiciones poéticas ha caracterizado todas las épocas, desde la antigüedad griega hasta Peanuts y Fabrizio De André. Ciertamente este no es el propósito del presente libro, pero ir a la caza de nubes en las páginas de la literatura mundial y de la canción o de la música de todos los tiempos es un ejercicio lleno de sorpresas.

Cuando las «*nuvole*» se convierten en «*nubi*», entonces se empieza a hablar de navegantes, aviadores, viajeros, militares y hombres de ciencia de todas las épocas. Estos hombres audaces fueron los primeros en darse cuenta de que la aparición de algunas nubes era presagio de buen tiempo, mientras que otras traían de dote tiempo perturbado: lluvia, nieve, granizo, rayos... Su historia cuenta precisamente este paso crucial para la ciencia de hoy, que nos ha llevado a considerar las nubes ya no como el «trono» de Dios, sino como procesos naturales sujetos a las leyes de la física y de la química, y, por tanto, estudiables.

La previsión de los fenómenos atmosféricos, en particular de las nubes, nace con los babilonios, pero es en la antigua Grecia, y precisamente en el 340 a. C., cuando Aristóteles acuña el término μετεωρολογικά (meteorología), de μετεωρα (meteoro, objeto alto en el cielo) y -λογία (logía, discurso razonado), indicando observaciones sobre los fenómenos atmosféricos (y celestes) en su tratado *Meteorología*. La curiosidad meteorológica pasa de la civilización griega de manera natural a la latina en la que sobresale Plinio el Viejo, que en el libro II de la *Historia natural* trata precisamente la meteorología.

La gran ola de Kanagawa, obra maestra del ukiyo-e creada por Katsushika Hokusai entre 1830 y 1833, muestra una colosal ola amenazando a tres barcazas pesqueras frente a un Monte Fuji empequeñecido en la distancia. Esta estampa, que abre la célebre serie *Treinta y seis vistas del*

monte Fuji, se ha convertido en un ícono del arte japonés y refleja la maestría de Hokusai en la composición y el uso del azul de Prusia, capturando la tensión entre la fuerza de la naturaleza y la fragilidad humana [Museo Metropolitano de Arte, Nueva York].

34

Wang Chong, filósofo, físico, astrónomo y meteorólogo chino de los tiempos de la dinastía Han, en el siglo I d. C. estudia de manera sistemática los fenómenos meteorológicos llegando por primera vez a explicar el ciclo del agua, en la búsqueda de una descripción del mundo basada en la razón, estando en esto muy adelantado respecto a sus contemporáneos. Entre otras cosas «modernas», escribe: «Los confucianos sostienen que la expresión sobre que la lluvia viene del cielo significa que cae precisamente de los cielos (donde se encuentran las estrellas). Sin embargo, una atenta consideración del argumento demuestra que la lluvia viene de lo alto, sobre la tierra, pero no de los cielos». Sucesivamente, Shen Kuo, famoso científico y hombre de Estado de la dinastía Song, entre el 1000 y el 1100 d. C. es el primero en describir los tornados y en formular la hipótesis de que los arcoíris se forman por el efecto que la luz solar produce cuando encuentra las gotas de lluvia. Su enfoque de la refracción atmosférica está en línea con la ciencia moderna y es coetáneo al del árabe Alhacén y a su *Libro de Óptica* (1021).

Además, Kuo postuló la hipótesis de un cambio climático gradual observando, a raíz de un derrumbe en 1080 cerca de Yanzhou, lo que identificó como antiguos bambúes petrificados (en realidad plantas del género *Calamites* del orden de los equisetos del Carbonífero, ahora extintas, Figura 2). Tales fósiles se habían conservado bajo tierra en un ambiente seco, pero el clima húmedo del lugar en tiempos antiguos evidentemente había favorecido su crecimiento. Kuo entendió entonces que todo esto implicaba un cambio del clima de húmedo a seco. Quizá, por lo tanto, el científico chino puede ser considerado el primer paleoclimatólogo de la historia.

Figura 2. En la página anterior y sobre estas líneas, *Calamites undulatus*, un antiguo género de plantas arbóreas relacionadas con los equisetos actuales. Estos fósiles provienen de la región de Donbass, Ucrania, y datan del período Carbonífero [Andriy Kananovych & Scigelova].

Figura 3: El cheugugi, el primer pluviómetro estandarizado de la historia, inventado en Corea en 1442. Este instrumento permitió medir con precisión la cantidad de lluvia caída, contribuyendo al desarrollo de la meteorología y la gestión agrícola [Jaehwan Goh].

Probablemente pocos saben que los primeros meteorólogos en sentido moderno no eran europeos y ni siquiera chinos, sino coreanos. El rey Sejong, cuarto soberano de la dinastía Chosun, y su hijo, el príncipe Munjong son sin duda las figuras más importantes para los inicios de la meteorología coreana, ya que dirigieron el diseño en 1442 del cheugugi, el primer pluviómetro estandarizado de la historia (Figura 3). En India y China se habían registrado medidas incluso muy anteriores, pero este pluviómetro es el primero con medidas fiables y reproducibles que servían para calcular los impuestos según la potencial cosecha. En él se basó la construcción de una red pluviométrica en todo el imperio, que sigue siendo técnicamente una de las mejores, incluso en nuestros días.

El mundo islámico, como auténtico anillo de conjunción entre la ciencia helenística, pero también india e incluso china, y la ciencia europea, se ocupa de cada rama del saber, con especial atención a las matemáticas, la astronomía y la medicina. El físico más grande de la época, Al-Kindi, en el siglo IX d. C., se ocupa, entre Basora y Bagdad, de meteorología y de oceanografía (es un experto en mareas).

Todos estos hombres de ciencia preceden el tratamiento de Roger Bacon del siglo XIII, primer europeo en plantear la hipótesis del arcoíris como efecto de la refracción de la luz solar, abriendo así el camino a notables desarrollos posteriores. Leonardo da Vinci, en la segunda mitad del siglo XV, observa las nubes en la séptima parte del *Tratado de la Pintura*, sobre todo desde el punto de vista de sus efectos de claridad y oscuridad derivados de la posición e iluminación, sin descuidar tampoco una serie de preguntas fundamentales sobre la formación de los cuerpos nubosos: «Las nubes son creadas por humedad infundida por el aire, la cual se congrega mediante el frío que con diversos vientos es transportado por el aire; y tales nubes generan vientos en su creación, así como en su destrucción; pero en la creación se generan, porque lo disperso y evaporado húmedo al concurrir a la creación de las nubes deja de sí vacío el lugar de donde huyó, y porque no se da vacío en la naturaleza, es necesario que las partes del aire circundante a la fuga de lo húmedo llenen de sí el principiado vacío: y tal movimiento se llama viento».

Leonardo, entre otras cosas, diseña por primera vez un higrómetro mientras que Galileo Galilei inventa el termómetro de precisión, y ambos son seguidos por otro ilustre italiano, Evangelista Torricelli, que en 1643 inventa el barómetro dando de hecho inicio a las medidas meteorológicas propiamente dichas, que abren el camino a la investigación de la física de las nubes. René Descartes en sus *Meteoros*, parte de *Discurso del método* (1637; Figura 4), se propone explicar la naturaleza de las nubes y adopta un punto de vista científico, eliminando, por tanto, cualquier aspecto mágico y sometiéndolas a la razón: «Esto me hace esperar que, si logro aquí explicar la naturaleza de las nubes de tal modo que no quede ningún motivo de asombro ni por lo que se ve en ellas ni por lo que de ellas se deriva, se creerá fácilmente que es posible, del mismo modo, descubrir las causas de todo lo que hay de más admirable por encima de la Tierra».

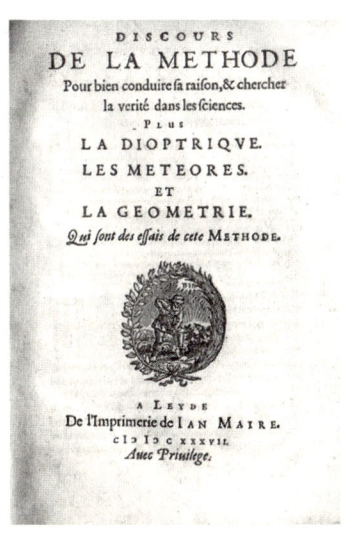

Figura 4: Portada de la primera edición (1637) de *Discours de la méthode pour bien conduire sa raison, & chercher la vérité dans les sciences. Plus La Dioptrique. Les Météores. Et La Géométrie. Qui sont des essais de cette Méthode* de René Descartes. Esta obra fundamental introduce el método cartesiano, defendiendo el uso de la razón como guía para alcanzar el conocimiento. Además del famoso *Discurso del método*, incluye tres ensayos científicos sobre óptica (*La Dioptrique*), meteorología (*Les Météores*) y geometría (*La Géométrie*), que reflejan la aplicación de su método en distintas disciplinas. Su influencia fue clave en el desarrollo de la ciencia moderna.

Cheugugi (측우기/測雨器) en la tumba del rey Sejong [Sungmoon Han].

Sin embargo, fue el químico y farmacéutico inglés Luke Howard quien registró las primeras observaciones sistemáticas de las nubes. Su trabajo se centraba en la producción de sustancias químicas, pero por pasión se dedicaba junto a su esposa, Mariabella, a la observación diaria de la atmósfera en el área de Londres, observaciones que publicó en *The Climate of London* en 1818 y en 1833 (Figura 5). Howard, adoptando un enfoque eminentemente cartesiano, reconoce la naturaleza física de las nubes, que están sujetas a las mismas leyes que regulan cualquier proceso natural. Propone la primera clasificación y nomenclatura con términos latinos, exactamente como Linneo había hecho para plantas y animales, con vocación de hacerla universal, y la publica en *Essay on the Modifications of Clouds* (1803). Con oportunas modificaciones, la clasificación de Howard representa la base de la clasificación actual.

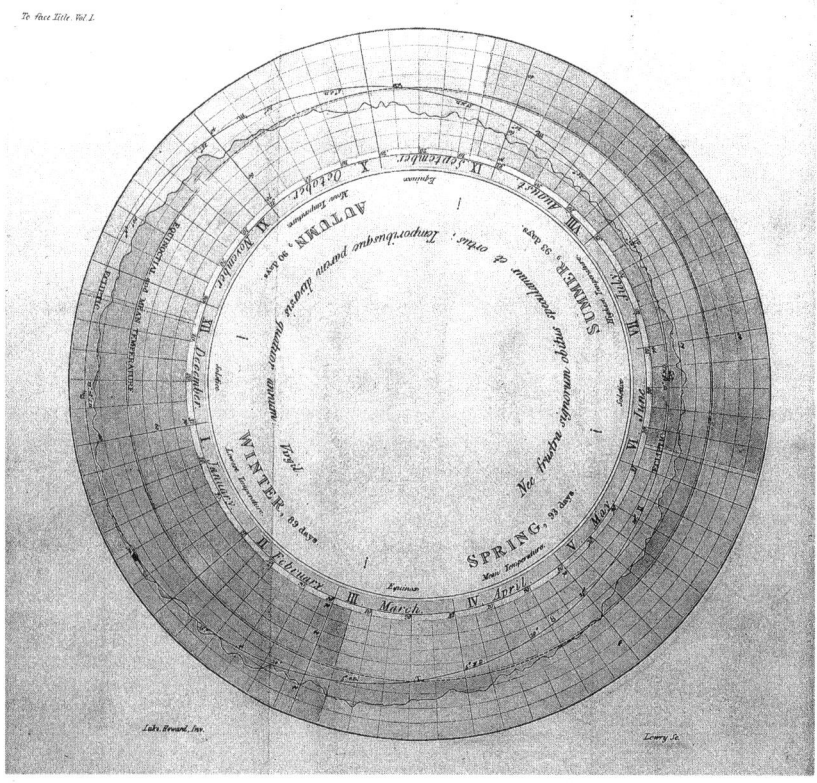

Figura 5: Registros anuales del clima de Londres realizados por Luke Howard en 1818. Howard, pionero en la meteorología, es conocido por su clasificación de las nubes y por sus detalladas observaciones climáticas, que sentaron las bases para el estudio moderno del clima urbano y sus variaciones a lo largo del tiempo.

Las nubes y la necesidad de predecir el tiempo están estrechamente ligadas; y el número de refranes de la tradición rural sobre las nubes atestigua este deseo de obtener, a partir del aspecto del cielo, una previsión sobre el futuro meteorológico: Cielo rojo al anochecer, buen tiempo va a florecer; cielo aborregado, suelo mojado; cielo de lanas, si no llueve hoy lloverá mañana; cerco de luna y estrellas dentro, o lluvia o viento; si truena y hace viento, cierra la puerta y quédate dentro... Son algunos ejemplos de los centenares de dichos populares que nos han sido transmitidos por nuestros abuelos y que provienen de una sabiduría agrícola muy apegada a la necesidad de comprender la influencia del cielo sobre los cultivos, los viajes y, a veces, sobre la supervivencia misma de las familias.

Las nubes también son utilizadas como metáfora de lo que nos sucede en la vida. Un ejemplo es el clásico dicho anglosajón «*storm in a teacup*» que traducido al español suena como «una tormenta en un vaso de agua», y significa algo parecido a «mucho ruido y pocas nueces».

La metáfora de la nube como objeto distribuido en el espacio y en el tiempo —formado por una infinidad de elementos que lo constituyen— ha pasado al lenguaje contemporáneo de la era digital para definir algo radicalmente distinto. El término *cloud* indica también un espacio virtual distribuido en miles de «nodos» en red en el que archivar, compartir e intercambiar archivos, el *cloud computing*. Las nubes aparecen también en el concepto de *tag cloud* o nube de palabras, que es una forma de representar gráficamente la ocurrencia en un determinado texto de cada una de las palabras que lo componen: el resultado es un gráfico en el que las palabras de mayores dimensiones y más fuertemente delineadas son las más presentes en el texto. En resumen, nubes, pero sin gotitas ni cristales.

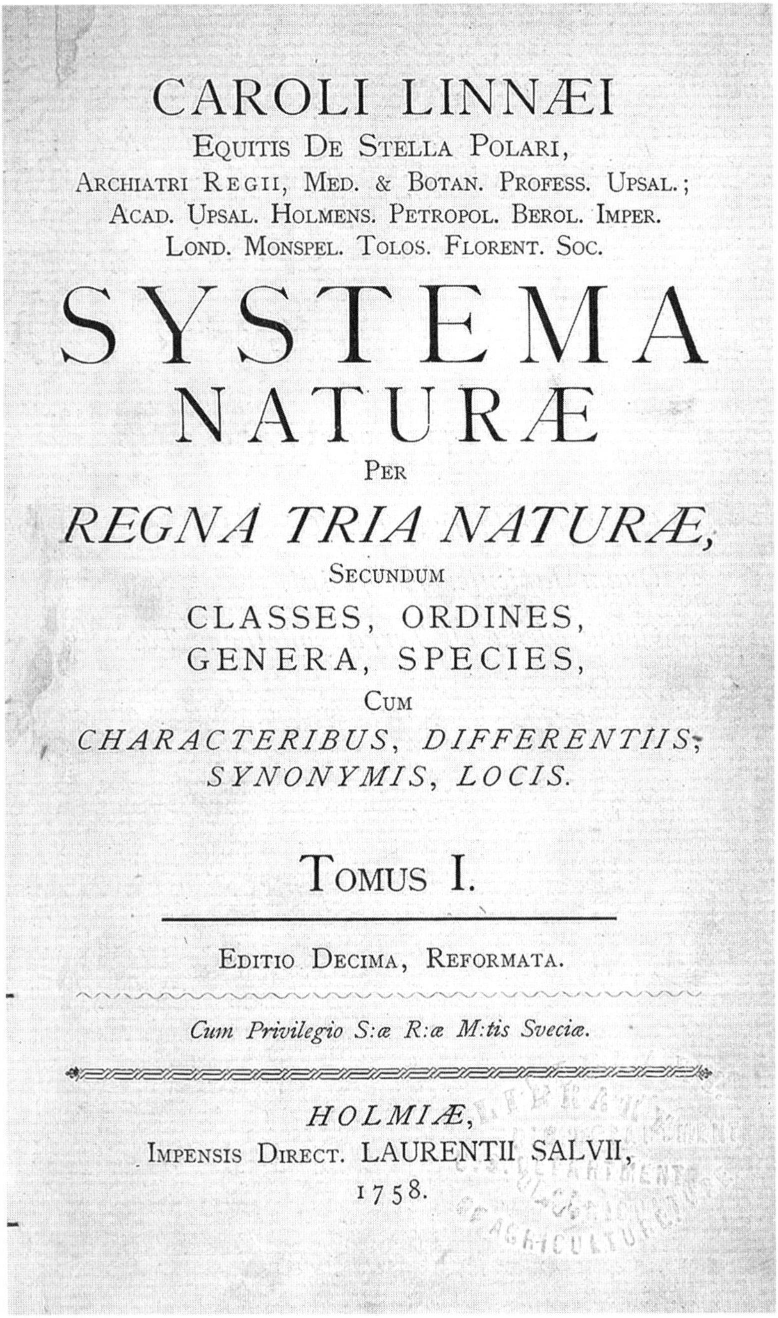

CAROLI LINNÆI

EQUITIS DE STELLA POLARI,
ARCHIATRI REGII, MED. & BOTAN. PROFESS. UPSAL.;
ACAD. UPSAL. HOLMENS. PETROPOL. BEROL. IMPER.
LOND. MONSPEL. TOLOS. FLORENT. SOC.

SYSTEMA
NATURÆ

PER

REGNA TRIA NATURÆ,

SECUNDUM

CLASSES, ORDINES,
GENERA, SPECIES,

CUM

CHARACTERIBUS, DIFFERENTIIS,
SYNONYMIS, LOCIS.

TOMUS I.

EDITIO DECIMA, REFORMATA.

Cum Privilegio S:æ R:æ M:tis Sveciæ.

HOLMIÆ,
IMPENSIS DIRECT. LAURENTII SALVII,
1758.

Figura 6: Portada de la décima edición de *Systema Naturae* de Carl Linnaeus (1758). En esta obra, Linneo estableció la nomenclatura binomial para la clasificación de los seres vivos, un sistema aún vigente en la taxonomía moderna. Esta edición es especialmente relevante porque en ella se define formalmente el concepto de especie y se establece la clasificación de numerosos organismos, incluidos los seres humano.

2. NO HAY HAY DOS NUBES IGUALES

«En un principio todo estaba vivo. Incluso los
objetos más pequeños estaban dotados de un corazón
palpitante, y hasta las nubes tenían un nombre».
PAUL AUSTER, *Informe del interior.*

Lo primero que hay que hacer para interrogar las nubes es tratar de clasificarlas. ¿Clasificar las nubes? ¿No suena un poco raro? ¿Cómo es posible reconocer una nube cuyo aspecto cambia continuamente por los caprichos de los vientos y la luz? Es difícil, en efecto, pero no imposible. Comencemos por el principio.

Clasificar significa ordenar o disponer por clases, algo que nos remite a los trabajos de Linneo, el médico, botánico, naturalista y académico sueco, que fue el precursor de la moderna clasificación científica. En 1735 introdujo la nomenclatura binomial basada en género y especie para plantas, animales y minerales (Figura 6). A los organismos se les asigna un primer nombre, que indica el género al que pertenecen y que es el mismo para todas las especies que comparten algunos caracteres fundamentales, y un segundo nombre que identifica la especie concreta. Por ejemplo, el león se indica como *Panthera leo* (Linnaeus 1758), es decir, perteneciente al género *Panthera* (como el tigre, el leopardo y el jaguar) y a la especie *leo*. Esta clasificación representó una revolución en la ciencia de la época, porque permitió identificar de manera inequívoca un determinado organismo sin tener que recurrir necesariamente a las largas descripciones que se utilizaban hasta ese momento.

La clasificación de Linneo es aplicable, de modo relativamente simple, a organismos concretos y con características estables en el tiempo. Las cosas, sin embargo, se complican notablemente cuando intentamos aplicar estos conceptos a las nubes, elementos entre los más mutables y efímeros que se encuentran en la naturaleza. Además, debemos considerar, como veremos más adelante, que las nubes están sujetas a una evolución temporal muy rápida y, en consecuencia, cambian de aspecto de manera muy patente. Entonces, ¿cómo es posible clasificarlas teniendo en cuenta las continuas mutaciones a las que están sometidas?

La primera respuesta a esta pregunta llegó unos setenta años después de la clasificación de Linneo, en Inglaterra, por obra del químico, farmacéutico y meteorólogo cuáquero Luke Howard, que es considerado el padre de la nefología, es decir, del estudio de las nubes. Howard era un naturalista en el sentido linneano del término, un observador atento de la naturaleza con el objetivo de sistematizarla en un conjunto de reglas y principios que permitieran describirla y entender su íntimo funcionamiento. Las observaciones de Howard dieron origen al libro *Essay on the Modification of Clouds* presentado en 1802 a la Askesian Society y publicado en 1803.

Las novedades fundamentales aportadas por Howard con su clasificación fueron dos: la introducción de la nomenclatura linneana, para asegurar que los conceptos fueran comprendidos de la manera más amplia y difundida posible en el mundo, y el enfoque cartesiano del estudio. Este enfoque reconoce a las nubes por primera vez una específica naturaleza física de sujetos que deben obedecer a las mismas leyes físicas que regulan cualquier elemento de la naturaleza. Para nosotros, que vivimos dos siglos más tarde, todo esto parece absolutamente obvio, pero no lo era en los tiempos de Howard, cuando las nubes todavía eran vistas como románticas formas etéreas en el cielo, desligadas de la física y la química. Howard se basó en el trabajo realizado por muchos otros observadores que le precedieron, como el gran duque de Toscana Fernando II de Médici, científico entusiasta en la Florencia de Galileo, y Carl Philipp Theodor, duque de Baviera, fundador en el siglo XVIII de la Societas Meteorologica Palatina, considerada la primera sociedad meteorológica internacional y conectada con la Academia de Ciencias de Mannheim.

La clasificación de Howard preveía tres tipos básicos de nubes:

— SIMPLES: *cirrus, cumulus, stratus.*
— INTERMEDIAS: *cirro-cumulus, cirro-stratus.*
— COMPLEJAS: *cumulo-stratus, cumulo-cirro-stratus (nimbus).*

Howard complementó su clasificación de tipos básicos con una descripción de las formas más complejas derivadas de la unión entre ellos. Su ensayo de 1802 está acompañado por una nutrida serie de dibujos y acuarelas según el gusto de la época. Además, aquellas ilustraciones daban un paso adelante respecto a las clásicas representaciones del cielo y de las nubes, porque mostraban también el proceso de formación y los estadios de evolución, todo ello acompañado de didascalias sobre vientos y temperaturas.

El trabajo de Howard no pasó desapercibido y, entre otros, suscitó el gran interés y la incondicional aprobación por parte de Johann Wolfgang von Goethe, que en su obra *La forma de las nubes*, de 1820, afirmó: «recurrí con alegría a la terminología de Howard, porque ella me proporcionaba el hilo conductor que hasta entonces me había faltado». Goethe estaba buscando el secreto que regula la unidad del mundo natural y consideraba la clasificación de Howard un paso significativo en la dirección correcta para encontrarlo. La de Goethe era una visión que preludiaba la explicación científica de la formación de las nubes: «Las nubes son un fenómeno impresionante para ser humano desde su juventud, en una llanura aparecen como algo extraño, ultraterreno. Como maravillosas alfombras, con las que ellas mismas se circundan, en la misma matriz de la que se forman, y parece que por nuestras fibras corre, llena de percepciones, la potencia íntima y eterna de la naturaleza» (*Viaje a Suiza en 1797, por Francfort, Heidelberg, Stuttgart y Tubinga*).

La clasificación de Howard todavía es válida en sus premisas fundamentales, pero la ciencia ha recorrido un largo camino desde el inicio del siglo XIX y, por lo tanto, la clasificación actual, aunque fundada en los conceptos de Howard, se basa en características físicas más medibles o reproducibles. La convención internacional está establecida y continuamente actualizada por la Organización Meteorológica Mundial (OMM), un órgano de la Organización de las Naciones Unidas con sede en Ginebra, a la que se adhieren la gran mayoría de los servicios meteorológicos nacionales. Desde el año 2017 el *Atlas Internacional de nubes* está disponible para consulta digital, en la web de la OMM, de forma completamente gratuita.

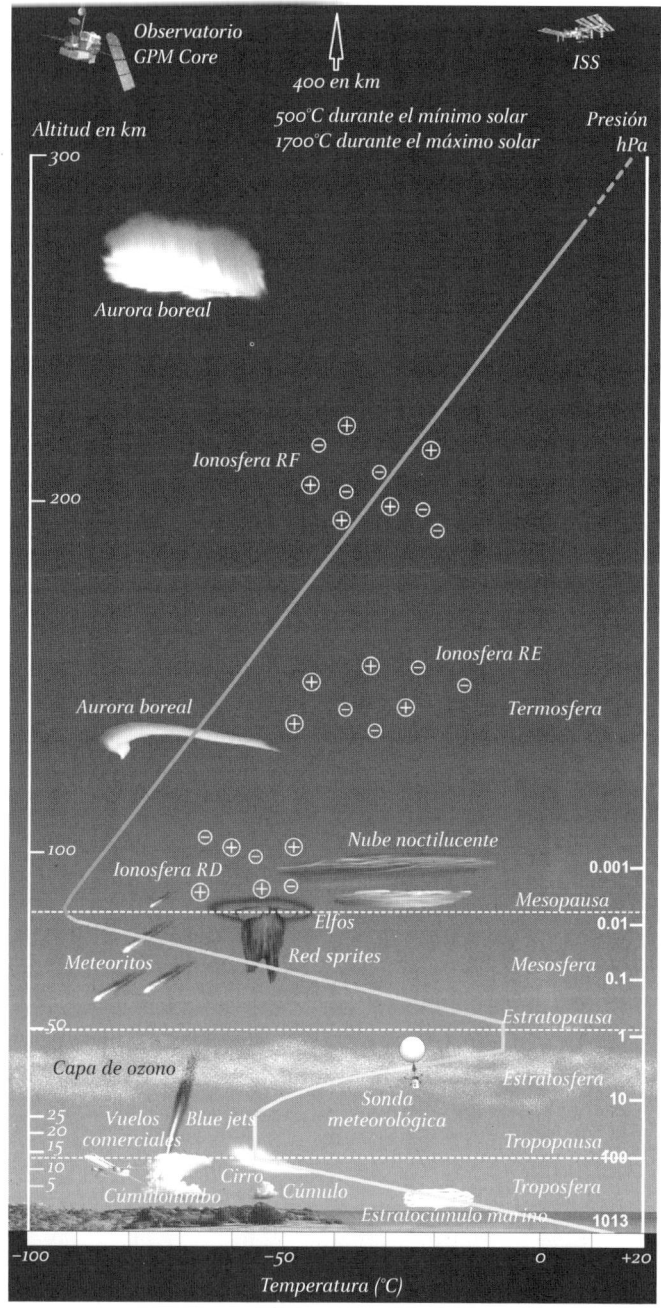

Figura 7: Estructura vertical de la atmósfera terrestre, mostrando la altitud (en km, escala a la izquierda), la presión atmosférica (en hectopascales, hPa, escala a la derecha) y el perfil de temperatura (en °C, escala en la parte inferior). El gráfico ilustra la división en capas principales —troposfera, estratosfera, mesosfera y termosfera— y cómo varían la temperatura y la presión con la altitud. Estas características influyen en los fenómenos meteorológicos y en la dinámica atmosférica global.

46

Demos ahora un pequeño paso atrás. Antes de ocuparnos de manera específica de la clasificación de las nubes, es necesario tener una idea precisa del lugar que ocupan en la atmósfera terrestre. En general se piensa que son fenómenos que se adueñan de la mayor parte de la atmósfera, hasta sus estratos más altos. En cambio, las nubes de interés meteorológico se encuentran confinadas en una delgada capa por debajo de los 20 km de altitud (Figura 7); son estas las nubes que vemos a diario y que dan personalidad a nuestros cielos en todas las latitudes. Consideremos, por lo tanto, que todas las nubes que observamos normalmente son nubes relativamente «bajas» si las relacionamos con el espesor total de la atmósfera, que es de unos 300 km.

Por encima de los 20 km de altitud el cielo no está desprovisto de nubes: en estas altitudes se forman las nubes estratosféricas y mesosféricas polares que no pertenecen al ciclo del agua y de las que hablaremos más adelante. ¿Las habéis visto alguna vez? Imagino que no, a menos que hayáis hecho viajes a latitudes muy altas, como a los países escandinavos o más al norte.

La capa de atmósfera más cercana a la superficie terrestre en la que encontramos las nubes se denomina troposfera —del griego τροπος tropos, que en este contexto significa mutación o cambio— y contiene el 75 % de toda la masa gaseosa de la atmósfera terrestre, como lo atestigua la rápida disminución de la presión con la altitud en las primeras capas. Además, casi todo el vapor de agua está confinado precisamente en esta capa, muy escasamente por encima de ella. El ciclo del agua, al que pertenecen las nubes, junto con todos los principales procesos físicos y químicos que hacen posible la vida en la Tierra, ocurren en una delgada capa protegida de las radiaciones nocivas del cosmos. Esta protección es proporcionada por toda la atmósfera suprayacente, y en especial por la capa de ozono, que nos resguarda de los rayos ultravioleta provenientes del sol. La estructura térmica de la atmósfera se caracteriza por disminuciones y aumentos de temperatura (inversiones), que la subdividen en estratos cada vez menos densos a medida que nos alejamos de la superficie terrestre.

La clasificación moderna sigue basándose en los nombres latinos referidos a género y especie, a los que se añaden variedades y características suplementarias y accesorias (Tabla 1). Por lo general, las nubes se reconocen principalmente por su género, mientras que la especie se utiliza con menos frecuencia en la práctica meteorológica. En cambio, los nombres de las características suplementarias y accesorias son muy útiles, porque identifican tipologías particulares.

Tabla 1: Clasificación de las nubes según la Organización Meteorológica Mundial (OMM), organizada por géneros, especies, variedades, rasgos suplementarios y nubes accesorias.

GÉNERO	ESPECIE	VARIEDAD	RASGOS SUPLEMENTARIOS	NUBES ACCESORIAS
CIRRUS	fibratus uncinus spissatus castellanus floccus	intortus radiatus vertebratus duplicatus	mamma fluctus	
CIRROCUMULUS	stratiformis lenticularis castellanus floccus	undulatus lacunosus	virga mamma cavum	
CIRROSTRATUS	fibratus nebulosus	duplicatus undulatus		
ALTOCUMULUS	stratiformis lenticularis castellanus floccus volutus	translucidus perlucidus opacus duplicatus undulatus radiatus lacunosus	virga mamma cavum fluctus asperitas	
ALTOSTRATUS		translucidus opacus duplicatus undulatus radiatus	virga praecipitatio mamma	pannus
NIMBOSTRATUS			virga praecipitatio	pannus
STRATOCUMULUS	stratiformis lenticularis castellanus floccus volutus	translucidus perlucidus opacus duplicatus undulatus radiatus lacunosus	virga mamma praecipitatio cavum fluctus asperitas	
STRATUS	nebulosus fractus	opacus translucidus undulatus	praecipitatio fluctus	
CUMULUS	humilis mediocris calvus capillatus congestus fractus	radiatus	praecipitatio virga arcus fluctus tuba	pileus velum pannus
CUMULONIMBUS	calvus capillatus		praecipitatio virga incus mamma arcus murus cauda tuba	pannus pileus velum flumen

48

Las nubes se clasifican según dos características principales que definen su aspecto general: la altura a la que se encuentran y su espesor y forma. En la Figura 8 se muestran los géneros de las nubes, es decir, los grupos principales a los que pertenecen todas las nubes observadas situadas a su altura de referencia. Como se ve, las nubes se encuentran a alturas diferentes, tienen aspecto, forma y espesor muy diversos y pueden ser precipitantes o no.

Pasemos revista a estos géneros que todos podemos ver en algún momento de nuestra vida, especialmente si prestamos atención y elegimos un punto de observación oportuno en el que la vista no esté bloqueada por los edificios de nuestras ciudades o por colinas y montañas que oculten las nubes más bajas. Las observaremos como las miraría un pintor paisajista sentado frente a un caballete, intentando capturar sus mínimos detalles en un lienzo. Procuraremos representar su forma, color, altura, transparencia, desarrollo vertical y horizontal; en definitiva, su aspecto tal como las percibimos.

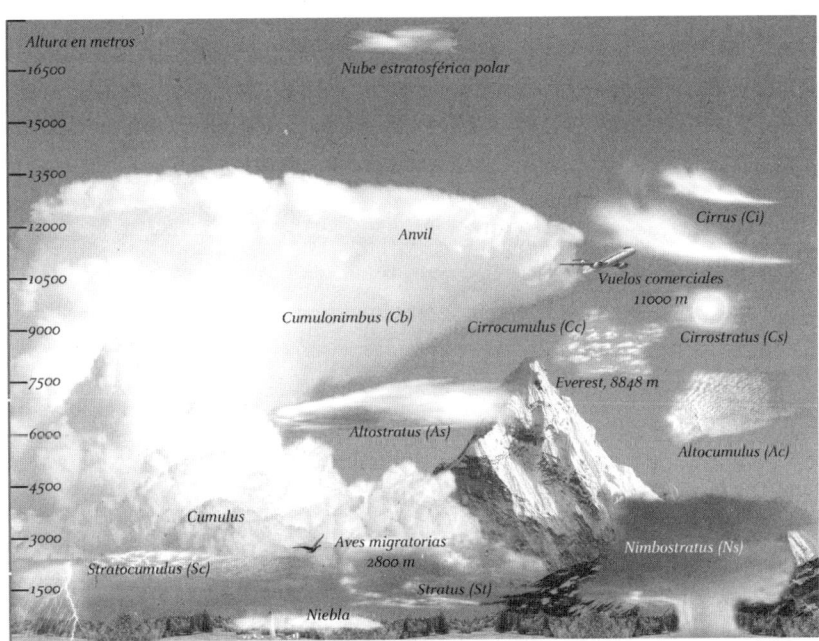

Figura 8: Clasificación de los géneros de nubes según su altitud. Las nubes se agrupan en tres niveles principales: nubes altas (por encima de 6000 m, como *Cirrus, Cirrostratus* y *Cirrocumulus*), nubes medias (entre 2000 y 6000 m, como *Altostratus* y *Altocumulus*) y nubes bajas (por debajo de 2000 m, como *Stratus, Stratocumulus* y *Nimbostratus*). También se incluyen las nubes de desarrollo vertical, como *Cumulus* y *Cumulonimbus*, que pueden extenderse a través de múltiples niveles atmosféricos.

Cumulonimbus incus con la típica forma de yunque (*anvil*) [Michael R. Ross].

Figura 9: Los diez géneros de nubes según la clasificación de la Organización Meteorológica Mundial (OMM): *Cirrus* (Ci), *Cirrostratus* (Cs), *Cirrocumulus* (Cc), *Altostratus* (As), *Altocumulus* (Ac), *Stratocumulus* (Sc), *Nimbostratus* (Ns), *Stratus* (St), *Cumulus* (Cu) y *Cumulonimbus* (Cb). Cada tipo de nube se distingue por su forma, altitud y características meteorológicas, desempeñando un papel clave en los procesos atmosféricos y en la predicción del tiempo.

Ante todo, más allá de la clasificación oficial de la OMM de la que hablaremos a continuación, las nubes se pueden subdividir en dos tipologías principales:

— ESTRATIFORMES: nubes caracterizadas por su disposición en capas en las que prevalece la distribución horizontal respecto a la vertical; se forman en general por ascenso del aire caliente en grandes distancias y de manera relativamente lenta.
— CONVECTIVAS: nubes en las que prevalece la dimensión vertical respecto a la horizontal y que, en general, son producidas por el ascenso del aire caliente debido a movimientos convectivos originados por el calentamiento solar.

La Figura 9 muestra los géneros de las nubes según la clasificación vigente de la OMM, es decir, las diez tipologías principales con los respectivos códigos de dos letras que utilizan los meteorólogos para dibujar los mapas del tiempo. Puede parecer una manera muy fría y aséptica de describir las nubes, tan variables y etéreas, pero no es así. De hecho, la clasificación permite reconocerlas en todas sus manifestaciones, que varían considerablemente según la luz, las condiciones meteorológicas y la localidad en la que nos encontremos realizando nuestras observaciones. Sobre la base de este primer nivel de clasificación es posible identificar todas las nubes que vemos. Lo primero que notamos en la atribución de los nombres a las nubes (Tabla 1) es la raíz del nombre. He aquí el significado de cada raíz:

— CIRRO, del latín «rizo» (dicho del cabello), nubes altas.
— ALTO, nubes a altura media.
— ESTRATO, nubes estratificadas, nubes medio-bajas.
— NIMBO, nombre latino de la nube tormentosa, nube baja asociada a precipitación.
— CÚMULO, nube de desarrollo vertical cumuliforme, nube de baja altura.

La altura a la que se encuentran las diversas nubes (Figura 8) es fundamental para su identificación en especies, y para ello se utilizan tres diferentes intervalos de altura: alta, media y baja.

Las nubes de gran altura se encuentran por encima de los 6000 m y tienen el prefijo «Cirro-». Están compuestas por cristales de hielo debido a las bajas temperaturas en la parte alta de la troposfera y aparecen finas, fibrosas y blancas. En los hermosos días soleados podemos ver nubes blancas y finas, casi «plumosas»: son los *Cirrus* (Ci), que se encuentran a las alturas más elevadas y están enteramente helados. Pero si el cielo se cubre de un velo extenso y casi transparente, las nubes se llaman *Cirrostratus* (Cs). La tercera especie de nubes altas, *Cirrocumulus* (Cc), identifica nubes estratificadas subdivididas en componentes grumosos que nos indican que en su interior las corrientes de aire ascienden por calentamiento.

Las nubes medias ocupan entre los 2000 y 6000 m de altitud, y están formadas por agua líquida, hielo, o ambos, según la altura, la época del año y la estructura vertical de la troposfera. Cuando las nubes están muy estratificadas y tienen un aspecto plano y uniforme en los niveles medios, se identifican como *Altostratus* (As), no debemos esperar de ellas precipitación significativa. Al igual que las nubes cirriformes que hemos visto en los niveles más altos, las nubes «*Alto-*» también pueden presentarse como aglomerados en los que está subdividida la nube, denotando una vez más el ascenso de aire calentado por el sol, estos son los *Altocumulus* (Ac). Cuando vemos estas nubes, sobre todo por la mañana, significa que la atmósfera está sujeta a elevada inestabilidad y el tiempo está cambiando rápidamente.

Las nubes de baja altura, por debajo de los 2000 m, no se identifican por un prefijo particular, sino que toman ambos prefijos, «*Estrato-*» y «*Cúmulo-*», según su organización estratificada o localmente grumosa. Las nubes que vemos muy a menudo y que hacen el cielo un poco aburrido, por su uniformidad y escasos cambios, son los *Stratus* (St). Estas son nubes uniformes y planas constituidas por un estrato gris que puede caracterizarse por la ausencia de precipitación o, a lo sumo, por precipitación muy ligera. Las vemos sobre todo en invierno tras tormentas, cuando el tiempo frío y gris puede perdurar durante varias horas o uno o dos días. Influyen sensiblemente en nuestro estado de ánimo y nos hacen anhelar el cielo despejado. Las nubes *Stratocumulus* (Sc) son híbridos entre estratos y cúmulos, es decir, elementos individuales de nube, característicos del tipo *Cumulus*, reunidos en una distribución continua, típica del tipo *Stratus*. Dicho de otro modo, los estratocúmulos pueden concebirse como un estrato de grumos de nube con áreas densas y otras más finas.

Si, por el contrario, pensamos en el cielo del que cae predominantemente la lluvia o la nieve en invierno, entonces imaginamos enseguida coberturas gris hierro, densas y espesas que producen una precipitación continua: son los *Nimbostratus* (Ns), que generalmente no son otra cosa que *Stratus* o *Stratocumulus*. ¿Alguna vez la abuela os ha dicho, en una desapacible jornada invernal, que había «un cielo de nieve»? Pues bien, estaba describiendo exactamente los *Nimbostratus*.

Llegados a este punto, nos estaremos preguntando: ¿y esas hermosas nubes blancas y rechonchas que parecen copos de cándido algodón cómo se llaman? Son los *Cumulus* (Cu), de naturaleza mayoritariamente celular, con base plana y cima redondeada, que crecen verticalmente. Su nombre, de hecho, se debe al crecimiento predominantemente vertical. Por ejemplo, cúmulos distribuidos de manera casual con poco desarrollo vertical en una jornada soleada se denominan habitualmente *Cumulus humilis* o cúmulos de buen tiempo, aunque en general se identifican simplemente como cúmulos o cúmulos planos. Una nube *Cumulus* que muestre un desarrollo vertical significativo (pero aún no se haya transformado en tormenta) se llama *Cumulus congestus* o cúmulo de gran desarrollo vertical. Si hay suficiente inestabilidad atmosférica, humedad y movimiento vertical, el ascenso del aire debido al calentamiento solar puede desarrollar ulteriormente el cúmulo transformándolo en un *Cumulonimbus* (Cb), es decir, una tormenta que produce lluvia intensa. Por lo tanto, las nubes cumuliformes, esto es, de desarrollo vertical predominante, caracterizan a menudo nuestros cielos estivales y podemos prever si traerán lluvia o incluso una considerable tormenta observando su desarrollo vertical. Si permanecen como cándidos copos, están destinadas a desvanecerse y a dejarnos un buen día. Por el contrario, si crecen rápidamente y se transforman en nubes de gran desarrollo vertical, y su color cambia volviéndose más oscuro, podemos estar seguros de que la tormenta se desarrollará y nos empaparemos bien.

Una vez identificado el género de la nube, es necesario recurrir a alguno de los niveles sucesivos de la clasificación que describen de manera más precisa aspectos particulares. El segundo grado de clasificación concierne a la especie, que define la forma de la nube o su estructura interna (columna 2 de la Tabla 1). Para aclarar el papel de la especie en la identificación de una nube, recurramos a dos ejemplos, uno elegido entre las nubes altas (*Cirrus*) y otro entre las bajas (*Cumulus*).

¿Nos hemos fijado alguna vez en esas nubes fibrosas y blanquísimas que se recortan como pinceladas sobre el fondo azul del cielo y que parecen muy lejanas? Estamos hablando de las nubes *Cirrus*, los cirros, que son nubes muy altas en el inicio de la estratosfera. La Figura 10 muestra tres ejemplos de nubes *Cirrus*, todas formadas por

Figura 10

Figura 11

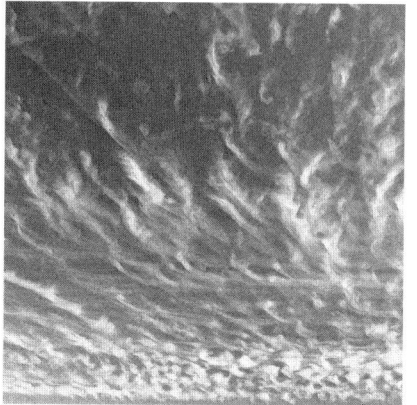

Cirrus uncinus.

Cumulus humilis.

Cirrus fibratus.

Cumulus mediocris.

Cirrus floccus.

Cumulus congestus.

cristales de hielo por las bajas temperaturas de esas alturas. Por su aspecto podemos diferenciar varias especies. El *Cirrus uncinus* es una estructura en forma de coma, cuya cima termina con un gancho o un mechón. El *Cirrus fibratus* es un sutil velo caracterizado por filamentos rectos o irregularmente curvos que no terminan en ganchos o mechones. El *Cirrus floccus*, por último, es un cirro que se presenta como un pequeño mechón de aspecto vagamente cumuliforme, es decir, como un copo de algodón a gran altura.

¿Qué podría contrastar más con las nubes *Cirrus*? Seguramente lo primero que nos viene a la mente son nubes muy cercanas a nosotros y de aspecto voluminoso y aparentemente «sólido». Las nubes *Cumulus*, visibles en la Figura 11, se encuentran a baja altura y son un componente bastante constante de algunos cielos estivales. El *Cumulus humilis* es la fase inicial de toda nube de tipo *Cumulus* y se caracteriza por una extensión vertical muy limitada, siendo generalmente aplanada. El *Cumulus mediocris* tiene una extensión vertical mayor, pero siempre moderada, con pequeñas protuberancias y excrecencias en la cima; en general es indicio de una atmósfera más inestable, que induce un desarrollo vertical más marcado. El *Cumulus congestus* es una nube bien delineada en su perfil, a menudo de notable desarrollo vertical y con la cima que se asemeja a una coliflor. Estas últimas son las nubes que preludian una eventual transformación posterior en *Cumulonimbus*... si hay suficiente inestabilidad atmosférica hemos llegado a la tormenta.

La clasificación de las nubes comprende también la variedad (columna 3 de la Tabla 1). Este aspecto exterior es sin duda más esquivo porque se refiere a la disposición espacial de los elementos macroscópicos de la nube y al grado de transparencia. Una determinada nube puede llevar el nombre de diversas variedades que no se excluyen entre sí, con la única excepción de *translucidus* y *opacus*. Notemos que la existencia de las variedades no significa en absoluto que una determinada nube deba recibir el nombre de una o más variedades. ¿Qué queremos decir? Usemos el género *Altocumulus* como ejemplo para explicarlo. En la Figura 12 se muestran tres variedades de *Altocumulus*. El *Altocumulus stratiformis translucidus* se presenta como una nube extensa estratificada, la mayor parte de la cual es translúcida de modo que revela la posición del sol durante el día: la reconoceréis enseguida porque el sol se asoma a contraluz. El *Altocumulus stratiformis perlucidus*, a diferencia de la variedad anterior, muestra en general espacios entre los elementos que son distin-

Figura 12

Altocumulus stratiformis translucidus.

Altocumulus stratiformis perlucidus.

Altocumulus stratiformis opacus.

58

tos, pero a veces bastante reducidos. El sol, la luna o el azul del cielo se pueden entrever a través de estos tipos de nube que dejan de hecho intersticios a través de los cuales es visible el fondo. Por último, el *Altocumulus stratiformis opacus*, como revela su nombre, es suficientemente denso y opaco como para impedir la visión del sol a través suya; es, en definitiva, un espeso manto nuboso.

La clasificación, a veces, deja también espacio a la imaginación. De hecho, las nubes presentan en ocasiones características suplementarias que contribuyen total o parcialmente a su identificación (columna 4 de la Tabla 1). A continuación, examinaremos algunas muy significativas que caracterizan ambientes específicos de desarrollo de la nube, tanto en términos físicos como de evolución en el tiempo. Estas características son a menudo bastante peculiares y no necesariamente fáciles de observar, pero en general son muy escenográficas.

Una característica común de las nubes precipitantes a la que las personas prestan poca atención o de la que ni siquiera conocen su existencia es la *virga* (Figura 13). ¿Quién sabe cuántas veces habréis visto las virgas a lo lejos sin saber qué eran? Se trata de estelas verticales o inclinadas (según la presencia o no de viento fuerte debajo de la nube) de hidrometeoros, que parten de la base de la nube pero no alcanzan el suelo. El motivo hay que buscarlo en la presencia de aire muy seco entre la nube y la tierra que hace evaporar las gotas de lluvia (o los copos de nieve) durante su caída. Así que es precipitación, aunque no nos damos cuenta porque no cae sobre nuestras cabezas.

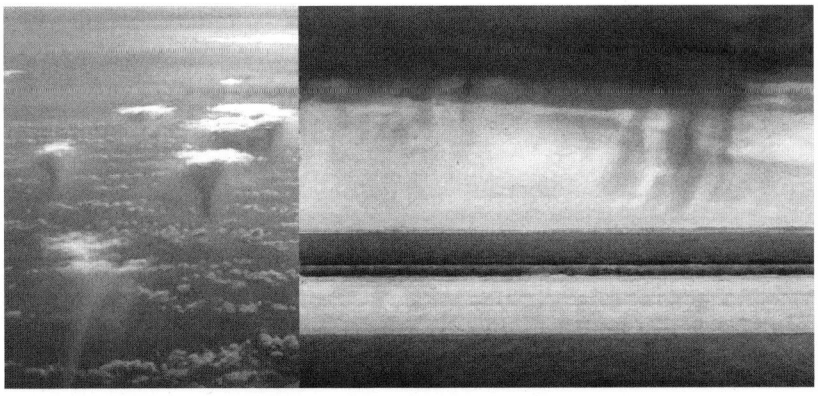

Figura 13: Fenómeno de *virga* observado desde un avión (izquierda) y desde tierra al atardecer (derecha).

Figura 14: Fenómeno de *praecipitatio* observado desde un *Cumulonimbus* durante una tormenta (izquierda) y desde un *Nimbostratus* durante una lluvia estival (derecha).

Figura 15: *Altocumulus stratiformis opacus asperitas.*

Figura 16: Ejemplos de nubes con estructuras *fluctus* u ondas de Kelvin-Helmholtz.

La segunda característica concierne una vez más a la precipitación. En apariencia se presenta exactamente como la virga, pero alcanza el suelo y por tanto se puede medir la intensidad de la precipitación. Estamos hablando de *praecipitatio* y vemos dos ejemplos en la Figura 14, uno de un *Cumulonimbus* (nube de tormenta) y otro de un *Nimbostratus*. En ambos casos vemos que las estelas de precipita ción alcanzan el suelo. Prestemos atención cuando veamos estas estelas debajo de las nubes a lo lejos: ciertamente está lloviendo y la nube nos está advirtiendo de que podríamos mojarnos.

Dejemos por el momento las nubes precipitantes para ocuparnos de una característica que se propuso en 2009, pero que no se introdujo hasta 2017 en el *Atlas internacional de nubes*. Nos referimos a nubes muy espectaculares y asombrosas, las *Asperitas*. Este término se refiere a un aspecto particular que adquiere la parte inferior de la nube debido a ondas atmosféricas que se superponen a ella: la superficie puede ser lisa o bien estar surcada por estructuras más sencillas; parece que estemos observando la superficie del mar desde debajo del agua. Estas particulares formaciones caracterizan sobre todo las nubes del género *Stratocumulus* y *Altocumulus*. Un ejemplo de estas últimas se muestra en la Figura 15.

Pero si buscamos formaciones nubosas realmente peculiares y de apariencias inusuales, vayamos a explorar el cielo en busca de *Fluctus* (Figura 16). Se trata de formaciones provocadas por ondas atmosféricas cortas que aparecen habitualmente en la cima de algunas nubes (*Cirrus, Altocumulus, Stratocumulus, Stratus* y *Cumulus*) en forma de rizos u ondas que se curvan sobre sí mismas. Son las llamadas ondas de Kelvin-Helmholtz, por los dos físicos del siglo XIX que las estudiaron por primera vez, William Thomson Lord Kelvin y Hermann L. F. von Helmholtz. Se trata de nubes cuyo aspecto rizado se debe al deslizamiento de dos estratos atmosféricos de diferente densidad, uno sobre otro. El fenómeno resulta a primera vista completamente extraño, por lo que con frecuencia ha generado alarma entre quienes han querido ver en él la intervención de visitantes de otros mundos o un experimento de oscuras intenciones llevado a cabo por militares. En realidad es un fenómeno relativamente común y se ve a menudo en los cielos montañosos.

Para demostrar que la dinámica de fluidos gobierna en buena parte la estructura y la evolución de las nubes en la atmósfera, detengámonos ahora en una particular conformación que no tendréis muchas posibilidades de observar directamente, a menos que estéis viajando en determinadas partes del globo en un avión a gran altura; la otra forma de observarlas es desde el espacio, usando los sensores de los satélites meteorológicos. Son las estelas (o «vórtices») de von Kármán, por el nombre del experto en dinámica de fluidos e ingeniero Theodore von Kármán que las describió por primera vez. Vemos un ejemplo en la Figura 17, en la estela de las islas chilenas Juan Fernández. El satélite ha capturado el desprendimiento alternado a derecha e izquierda de la dirección del viento de vórtices en los *Stratocumulus* marinos. Sin duda ya habéis visto este fenómeno al asomaros desde un puente sobre un río: si prestamos atención, el agua, cuando fluye alrededor de un pilar del puente, nos muestra precisamente estos vórtices. La naturaleza, en esencia, repite sus propias reglas, que son más sencillas de lo que habitualmente creemos.

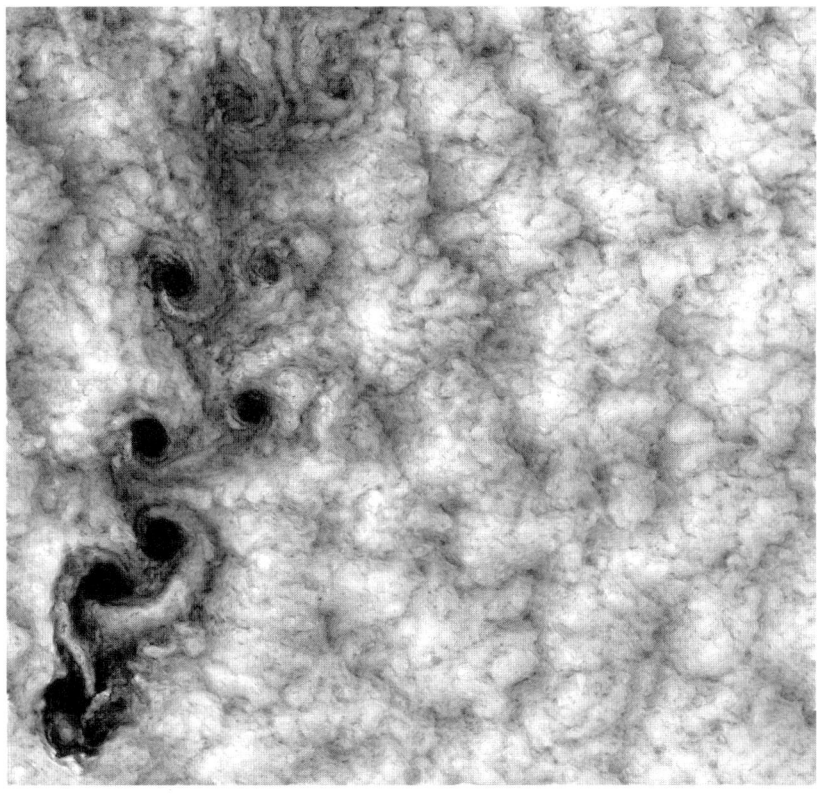

Figura 17: Vórtices de von Kármán en una capa de *Stratocumulus* marinos en la estela de las islas Juan Fernández, frente a la costa de Chile. Imagen captada por el satélite Landsat 7 el 15 de septiembre de 1999 [NASA].

Figura 18: Formación de *cavum* en *Altocumulus*, con refracción de la luz solar (izquierda) y con virga de cristales de hielo en caída (derecha). Los *cavum*, también conocidos como *fallstreak holes* o *hole-punch clouds*, son grandes aberturas circulares o elípticas en una capa de nubes, formadas cuando los cristales de hielo inducen la rápida evaporación de las gotas de agua circundantes.

¿Habéis visto alguna vez una nube con un agujero en medio? No, no me he vuelto loco, estoy hablando de otra característica suplementaria que a algunos les hace gritar de miedo pensando en el aterrizaje de un platillo volante. Se trata de la estructura *cavum* que se puede presentar en *Altocumulus* y *Cirrocumulus*. Es un orificio circular en un estrato de gotitas superenfriadas, es decir, que se encuentran en estado líquido aunque a temperaturas bajo cero (veremos más adelante cómo esto es posible). Van acompañadas de *virga* de cristales de hielo que caen desde la parte central de la cavidad, la cual se agranda conforme evoluciona. Se debe al paso de un avión a través del estrato nuboso que induce la congelación instantánea de las gotitas en suspensión provocando su caída. Sucede a menudo en las fases de despegue y aterrizaje, y es por esto que las nubes con cavum se observan con más frecuencia cerca de los aeropuertos. Dos ejemplos se muestran en la Figura 18.

Todo esto es muy interesante, pero ¿dónde quedan las tormentas? ¿Nos hemos olvidado de ellas? Por supuesto que no, y de hecho todas las características suplementarias asociadas a las nubes tormentosas merecen un discurso aparte, vamos con los *Cumulonimbus*.

Con el nombre de *incus* (en inglés *anvil*, como es mejor conocida en el ámbito meteorológico) se indica la porción superior aplanada de un *Cumulonimbus* (Figura 19) que se difunde hacia el exterior de la nube, asemejándose a un yunque de aspecto liso, fibroso o estriado.

Figura 19: Formación de *incus* en la cima de una impresionante serie de *Cumulonimbus*.

Esta porción de nube es esencialmente un cirro y está constituida por cristales de hielo. El aspecto aplanado se debe al hecho de que la nube tormentosa ha alcanzado la altura de la tropopausa (¿recordáis la frontera entre troposfera y estratosfera?) y encuentra la barrera en la que la temperatura deja de disminuir con la altura, y empieza a aumentar. Esta inversión de la temperatura (véase Figura 7) es una barrera que mantiene atrapado el aire ascendente por debajo de esta altura: he aquí por qué el *Cumulonimbus* se aplana, deja de crecer y forma el *anvil*.

La naturaleza también puede resultar bromista a nuestros ojos. Existen nubes que se desarrollan hacia abajo. ¿Absurdo? No exactamente; he aquí las *mamma,* como indica su nombre —literalmente «mamas»—, son protuberancias en la base de las nubes *Cumulonimbus*, pero también *Cirrus, Cirrocumulus, Altocumulus, Altostratus* y *Stratocumulus*. Se deben a la presencia en las nubes de cristales de hielo de grandes dimensiones que caen arrastrados por su propio peso. Estos cristales encuentran aire muy seco debajo, lo que a su vez induce la evaporación de estos cristales (sublimación, es decir, paso del agua del estado sólido al de vapor sin pasar por el estado líquido). El aire seco rodea cada protuberancia individual y la sublimación trascurre de manera homogénea en la superficie externa de las *mamma,* dándoles un aspecto redondeado y globoso. La Figura 20 muestra algunos ejemplos de *mamma* que se observan a menudo al atardecer, dando vida a escenografías que ningún artista lograría imaginar. En el caso de las nubes tormentosas, Las *mamma* son un claro indicio de que la tormenta se encuentra en fase de disipación, pues penden por debajo del *incus* que se forma precisamente en la etapa final de la tormenta.

Figura 20: Formación de *mamma* colgando de la base de diferentes estructuras nubosas. Estas bolsas redondeadas y descendentes se forman debido a corrientes descendentes de aire frío dentro de la nube, generando un patrón característico de protuberancias. Las *mamma* suelen aparecer en nubes *Cumulonimbus, Cirrus, Cirrocumulus, Altocumulus, Altostratus o Stratocumulus.*

No todas las tormentas son iguales y, sobre todo, no todas las tormentas tienen el mismo impacto en el suelo. Hay tormentas que se reducen a un simple aguacero y otras que se caracterizan por vientos fortísimos, lluvias intensísimas o granizadas violentas. La Figura 21 ilustra el aspecto de la parte central inferior de nubes *Cumulonimbus* asociadas a tormentas de gran impacto (las tormentas severas). El característico *murus*, conocido en meteorología como *wall cloud*, es un descenso localizado, persistente y a menudo repentino del *Cumulonimbus* asociado a tormentas tipo *supercélula* (caracterizadas por la presencia de rotación del cuerpo nuboso) *supercelda* o *multicelda* (constituidas por varias celdas o células, cada una en una fase diferente del ciclo de vida). Se desarrolla en la parte libre de precipitación e indica un área de fuerte ascenso vertical del aire caliente (calado vertical, *updraft*).

Figura 21a: Formación de *murus* (*wall cloud*, imagen superior) y *cauda* (*tail cloud*, imagen inferior) en superceldas.

Figura 21b: Formación de *arcus* (*shelf cloud*) en tormenta supercelular.

La *cauda* o *tail cloud* es una especie de cola nubosa en los niveles bajos que se extiende desde la región precipitante principal de un *Cumulonimbus* hasta el *murus* y se encuentra a la misma altura que este último; ambas son características distintivas de las tormentas supercélula. Por último, el *arcus* o *shelf cloud* es un «rollo» de nube situado en la parte baja y anterior de *Cumulonimbus* o, más raramente, de *Cumulus*. Tiene el aspecto de un arco muy oscuro y amenazador. ¿Por qué identificar de forma tan precisa, al límite de lo pedante, estas estructuras de un *Cumulonimbus*? La razón radica en el hecho de que identificar estas estructuras permite, a quien se encuentra en las cercanías de la tormenta muy intensa, prestar atención y alejarse antes del peligro. Es una forma de hacer previsión a brevísimo plazo sobre los efectos de una nube tormentosa.

Formación de *murus* en una supercelda [Minerva Studio].

La próxima parada de este viaje por la clasificación de las nubes tormentosas requiere que describamos como nube algo que normalmente no estaríamos inclinados a considerar como tal. Hablamos de la *tuba* o nube embudo, que es en esencia una columna que sobresale de la base de la nube y representa la manifestación visual de un vórtice en rápida rotación. Algunos ejemplos de *tuba* se muestran en la Figura 22. Me diréis: ¿pero estos no son tornados? Sí, precisamente. Como se ve en la primera imagen, a menudo vórtices de este tipo se originan en la zona *murus*, y se ven solo cuando tocan tierra porque levantan polvo y escombros. Las estructuras *tuba* en las tormentas sobre el mar son igualmente espectaculares y levantan una columna de agua. Vemos tres ejemplos en la Figura 23. Son las llamadas trombas marinas o *waterspouts*.

Figura 22: Vórtices *tuba* en tres diferentes tormentas de tipo supercélula sobre tierra.

Figura 23: Vórtices *tuba* en tres diferentes tormentas sobre el mar.

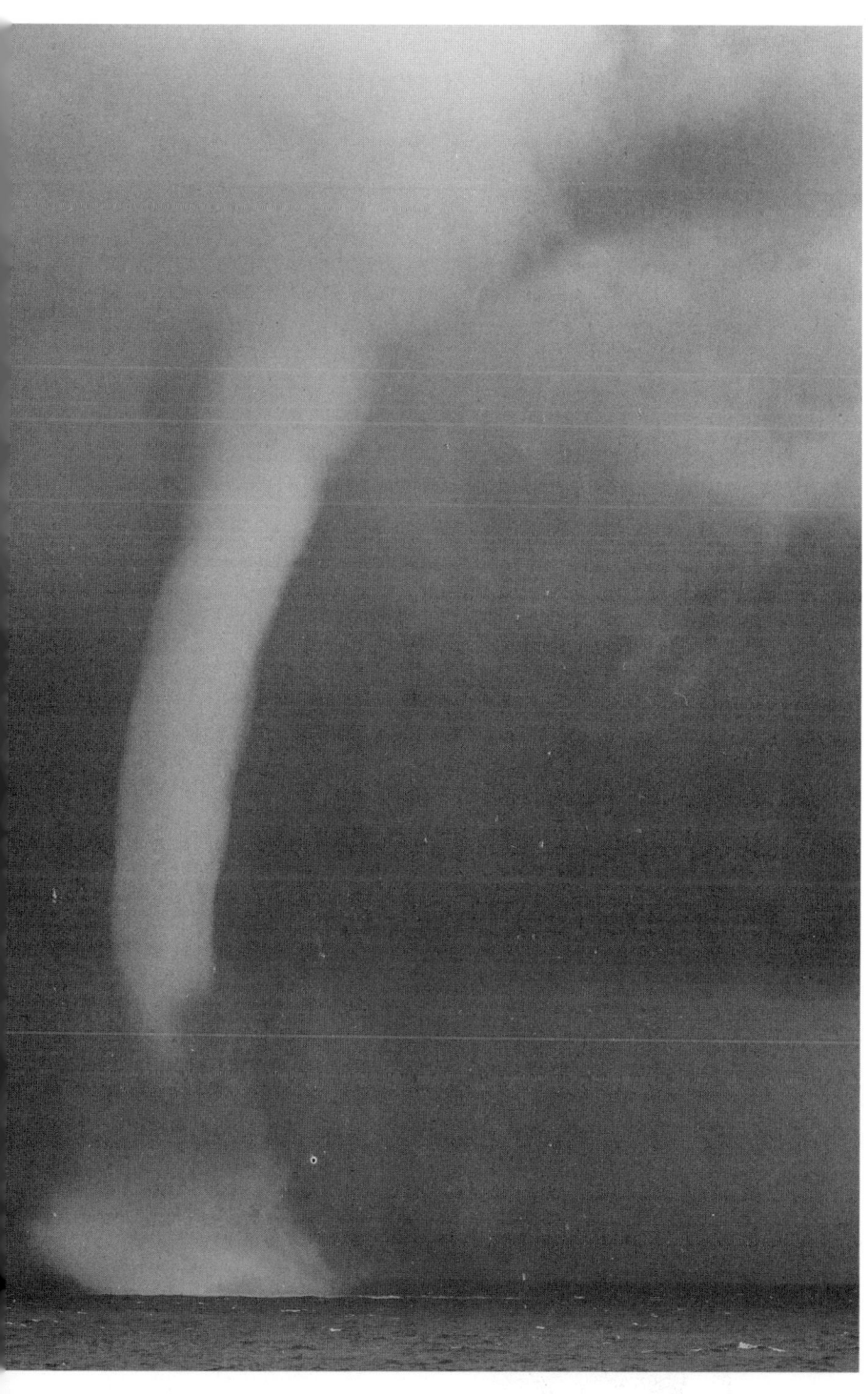

La tromba marina o manga de agua [Minerva Studio].

Si ahora nos desplazamos a la columna 5 de la jugosa Tabla 1, descubrimos que existen también nubes accesorias, que no son más que nubes de dimensiones más reducidas que acompañan a la nube principal y están —más o menos— conectadas a ella. ¿Qué son y en qué medida son «accesorias»?

Un primer ejemplo es la nube *pannus*, que aparece en forma jirones de nube, formando un estrato relativamente continuo debajo de otra nube e incluso fusionado con ella. Estas nubes están mayormente asociadas a *Altostratus, Nimbostratus, Cumulonimbus* y *Cumulus;* y a menudo se pueden encontrar debajo de nubes que están próximas a producir precipitación. En la Figura 24 se muestra un ejemplo de *Cumulonimbus praecipitatio pannus* que se recorta en gris claro sobre el fondo negro del *Cumulonimbus.*

¿Nubes como ríos? ¿Por qué no? La nube *flumen* está asociada al *Cumulonimbus* y a menudo a una supercélula. Estas nubes deben su nombre al aspecto similar a un río de aire húmedo que fluye en la base principal de un *Cumulonimbus* y son a menudo conocidas con el sobrenombre de *beaver tail cloud* («nubes cola de castor») debido a su aspecto aplanado y ancho. No hay que confundirlas con las *tail cloud* porque las nubes accesorias de tipo *flumen* se encuentran a una altura significativamente mayor y alimentan directamente la columna de aire húmedo ascendente en el *Cumulonimbus (updraft).* Un ejemplo se muestra en la Figura 25.

Figura 24: *Cumulonimbus praecipitatio pannus.*

Figura 25: *Cumulonimbus arcus praecipitatio flumen pannus.*

Aligeremos un poco ahora la pesadez de las tormentas en sus manifestaciones más llamativas. Subamos de altura por encima de la tormenta para encontrar una de las nubes más extrañas que se puedan observar en la naturaleza: el *pileus.* A diferencia de las anteriores *pannus* y *flumen,* el *pileus* tiene una reducida extensión horizontal que forma un sombrero (*pileus* en latín, Figura 26) o capucha que recubre o se adhiere a la cima de una nube cumuliforme, la cual a menudo lo perfora mientras continúa su propio crecimiento impulsado por el ascenso de aire caliente. El *velum,* la última tipología de nube accesoria, a diferencia del *pileus,* tiene una notable extensión horizontal cerca o por encima de una o más nubes cumuliformes que a menudo lo perforan (Figura 27). ¿A qué se debe la formación de estas nubes? La razón principal es que una nube tormentosa es un obstáculo al flujo de aire cálido y húmedo exactamente como lo es una montaña. Sí, es cierto, la nube tormentosa no es sólida como una montaña, pero lo es lo suficiente para hacer que el aire cálido y húmedo que asciende fluya sobre su propia superficie provocando la condensación del vapor de agua y la formación de las nubes en forma de sombrero. Curioso, ¿verdad? Observar estas nubes es realmente difícil, la única forma es encontrarse en la cima de una montaña y tener la suerte de toparse con una tormenta que se está desarrollando a cierta distancia. El *pileus* aparecerá con cierta facilidad, pero habrá que estar allí y, con nosotros, también la tormenta... y normalmente no se va a la montaña con previsión de tormentas, ¿cierto?

Figura 26: Ejemplo típico de *pileus* en la cima de un *Cumulonimbus*.

Figura 27: *Velum* en la cima de *Cumulonimbus*.

Las nubes se forman cuando el aire cálido y húmedo asciende, pero en ocasiones este ascenso es provocado por fenómenos locales muy específicos, distintos a los que hemos descrito hasta ahora. Existen tipos particulares de nubes que surgen y crecen como consecuencia de factores desencadenantes muy especiales, como un incendio, una erupción volcánica, la columna de humo de una chimenea industrial, una cascada de gran tamaño, las estelas de los aviones o la evaporación de un bosque.

Las nubes de tipo tormentoso, por ejemplo, pueden desarrollarse debido al ascenso de aire cálido generado por incendios forestales o erupciones volcánicas. Estas nubes, clasificadas como *flammagenitus*, son producidas por estas fuentes locales de calor y están compuestas por gotitas de agua mezcladas con humo, cenizas y otras partículas procedentes del fuego subyacente. Se trata de nubes cumuliformes que a menudo evolucionan hasta convertirse en *Cumulonimbus*. En la Figura 28 se muestra un ejemplo de nube generada por un incendio forestal, mientras que en la Figura 29 se observa una nube derivada de la erupción del volcán Taal en Filipinas, que alcanzó su máxima intensidad a mediados de enero de 2020. Al observar estas nubes, resulta evidente que son de carácter tormentoso, pero hay algo peculiar en ellas: su color es notablemente más oscuro y grisáceo. La razón de este aspecto se encuentra precisamente en la mezcla de cenizas que ha permitido la condensación de las gotitas de agua, pero que al mismo tiempo les confiere ese tono sombrío.

Figura 28: *Cumulonimbus flammagenitus o pyrocumulus.*

Figura 29: *Cumulonimbus flammagenitus* generado por la erupción del volcán Taal en las Filipinas, cerca de Manila, en enero de 2020.

El ser humano, como era de esperar, ejerce una profunda influencia sobre las nubes, y no solo a través de los incendios forestales accidentales —o los que provoca para despejar terrenos destinados a la agricultura o la ganadería—. De hecho, incluso contribuye a crearlas. En concreto, aquellas nubes que la Organización Meteorológica Mundial (OMM) clasifica como *homogenitus*. Un primer ejemplo son las nubes cumuliformes que se forman cuando el aire caliente asciende impulsado por las columnas de humo que emanan de las chimeneas de ciertas instalaciones industriales, especialmente las centrales energéticas (como se ilustra en la Figura 30).

Las estelas de condensación que dejan los aviones son otro ejemplo de nubes *homogenitus*, y todos hemos visto cientos de ellas a lo largo de nuestra vida. Cuando estas estelas persisten durante más de diez minutos, se las denomina *Cirrus homogenitus* (un ejemplo particularmente llamativo de estelas al atardecer se muestra en la Figura 31). Si las estelas de condensación se expanden notablemente debido a los fuertes vientos en altura, adquieren una forma muy similar a la de las nubes naturales de gran altitud: son las nubes *homomutatus*. Estas reciben el nombre del género correspondiente (por ejemplo, *Cirrus, Cirrocumulus* o *Cirrostratus*), seguido de cualquier variedad o característica adicional que les sea aplicable, y finalmente el término *homomutatus*. Un ejemplo de *Cirrus fibratus homomutatus* puede apreciarse en la Figura 32.

Figura 30: *Cumulus mediocris homogenitus.*

Figura 31: *Cirrus homogenitus* o estelas de condensación.

Figura 32: *Cirrus homogenitus homomutatus.*

Las cascadas y los bosques también son fuentes de formación de nubes. En el caso de las cascadas, esto ocurre cuando el agua, al caer, genera una neblina de gotitas diminutas. El movimiento descendente del agua se compensa con el ascenso local del aire, dando lugar a nubes que adoptan el género correspondiente, seguido del término *cataractagenitus* para indicar su origen. Un ejemplo de *Cumulus cataractagenitus* se muestra en la Figura 33.

Figura 33: *Cumulus cataractagenitus.*

Figura 34: *Stratus fractus silvagenitus.*

En cuanto a los bosques, las nubes que se forman sobre ellos son el resultado del aumento de la humedad provocado por la evapotranspiración de las copas de los árboles. En este caso, la nube recibe el nombre del género que le corresponde, seguido de la especie, variedad, características adicionales y el término *silvagenitus*. Un ejemplo de *Stratus fractus silvagenitus* puede verse en la Figura 34.

Cuando una corriente de aire se ve obligada a ascender para superar una montaña o una cadena montañosa, a menudo forman nubes cerca de la cresta o justo debajo de ella. Seguro que has observado este fenómeno en alguna ocasión, ya que las nubes alineadas en las crestas montañosas son muy comunes y visibles tanto para los excursionistas como para quienes las contemplan desde la lejanía. Se trata de las llamadas nubes orográficas, cuyas características pueden diferir significativamente de las de otros tipos de nubes, aunque pertenecen al menos a uno de los géneros ya mencionados. La orografía suele provocar un aumento de las formaciones nubosas en la vertiente de barlovento (debido al ascenso del aire cálido y húmedo al chocar con las sierras) y una disipación en la vertiente de sotavento (por los movimientos descendentes). Además, la barrera montañosa puede generar ondas en el flujo de aire, lo que a menudo da lugar a la formación de nubes lenticulares en las crestas. Estas nubes son un claro indicio de la alteración que el relieve ejerce sobre el flujo de aire. En la Figura 35 se muestra un ejemplos espectacular de nubes lenticulares.

Pero dejemos atrás las nubes tal y como las conocemos, es decir, como aglomeraciones de gotitas, cristales de hielo, copos de nieve o granizos. En realidad, las nubes no siempre están compuestas exclusivamente de agua. Las que se encuentran en la troposfera terrestre, es decir, a altitudes inferiores a los 20 km, sí lo están, pero existen dos tipos de nubes no acuosas que se forman a gran y muy gran altitud.

Figura 35: Nubes orográficas lenticulares.

El primer tipo son las nubes estratosféricas polares (PSC, por sus siglas en inglés). Estas se dividen en dos variantes principales. La primera sí son las nubes de hielo que se forman a temperaturas inferiores a −85 °C, entre los 15 y los 25 km de altitud. Conocidas también como *nacreous clouds* o *mother of pearl clouds* por su aspecto nacarado, presentan colores iridiscentes muy brillantes (como se aprecia en la Figura 36), resultado de la difracción e interferencia de la luz. Este fenómeno sugiere que están compuestas por cristales de hielo esféricos de unos 10 micrones de diámetro (un micrón equivale a una millonésima de metro). Son comunes en regiones como la Antártida, Escocia, Escandinavia, Alaska, Canadá y el norte de Rusia.

La segunda variante son las nubes formadas por agua y ácido nítrico, que se originan a temperaturas inferiores a −78 °C en latitudes altas, principalmente durante el invierno o en sus proximidades. Suelen verse mejor durante el crepúsculo, justo antes del amanecer o después del atardecer, cuando el sol se encuentra entre 1° y 6° por debajo del horizonte.

Figura 36: Nubes estratosféricas polares. ⊡ *Hay una versión*
a color de esta figura en los cuadernillos.

Nubes orográficas lenticulares [Bobby Cochran Photography].

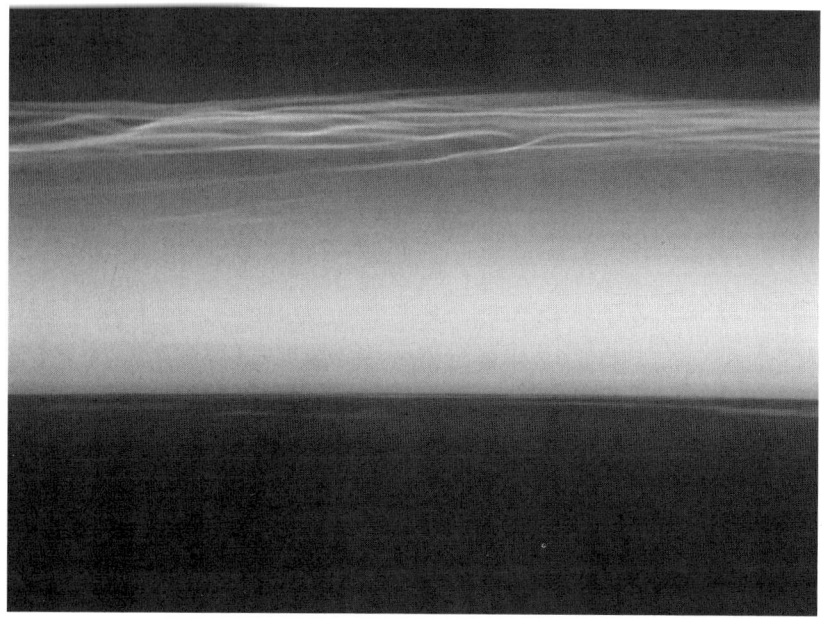

Figura 37: Nubes mesosféricas polares o nubes noctilucentes.

El segundo tipo son las nubes mesosféricas polares (PMC, por sus siglas en inglés), también conocidas como noctilucentes. Estas nubes destacan en el cielo oscuro de la noche, mucho después del atardecer en verano, ya que se forman en la mesosfera, a altitudes entre 75 y 85 km (como se muestra en la Figura 37). Están compuestas por cristales de hielo diminutos (de unos 0,3 micrones) que se forman sobre partículas de polvo cósmico procedentes de la ablación de micrometeoritos al entrar en la atmósfera terrestre. Solo aparecen en verano, cuando las temperaturas en la mesosfera descienden por debajo de los −120 °C.

Bueno, ¿cansado de clasificar nubes? Imagino que sí, pero era fundamental para sentar las bases. Ahora que tenemos una idea de cómo son las nubes en la atmósfera y de su inmensa variedad, estamos listos para embarcarnos en el húmedo viaje que nos llevará desde el vapor de agua atmosférico hasta el proceso de formación de una nube. Un viaje increíblemente complejo que nos revelará aspectos que nunca habríamos imaginado. Porque ni siquiera la más simple y humilde nubecita es tan obvia como parece.

3. CÓMO SE FORMA UNA NUBE

«No existen reglas arquitectónicas
para construir castillos en las nubes».
GILBERT K. CHESTERTON, *El hombre eterno, 1925.*

Intentemos responder rápidamente a la pregunta: «¿Cómo se forma una nube?». En pocas palabras, las nubes están compuestas por gotitas de agua y cristales de hielo que se forman cuando el vapor de agua en la atmósfera se condensa. Esto es cierto, pero ¿cómo se llega a la formación de esos cúmulos de gotitas y cristales que llamamos nubes? ¿Por qué las vemos en contextos tan diversos?

Imaginemos un hermoso día de verano. Esperamos calor, un sol radiante y aroma estival, pero algo más está ocurriendo. Durante toda la mañana, el sol calienta la superficie terrestre, y esta, dependiendo de su composición y de la latitud en la que nos encontremos, transfiere ese calor a las capas más bajas de la atmósfera. Si el suelo está lo suficientemente húmedo, parte de esa humedad se evapora y se mezcla con el aire cercano. Este aire, ahora cálido y cargado de vapor, comienza a ascender debido a la convección, un proceso que implica el transporte de materia (el vapor de agua) y energía (en forma de calor) impulsado por la disminución de la presión con la altura y la fuerza de la gravedad.

Como se ilustra en la Figura 38, el aire caliente sube en forma de burbujas o columnas, conocidas como térmicas. A medida que ascienden, estas térmicas se enfrían rápidamente, aproximadamente 10 °C por cada 1000 metros de elevación. Durante este ascenso, el aire caliente y húmedo apenas interactúa con el aire más frío y seco

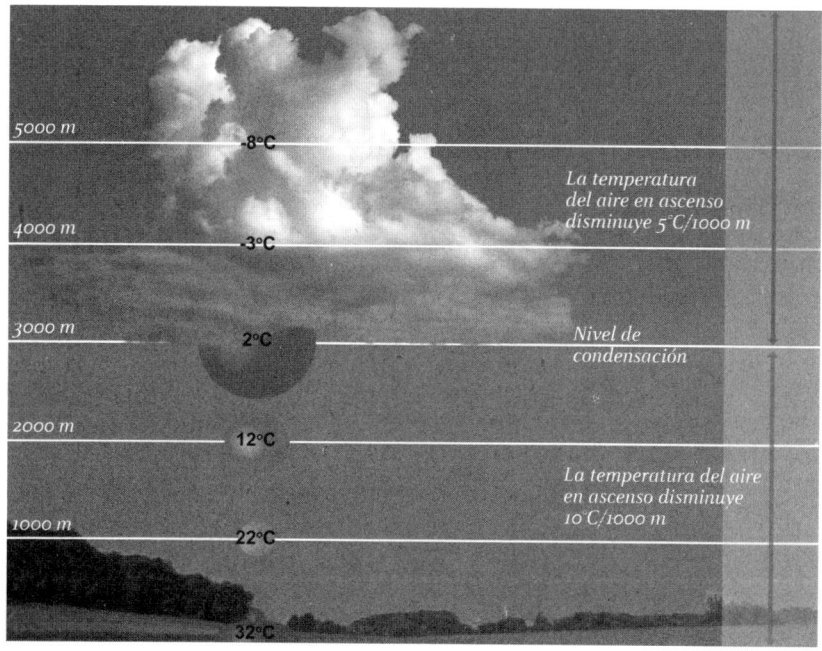

Figura 38: Ascenso del aire caliente y formación de una nube cumuliforme.

que lo rodea, en un proceso llamado «ascenso adiabático seco». Sin embargo, cuando la térmica alcanza una altitud concreta, conocida como «nivel de condensación», el vapor de agua alcanza su punto de saturación y comienza a condensarse en pequeñas gotitas. Es en este momento cuando la nube se hace visible, y podemos observar cómo crece. Este mecanismo también explica por qué las nubes de este tipo tienen bases planas: a esa altitud, las gotitas se forman de manera simultánea y uniforme. A partir de este punto, el ascenso se denomina «adiabático húmedo», ya que la condensación ha comenzado y el enfriamiento continúa, pero a un ritmo más lento, aproximadamente la mitad que en las capas inferiores.

Sin embargo, el calentamiento solar no es la única forma en que se forman las nubes. Siempre que haya ascenso de aire cálido y húmedo las nubes pueden surgir. Una de las razones es la convergencia de masas de aire, como se muestra en la Figura 39. En las zonas terrestres, este «choque» de masas de aire ocurre cuando dos corrientes provenientes de diferentes direcciones se encuentran. El aire caliente y húmedo asciende al converger, siguiendo un proceso similar al des-

Figura 39: Formación de una nube cumuliforme por convergencia de aire caliente y húmedo en la superficie terrestre (arriba) y en la interfaz entre tierra y agua (abajo).

crito anteriormente. En las costas, por ejemplo, el aire húmedo que proviene del mar encuentra la tierra, donde la fricción reduce su velocidad. Este frenado, combinado con el calentamiento del aire, provoca su ascenso y, finalmente, la condensación que da lugar a las nubes.

LAS NUBES Y LOS FRENTES

Otro contexto extremadamente importante para la formación de nubes es el ascenso de masas de aire sobre las superficies de los frentes fríos (Figura 40) y los frentes cálidos (Figura 41). En meteorología, un «frente» se define como la superficie de contacto entre dos masas de aire con diferentes temperaturas, presiones y niveles de humedad. Los frentes son un componente fundamental de los ciclones extratropicales y, en general, de la meteorología de las latitudes medias y

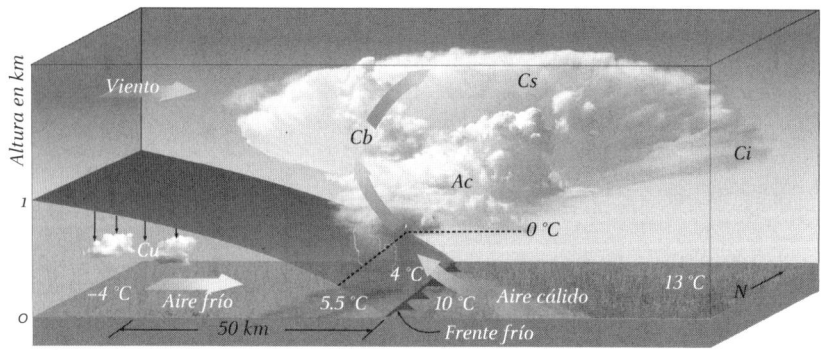

Figura 40: Frente frío. ⊡ *Hay una versión a color de esta figura en los cuadernillos.*

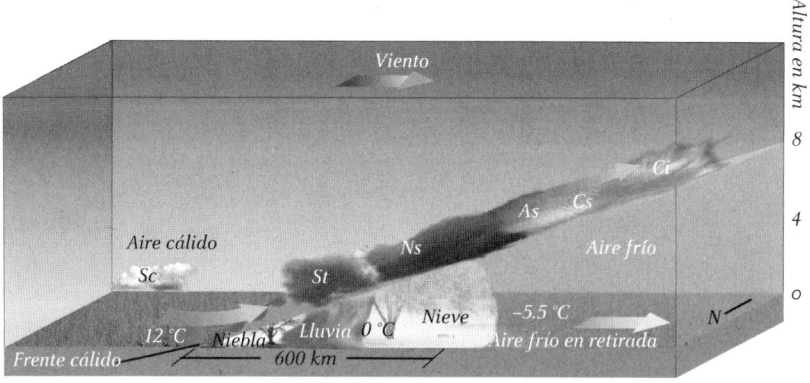

Figura 41: Frente cálido. ⊡ *Hay una versión a color de esta figura en los cuadernillos.*

altas. Un ejemplo muy común son los grandes ciclones sobre el océano Atlántico, que traen consigo las perturbaciones invernales a nuestro continente a través de los frentes fríos asociados. Por otro lado, los frentes cálidos se mueven más lentamente, ya que es más difícil para el aire cálido «empujar» al aire más frío y denso cerca de la superficie terrestre. Estos frentes suelen formarse en el lado este de los sistemas ciclónicos (áreas de baja presión), donde el aire más cálido del sur es impulsado hacia el norte.

En la práctica, la superficie de un frente es un plano inclinado invisible sobre el cual fluyen las masas de aire cálido que entran en contacto con el aire frío que avanza (en el caso de un frente frío) o que se deslizan sobre una región preexistente de aire frío (en el caso de un frente cálido). En el lugar donde el frente toca el suelo, en los mapas meteorológicos se dibuja una línea curva que indica su avance: habitualmente azul con triángulos para los frentes fríos y roja con semicírculos para los frentes cálidos. Como podemos ver en los esquemas de ambos frentes, las nubes que se forman son diferentes, con una distribución distinta según la altitud. Esto nos ayuda a comprender muchas de las formaciones nubosas que a veces observamos sin entender bien el contexto de su formación. En los frentes fríos predominan los *Cumulus* (Cu), *Cumulonimbus* (Cb), *Altocumulus* (Ac), *Cirrostratus* (Cs) y *Cirrus* (Ci); mientras que en los frentes cálidos encontramos *Stratocumulus* (Sc), *Stratus* (St), *Nimbostratus* (Ns), *Altostratus* (As), *Cirrostratus* (Cs), *Cirrus* (Ci) y, justo frente a la línea del frente, la niebla cerca de la superficie.

LAS NUBES, LOS LAGOS, LOS MARES Y LAS MONTAÑAS

Las montañas, ya sea de forma aislada u organizadas en cadenas montañosas, representan un obstáculo significativo para el movimiento de las masas de aire. La Figura 42 muestra cómo el aire cálido y húmedo asciende por las laderas de una montaña, que actúan como una rampa que favorece este ascenso. A medida que el aire sube y se enfría, el vapor de agua se condensa y se forman nubes que luego producen precipitaciones: lluvia en las altitudes más bajas y nieve cerca de la cima, dependiendo de la estación y del perfil vertical de la temperatura. También pueden formarse nubes orográficas, como las nubes lenticulares que vimos en el capítulo anterior, sobre las crestas de las cadenas montañosas.

Una vez que el aire supera la montaña, desciende por el otro lado, donde se encuentra con condiciones más secas. Durante este descenso, el aire se calienta, y en esta región no se forman nubes debido a la falta de humedad: es la llamada zona de sombra pluviométrica (*rain shadow* en inglés), caracterizada por precipitaciones escasas o incluso nulas. Un ejemplo a gran escala de este fenómeno se ilustra en la Figura 43, que muestra cómo la cordillera del Himalaya crea una sombra pluviométrica sobre las regiones de Asia central, explicando la existencia de desiertos como el Gobi en Mongolia y el Taklamakan en

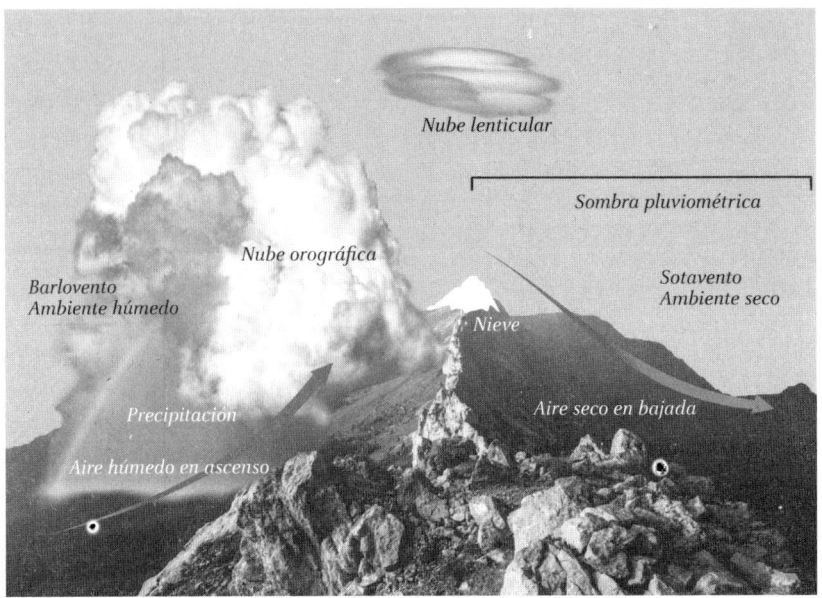

Figura 42: La orografía juega un papel fundamental en la formación de nubes y precipitaciones. Cuando el aire húmedo encuentra una barrera montañosa, se ve forzado a ascender. A medida que el aire asciende, se enfría y la humedad se condensa, formando nubes. Este proceso puede dar lugar a precipitaciones en el lado de barlovento de la montaña (precipitación orográfica). En el lado opuesto, en sotavento, el aire desciende y se calienta, lo que reduce la capacidad de condensación y puede dar lugar a un área de sequedad conocida como sombra pluviométrica.

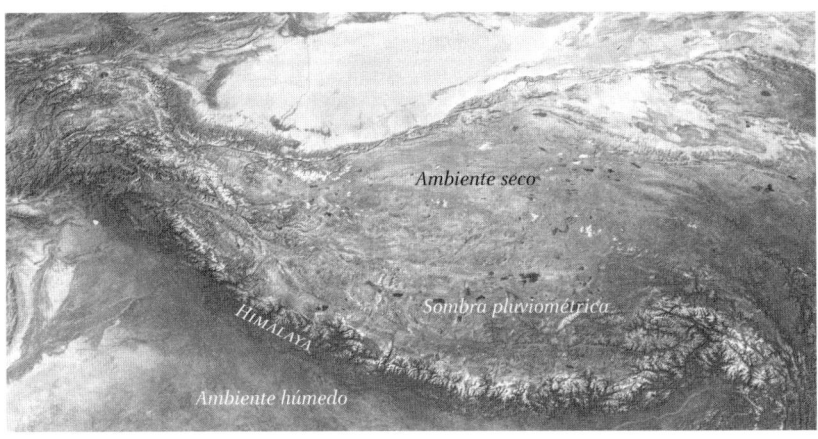

Figura 43: Vista satelital del efecto de sombra pluviométrica ejercido por la cadena montañosa del Himalaya sobre las regiones de Asia Central [NASA].
⊡ *Hay una versión a color de esta figura en los cuadernillos.*

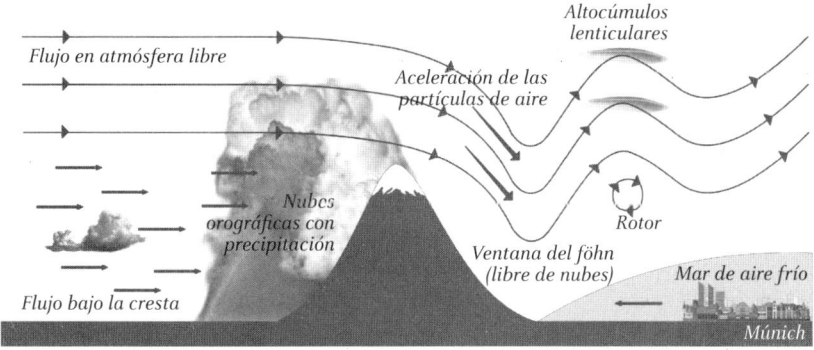

Figura 44: Esquema del desarrollo del *Föhn* (o favonio) sobre los Alpes Bávaros.

China. En Italia, un ejemplo claro son las llanuras del Piamonte, protegidas de las corrientes húmedas del oeste por la cadena de los Alpes. Asti, por ejemplo, recibe solo 527 mm de precipitación al año, lo que la convierte en una de las ciudades más secas de Italia. En estas zonas, a sotavento de las montañas, el aire cálido que desciende suele manifestarse como un viento cálido y seco conocido como *favonio* (*föhn* es el término original en alemán, Figura 44), que experimentamos a menudo en ambos lados de los Alpes y los Apeninos. La temperatura aumenta notablemente, y la ropa tendida se seca en un instante. En estos casos, naturalmente, las nubes están completamente ausentes.

Existen formaciones nubosas muy particulares que provocan copiosas nevadas, como las que ocurren sobre los Grandes Lagos de Norteamérica. La nieve por efecto lacustre (*lake-effect snow*, Figura 45) se genera durante condiciones atmosféricas de frío extremo, cuando una masa de aire frío proveniente del Ártico canadiense se desplaza sobre las vastas extensiones de agua de los Grandes Lagos, que están a una temperatura mucho más alta. La capa más baja del aire se calienta por el agua «cálida» y se enriquece con el vapor producido por la evaporación del lago. Este aire húmedo y relativamente más cálido asciende sobre el aire frío que avanza, formando nubes heladas. Al mismo tiempo, el viento disminuye en intensidad en la costa opuesta del lago, creando un efecto de congestión del aire que ocasiona fuertes nevadas, algunas de las más intensas de la temporada invernal en Norteamérica. Este fenómeno también se observa en Italia, cuando los vientos fríos provenientes de las llanuras rusas atraviesan el mar Adriático, más cálido, provocando nevadas en las costas adriáticas (como las históricas nevadas de 2012 en las Marcas, con acumulaciones de 3 a 5 metros). En la Figura 46 se muestran dos ejemplos de este fenómeno, captados por satélites de la NASA, sobre los Grandes Lagos y el Adriático.

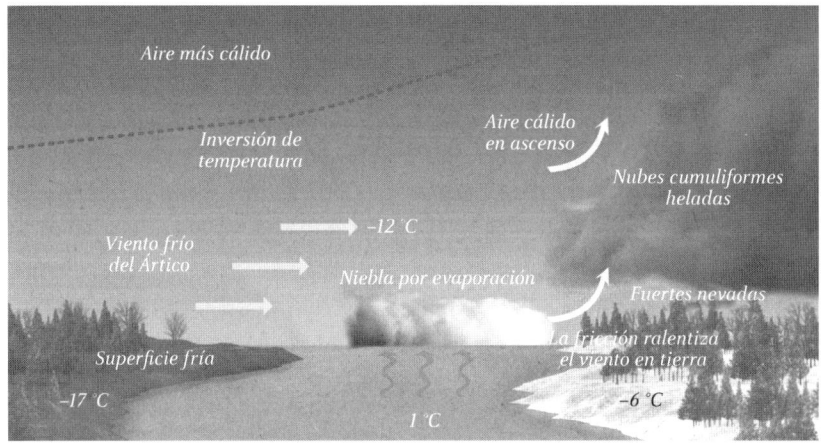

Figura 45: *Lake-effect snow* (nieve por efecto de lago)

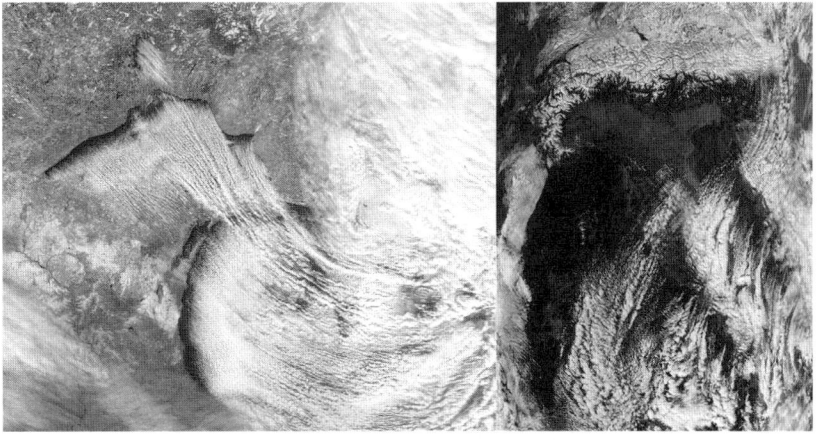

Figura 46: (Izquierda) Imagen del satélite SeaWIFS de la NASA del 5 de diciembre de 2000, que muestra el viento frío del noroeste sobre los lagos Superior y Michigan. Se pueden ver las bandas paralelas de nubes (*cloud streets*) formadas a medida que el aire frío fluye sobre las aguas más cálidas de los lagos, generando intensas nevadas en las zonas de sotavento. Este fenómeno es típico de la región de los Grandes Lagos y se asocia con el *lake-effect snow*. (Derecha) Imagen del 6 de enero de 2017, a las 12:20 UTC, del satélite NASA-Aqua con el sensor MODIS, mostrando bandas nubosas paralelas formándose frente a las costas dálmatas y dirigiéndose hacia las costas adriáticas italianas. Estas formaciones nubosas también están asociadas con la interacción entre el aire frío y el mar más cálido, lo que genera precipitaciones, en este caso, nevadas.

AMARCORD: LA NIEBLA

De las latitudes árticas o casi árticas, volvamos ahora a lugares más cercanos a nosotros y a nuestra sensibilidad. Para mí, que nací en la llanura al sur del Po, en medio de nieblas densas que difuminan todos los contornos y los vuelven mágicos, hay un fenómeno meteorológico que me habla de infancia y de hogar: la niebla. Ya la hemos encontrado varias veces en nuestro viaje entre las nubes, pero siempre la hemos dado por sentada, como algo que simplemente está ahí. La niebla, en realidad, es una nube como cualquier otra, con la única diferencia de que está en contacto con el suelo. Pero, ¿cómo se forma? ¿Por qué es tan baja? Hay principalmente tres tipos de formación (Figura 47).

La *niebla por radiación* aparece después del atardecer: el suelo cede calor a la atmósfera por radiación, enfriándose, y absorbe calor del aire en contacto con la superficie. La temperatura de las capas atmosféricas más cercanas al suelo desciende hasta alcanzar el punto de rocío, permitiendo la condensación de gotitas. Este tipo de niebla es típica de las noches despejadas y sin viento. La he visto innumerables veces en la llanura Padana durante las noches de finales de otoño e invierno, con una calma total en cuanto al viento y alta presión sobre nuestras cabezas. Durante el día brilla el sol, y por la noche, ahí está la niebla. Es la niebla de *Amarcord* de Federico Fellini, en la que el abuelo del protagonista se pierde una noche a pocos metros de casa y es rescatado en una misión de salvamento tierna y ligeramente cómica. Pero no hay mucho margen para bromas. Una noche de invierno, de regreso a casa con una amiga de la universidad en nuestro pequeño utilitario, nos topamos con una niebla espesa de antología. Estábamos en mitad del campo y no se veía ni el capó del coche, ¡un Fiat 500! ¿Saben lo que tuvimos que hacer? Mi amiga conducía, y yo abrí la puerta del pasajero para asegurarme de que las ruedas derechas no cayeran en la cuneta. Hoy en día, estas nieblas son un poco menos frecuentes que hace cuarenta años, aunque la razón de este cambio no se comprende del todo.

La *niebla por advección* se forma cuando el aire húmedo se desplaza horizontalmente sobre un terreno o agua fría, enfriándose en el proceso. Este fenómeno es común en el mar, cuando el aire tropical encuentra aguas más frías en latitudes altas. Un caso emblemático es la niebla que se forma en la bahía de San Francisco alrededor

Un mayor enfriamiento radiativo en la cima de la capa de niebla la hace más densa.

La niebla se forma primero en la superficie, haciéndose más densa a medida que avanza el enfriamiento.

El calor irradia desde la superficie durante la noche y enfría el aire en las capas bajas hasta alcanzar la saturación.

La niebla se forma

El aire más cálido y húmedo fluye sobre una superficie más fría y su temperatura desciende notablemente.

Agua fría

Cae la lluvia

La niebla se forma

El enfriamiento evaporativo lleva a la saturación

Figura 47: Esquema de formación de la niebla: Niebla por irradiación (arriba); niebla por advección (en el centro) y niebla por precipitación (en la parte inferior).

del Golden Gate (Figura 47, centro), donde el aire cálido y húmedo del Pacífico pasa sobre el aire más frío proveniente del noroeste. Cuando el aire oceánico encuentra las aguas frías y el aire frío, en la costa se produce un enfriamiento hasta el punto de rocío, formándose densos bancos de niebla. También es común cuando un frente templado pasa sobre un área cubierta de nieve. Este tipo de niebla se disipa tan pronto como el sol comienza a calentar el aire por la mañana.

Por último, la *niebla por precipitación* se forma cuando la lluvia pasa por aire seco bajo la nube (por ejemplo, valga la redundancia, frente a un frente cálido, como en la Figura 41). Las gotas se evaporan, el vapor de agua se enfría y alcanza el punto de rocío, donde se condensa y forma la niebla. ¿Han visto alguna vez esta niebla? Estoy seguro de que sí. Imaginen estar en un bosque en otoño, dando un paseo después de días de lluvia que los han mantenido en casa. Los árboles y el sotobosque están invariablemente cubiertos por una capa húmeda que limita la visibilidad: ahí tienen la niebla por precipitación en una de sus manifestaciones.

Existen otros tipos de niebla, como la *niebla por humidificación*, que ya vimos en el caso de la *lake-effect snow*, donde el aire frío y húmedo pasa sobre una superficie de agua más cálida, provocando la formación de niebla (Figura 45). La *niebla superenfriada* ocurre cuando las gotitas permanecen en estado líquido (sobreenfriamiento) a temperaturas inferiores a 0 °C. Al entrar en contacto con una superficie, forman depósitos de hielo (escarcha), algo común en las cumbres de montañas expuestas a vientos suaves. La niebla helada se genera cuando las gotitas en suspensión se congelan en diminutos cristales de hielo a temperaturas inferiores a −30 °C; este tipo de niebla es común en las regiones árticas y antárticas. Una precipitación de agujas de hielo similar a la niebla helada, pero que ocurre con cielo despejado y no reduce la visibilidad, se llama polvo de diamante (*diamond dust*).

Por último, estamos acostumbrados a pensar en la niebla como un fenómeno eminentemente local que aparece en bancos y se disipa rápidamente. Sin embargo, no siempre es así. Un ejemplo de niebla persistente lo encontramos en la llanura Padana, donde en ciertos días invernales, con presión atmosférica relativamente alta, calma de viento y temperaturas bajas, se cubre de un manto continuo de niebla que puede durar varios días (Figura 48). La razón de esta duración prolongada es doble: por un lado, la concentración industrial de la llanura Padana emite continuamente partículas a las capas bajas de la atmósfera, lo que facilita la formación de las diminutas gotitas de niebla; por otro, la llanura Padana es un gigantesco «cuenco» rodeado por montañas, los Alpes y los Apeninos, lo que provoca estancamiento de aire y dificulta el paso de frentes fríos y perturbaciones. La calidad del aire se ve muy afectada, y en toda la llanura respiramos aire extremadamente contaminado, muy por encima de los límites aceptables, con una niebla que a menudo persiste día y noche.

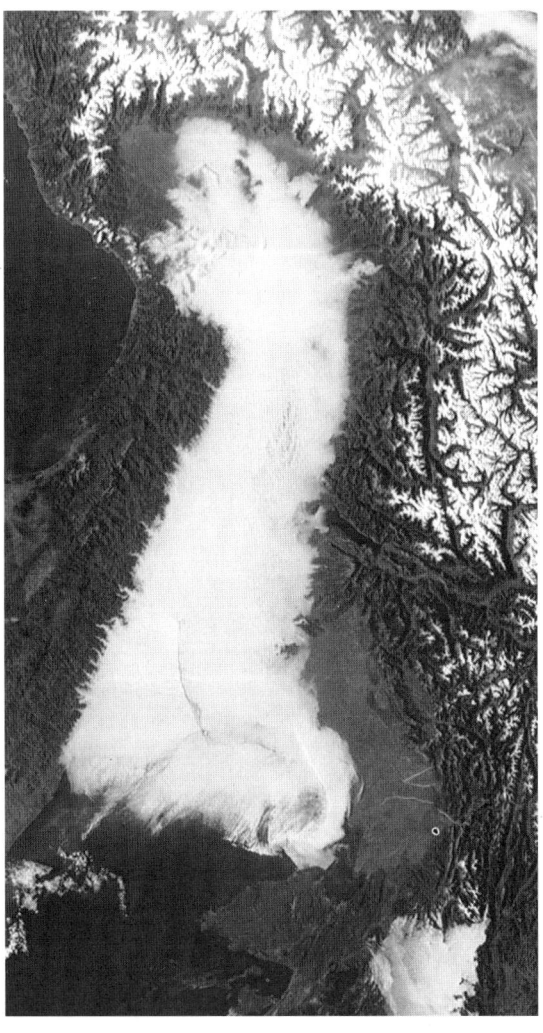

Figura 48: La llanura Padana vista desde el sensor MODIS de la NASA el 13 de diciembre de 2016. La imagen muestra una situación de alta presión dominante en la región, lo que da lugar a jornadas soleadas y despejadas en los Appennini (las montañas que rodean la llanura), mientras que en la llanura Padana se forma niebla densa.

SU MAJESTAD, LA REINA DE TORMENTAS

Nuestro viaje para descubrir las nubes en formación continúa ahora con las nubes de tormenta, auténticas reinas de los cielos por su aspecto imponente, su majestuosidad y los fenómenos asociados a su evolución. ¿Cómo se forma una nube de tormenta y en qué se diferencia de un cumulonimbo no tormentoso? Las primeras respuestas con una base física sólida llegaron entre 1946 y 1948 con el Thunderstorm Project, uno de los primeros experimentos a gran escala para comprender la estructura de las nubes. En él participaron Horace R. Byers y Roscoe R. Braham Jr., quienes describieron por primera vez los mecanismos físicos de una nube de tormenta individual, denominándola «célula» por su aspecto celular o globular. La génesis, evolución y disipación de una tormenta de célula única o tormenta de masa de aire siguen tres etapas sucesivas (Figura 49): la etapa de cúmulo, la etapa madura y la etapa de disipación.

La etapa inicial de cúmulo no difiere de la formación de un cúmulo común, pero la energía en juego es mayor, y la nube se desarrolla verticalmente gracias a fuertes corrientes térmicas (*updraft*) que permiten la producción de grandes cantidades de hidrometeoros líquidos y sólidos (gotas y cristales de hielo), incluyendo graupel y granizo, que

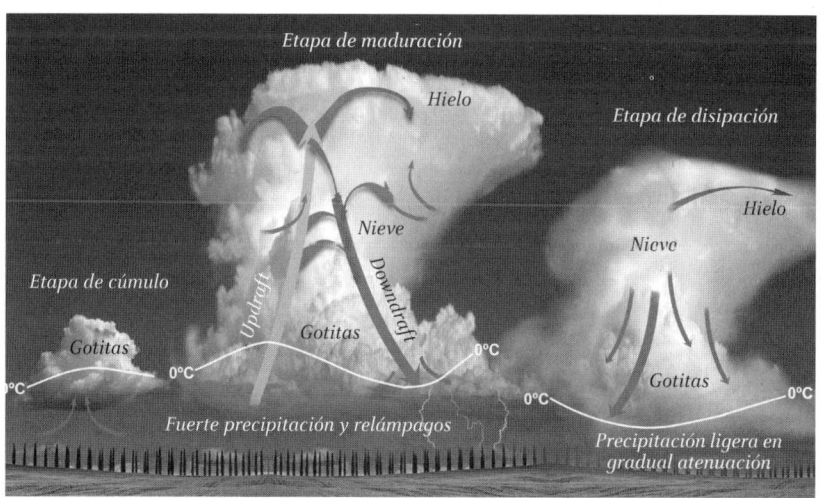

Figura 49: Los tres estadios de desarrollo de una célula tormentosa, desde su fase inicial hasta la disipación: Estadio inicial (izquierda); estadio maduro (centro) y estadio de disipación (derecha). ⊡ *Hay una versión a color de esta figura en los cuadernillos.*

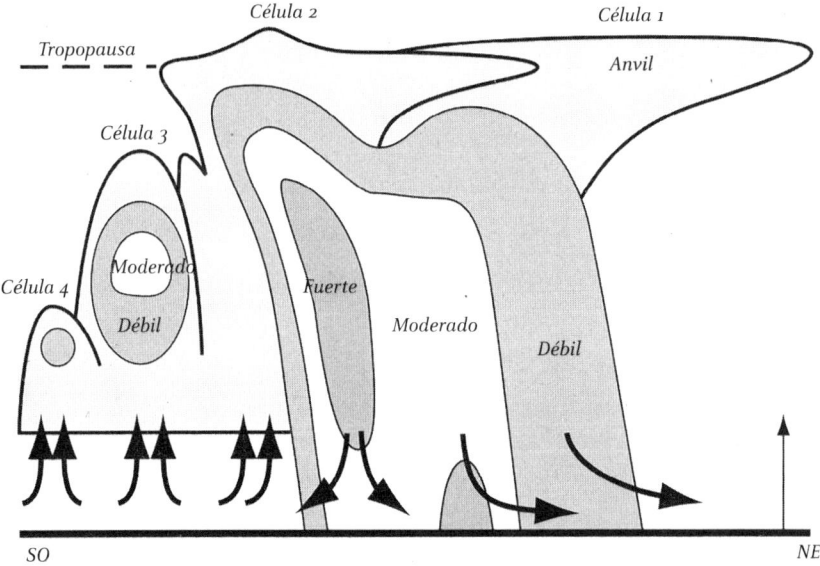

Figura 50: Esquema de desarrollo de una tormenta multicélula (superior), en el que se identifican las diferentes células de la tormenta a través del eco del radar. El radar detecta la intensidad de la reflexión, que varía según el desarrollo de las hidrometeoras (gotas de lluvia, cristales de hielo, etc.). Cada célula de la tormenta tiene su propio ciclo de crecimiento, maduración y disipación, lo que resulta en una tormenta más compleja y duradera en comparación con una célula única. A la derecha se muestra una imagen de un típico temporal multicélula de gran tamaño, en la que varias células tormentosas se encuentran en diferentes etapas de desarrollo, generando lluvias intensas, tormentas eléctricas y vientos fuertes en una extensa área.

caracterizan la etapa madura. En este punto, comienzan los movimientos descendentes (*downdraft*) de aire frío desde las capas más altas de la tormenta, acompañados de precipitaciones muy intensas, generalmente en forma de aguaceros. Posteriormente, el aire frío del *downdraft* se expande en todas direcciones al llegar al suelo, cortando el flujo de aire cálido que alimenta la tormenta. Así, al faltar el «combustible», la célula entra en la fase final de disipación, la intensidad de la lluvia disminuye y la célula se disuelve gradualmente.

La célula única, aunque es un elemento común en el desarrollo de tormentas, es relativamente poco frecuente. En esencia, las tormentas casi nunca vienen solas. A menudo se presentan en grupos de varias células, más o menos organizadas entre sí según las condiciones ambientales. Un tipo de organización tormentosa de este tipo son las tormentas multicélula (Figura 50), caracterizadas por un número de células que influyen en el desarrollo de las demás. Desde el suelo, se observan torres cumuliformes a diferentes alturas, un claro síntoma de la etapa de desarrollo de la célula subyacente. Las etapas de desarrollo vistas en la Figura 49 están presentes simultáneamente, pero en células diferentes y contiguas. Las nuevas células reemplazan a las más viejas en una generación continua, hasta que se agota el aporte de aire cálido y húmedo, y el sistema se disipa. Las multicélulas son tormentas de gran tamaño que pueden extenderse cientos de kilómetros y alcanzar la tropopausa. Suelen estar acompañadas de fuertes precipitaciones, a menudo granizadas.

Sin embargo, el verdadero príncipe de las tormentas es la supercélula (Figura 51), que tiene características únicas tanto en su estructura como en sus manifestaciones violentas en superficie. Los ingredientes necesarios para la formación de estas grandes tormentas son:

— Fuertes corrientes ascendentes de aire húmedo (factor común con otras tormentas).
— Vientos que se intensifican y cambian de dirección con la altitud, desde la superficie (alrededor de 40 km/h) hasta los 6000 metros (alrededor de 190 km/h, o incluso más).
— Acumulación de grandes cantidades de calor y humedad cerca del suelo en los días previos al inicio de la tormenta.
— Corrientes frías provenientes de otras zonas que irrumpen y crean las condiciones para la liberación de la energía acumulada en los días anteriores.

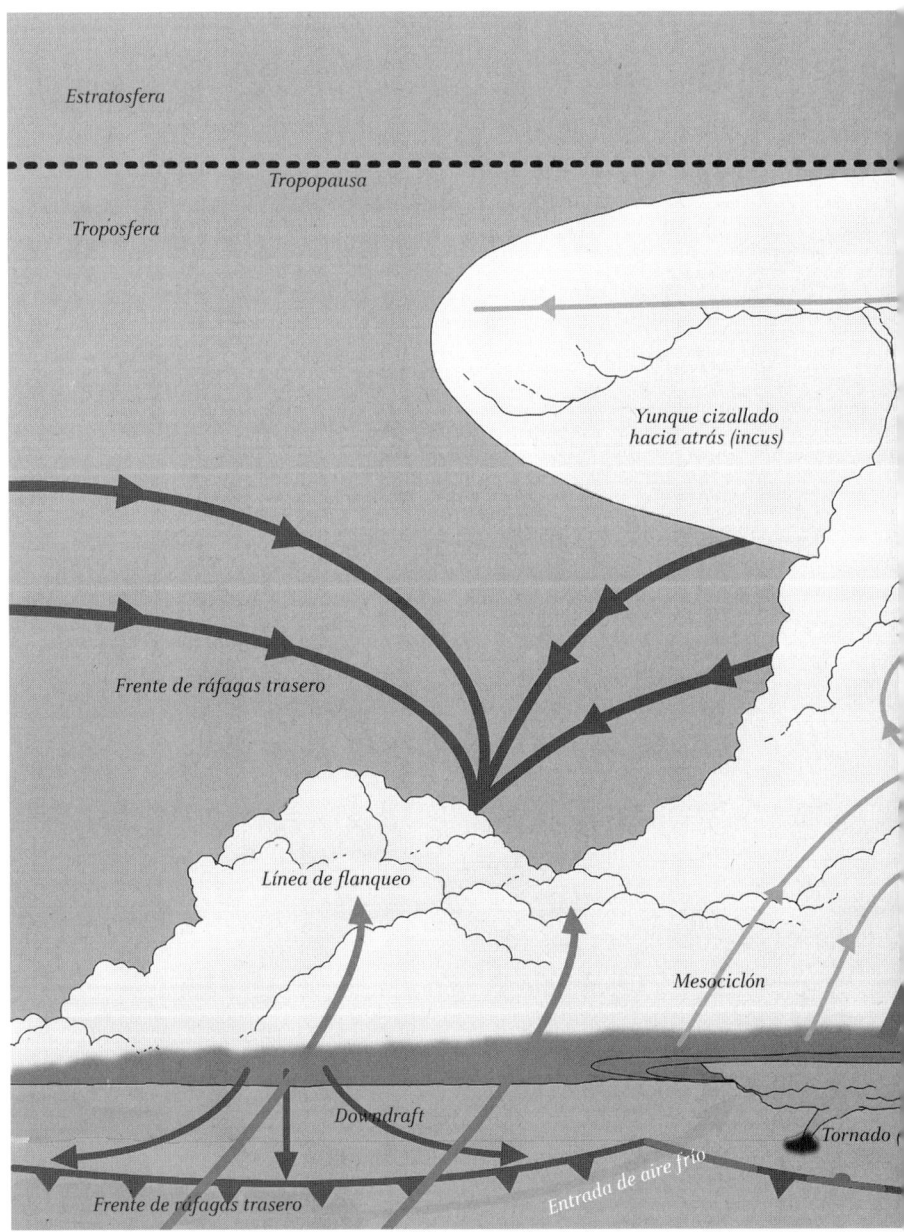

Estratosfera

Tropopausa

Troposfera

Yunque cizallado
hacia atrás (incus)

Frente de ráfagas trasero

Línea de flanqueo

Mesociclón

Downdraft

Tornado

Frente de ráfagas trasero

Entrada de aire frío

Figura 51: Esquema de desarrollo de una tormenta supercélula. Este tipo de tormenta se caracteriza por una gran complejidad dinámica y una estructura organizada, con un núcleo de convección fuerte y rotacional (vorticidad). A diferencia de las tormentas convencionales, la supercélula tiene una inclinación respecto a la vertical, lo que le permite mantener una actividad intensa durante períodos prolongados. La imagen muestra una sección de la tormenta que se

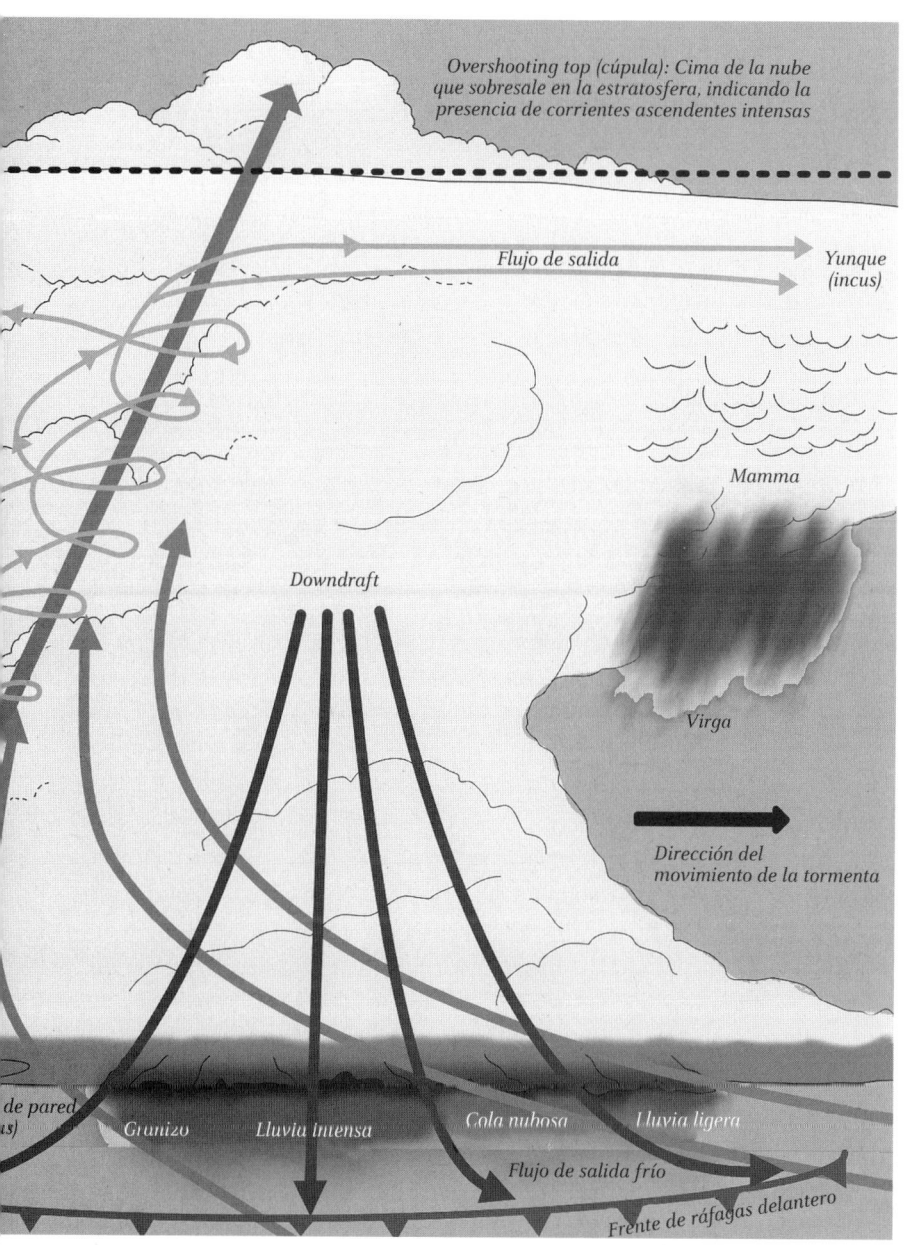

Overshooting top (cúpula): Cima de la nube que sobresale en la estratosfera, indicando la presencia de corrientes ascendentes intensas

Flujo de salida

Yunque (incus)

Mamma

Downdraft

Virga

Dirección del movimiento de la tormenta

de pared
s)

Granizo *Lluvia intensa* *Cola nubosa* *Lluvia ligera*

Flujo de salida frío

Frente de ráfagas delantero

extiende desde el suroeste (a la izquierda) hacia el noreste (a la derecha), donde se visualiza la distribución de las precipitaciones. En la parte central, la tormenta está asociada con un meso-ciclón (zona de rotación), que puede dar lugar a fenómenos meteorológicos extremos, como tornados, granizo y lluvias intensas. La complejidad de la supercélula permite que sus distintas partes (como la nube de pared y el anvil o yunque) produzcan condiciones severas.

Como es fácil deducir, estamos hablando de una tormenta de gran tamaño y con una energía considerable que se libera en una serie de fenómenos muy violentos. Dos características hacen que estas tormentas sean especialmente peligrosas:

— La rotación de los vientos con la altitud, que crea el llamado mesociclón, un centro de baja presión asociado a la tormenta que constituye su núcleo.
— La inclinación de la corriente ascendente (*updraft*), que forma un ángulo pronunciado respecto a la vertical a medida que asciende.

El mesociclón, con su rotación, provoca frecuentemente la formación de tornados, una característica común de las supercélulas. Por otro lado, la corriente ascendente no es vertical, sino inclinada, lo que hace que el aire frío descendente (*downdraft*) llegue al suelo en una posición diferente a la de la subida del aire cálido. De esta manera, la columna de aire cálido que alimenta la tormenta no se corta en la base, como en una tormenta «normal», y el *updraft* continúa bombeando aire cálido al sistema, prolongando su duración. Esto explica la peligrosidad de estas tormentas, que pueden presentarse en grupos y extenderse cientos de kilómetros. Además, en las supercélulas están presentes todos los tipos de nubes tormentosas mencionados en el Capítulo 2, convirtiéndolas en una verdadera enciclopedia de fenómenos tormentosos.

Las supercélulas son una característica dominante de la primavera y el verano en las Grandes Llanuras de Norteamérica, entre las Montañas Rocosas y la costa del Atlántico. La razón es que el aire cálido y húmedo del sur, proveniente del golfo de México, se canaliza sobre las llanuras, encontrando una inversión térmica en altura que lo mantiene atrapado en las capas bajas de la atmósfera durante días. Cuando el aire más fresco del este desciende por gravedad desde las Montañas Rocosas e irrumpe en las llanuras, el equilibrio se rompe, la inversión desaparece y la energía acumulada se libera en forma de supercélulas extremadamente violentas.

Sigamos a uno de estos auténticos monstruos del cielo, tomando como referencia un reportaje del *Washington Post*.

El 3 de mayo de 1999 comenzó como un día normal en Oklahoma. Las temperaturas rondaban los 15 °C, con nubes bajas y niebla, mientras una brisa constante arrastraba humedad desde el golfo de

México. El contraste con la tarde sería enorme: en las horas siguientes, la situación cambiaría dramáticamente, después de que una serie de tornados arrasara la zona, matando a 36 personas.

Por la mañana, los meteorólogos, muy respetados en esta región donde una predicción acertada puede marcar la diferencia entre la vida y la muerte, habían pronosticado un frente en altura proveniente del oeste. Este factor suele indicar la formación de tormentas destructivas por la tarde a lo largo de la Interestatal 35. El Storm Prediction Center (SPC) de Norman emitió un aviso de «riesgo leve». A medida que avanzaba la mañana, la capa de nubes comenzó a disiparse, permitiendo que la luz del sol calentara el suelo. El calentamiento resultante incentivó el ascenso del aire cercano a la superficie, creando una columna inestable. El SPC elevó entonces el riesgo a «moderado», con la posibilidad de «algunas supercélulas fuertes o violentas con tornados».

Lo que hizo la situación especialmente grave fue el cambio en la dirección y fuerza del viento con la altura. Esto, combinado con una tormenta de gran tamaño que atravesaba este viento variable, provocó que la tormenta girara de manera vorticosa alrededor de su eje. El riesgo se elevó a «alto» para el norte de Texas, el centro de Oklahoma y el sur de Kansas.

A las 16:00 hora local, los primeros cumulonimbos perforaron la capa de inversión que los había mantenido bajo control durante todo el día. Las cosas evolucionaron rápidamente. El primer tornado fue pronosticado a las 16:47 y observado a las 16:51. En ese momento, quedó claro que se trataba de un evento extraordinario, en el que una serie de supercélulas arrasaría el área metropolitana de Oklahoma City, la capital del estado. Cinco tornados más golpearon la zona, originados por la enorme masa rotante. Del mesociclón surgió el tristemente famoso tornado número 7, que impactó la ciudad de Moore antes del atardecer.

El tornado tocó tierra cerca de Amber, a unos 32 km de Moore, y continuó su camino a lo largo de la Interestatal 44 con un destino claro: el suburbio densamente poblado de Oklahoma City. Después de los eventos ocurridos entre las 19:15 y las 20:15, Moore nunca volvería a ser la misma. Los radares indicaron que la velocidad del viento dentro del tornado fue la más alta jamás medida en la Tierra: ¡484 km/h! Las cámaras de televisión capturaron los terribles momentos en que los restos de las casas volaban por todas partes, oscureciendo el sol y sumiendo la zona en una oscuridad prematura.

Figura 52: Tormentas supercélula observadas desde diferentes perspectivas: desde el suelo (arriba), desde un avión (centro) y desde la Estación Espacial Internacional (abajo). Se destaca la extensa área del anvil (*incus*), que se desarrolla horizontalmente a la altura de la tropopausa, limitando el crecimiento vertical de la tormenta dentro de la estratósfera. Sin embargo, en la región donde el aire ascendente (*updraft*) es más intenso, se forma la cúpula de sobresalida (*overshooting top*), que logra penetrar brevemente en la estratósfera antes de que el aire seco detenga su expansión. Este fenómeno es característico de tormentas intensas y severas.

Murieron 36 personas a causa de las tormentas. Se registraron 70 tornados, incluido uno que midió 6,4 km de diámetro. El 3 de mayo de 1999 marcó el inicio de una era de conciencia sobre la peligrosidad de los tornados en Oklahoma. Sin embargo, 14 años después, otro monstruo golpeó Moore, causando daños por mil millones de dólares. Moore, conocida tristemente como «Tornado City USA», es uno de los lugares más peligrosos del mundo durante la temporada de tornados. En Oklahoma, en mayo, la gente contiene la respiración ante la primera predicción desfavorable.

Moore, en Oklahoma, no es el único lugar azotado por supercélulas extremas y tornados. La vasta área que incluye Oklahoma, Kansas, Arkansas, Missouri, Iowa, el norte de Texas, el este de Colorado, el norte de Luisiana, el centro y sur de Minnesota y el sur de Dakota se conoce como Tornado Alley, una auténtica autopista de tornados caracterizada por su alta frecuencia.

Europa no es inmune a estos fenómenos, como podría pensarse. Los tornados son bastante comunes en las llanuras de Europa central y oriental. En mi país, aunque no tenemos el golfo de México o las Montañas Rocosas, a veces se registran fenómenos similares, especialmente en la llanura Padana, en Friuli y, ocasionalmente, en Puglia. El mar Mediterráneo y nuestras cadenas montañosas, los Alpes y los Apeninos, proporcionan los ingredientes necesarios. Además, nuestras costas escarpadas y las montañas que llegan hasta el mar explican por qué también tenemos tornados. Hace algunos años, vi una fila interminable de trombas marinas (*waterspout*) formarse, disiparse y reformarse al amanecer entre la costa pugliesa de Castro Marina y la cercana costa albanesa: ¡un espectáculo inolvidable! (En la Figura 52 se muestran tres ejemplos espectaculares de supercélulas vistas desde el suelo, desde un avión y desde el espacio).

TORMENTAS GRANDES, MUY GRANDES

Hemos visto que las tormentas rara vez vienen solas, y ahora descubriremos que existen otros tipos, aún más organizados y a una escala mucho mayor que los que hemos presentado. Estas tormentas se conocen como *sistemas convectivos de mesoescala* (*mesoscale convective system*, MCS). Los MCS son complejos, generalmente muy extensos, de tormentas organizadas que suelen persistir durante varias horas o incluso días. Un MCS puede tener una organización redondeada o lineal de al menos 100 km e incluir otros sistemas meteorológicos, como ciclones extratropicales, líneas de turbonada, eventos de *lake-effect snow* y bajas presiones polares. Por lo general, se forman cerca de los frentes de latitudes medias y afectan principalmente a Norteamérica, Asia y Europa, con un máximo de actividad al final de la tarde y por la noche. En Norteamérica, aportan entre el 30 % y el 70 % de la precipitación anual en las Grandes Llanuras y el Medio Oeste (Figura 53). En Europa, su formación está estrechamente ligada a la presencia de cadenas montañosas, y algunos se forman en el Mediterráneo occidental. Su extensión promedio en Europa es de 9000 km².

Un tipo particular de MCS se conoce como *complejo convectivo de mesoescala* (*mesoscale convective complex*, MCC), con temperaturas

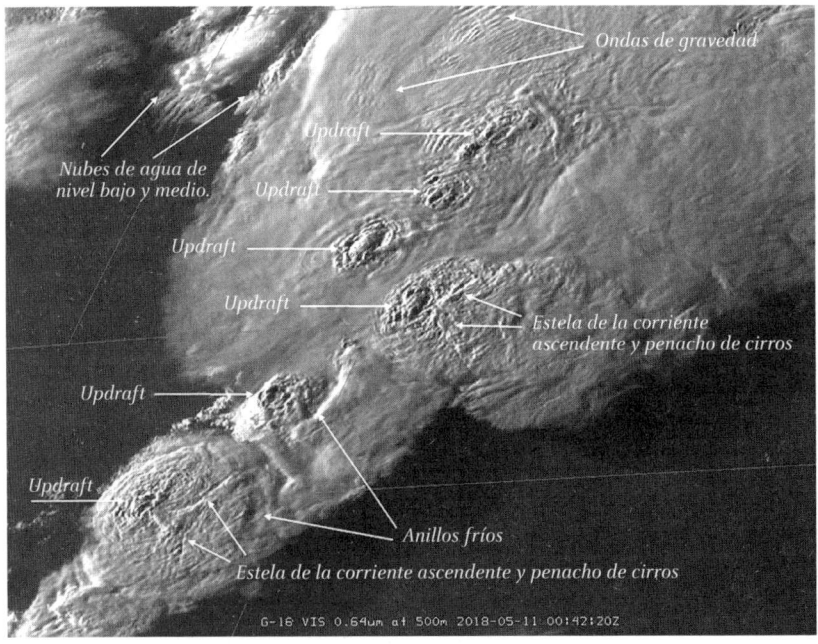

Figura 53: Imagen en luz visible del satélite geoestacionario GOES-16 que muestra un Sistema Convectivo de Mesoescala (MCS) sobre Nebraska el 11 de mayo de 2018 a las 00:42 UTC. Este tipo de sistema tormentoso está compuesto por un conjunto de células convectivas organizadas, capaces de generar lluvias intensas, tormentas eléctricas y vientos fuertes en amplias regiones. En la imagen se observa la estructura característica del MCS, incluyendo su extenso anvil y las áreas de convección profunda. Estas formaciones desempeñan un papel clave en la dinámica atmosférica y pueden influir en el clima regional [NASA].

inferiores a −32 °C (a veces incluso por debajo de −52 °C) en extensiones en la parte superior de la nube que van de 50 000 a 100 000 km², y una duración de más de 6 horas. Los sistemas tormentosos que los componen suelen estar aislados entre sí, pero forman un imponente complejo nuboso con una enorme área de aire frío que los rodea y un yunque (*anvil*) en la parte superior que comparten. Su desarrollo consta de cuatro fases distintas: inicio, desarrollo, etapa madura y disipación. Normalmente ocurren en presencia de altos valores de inestabilidad atmosférica en áreas extensas, una corriente en chorro en niveles bajos, influjo de aire cálido con vientos débiles en superficie, convergencia de masas de aire en superficie y divergencia en altura, corriente en chorro en la parte superior y advección ciclónica de rotación en niveles medios. El sistema resultante es un auténtico monstruo que puede causar daños muy significativos. Un ejemplo de cómo los satélites ven estos sistemas se muestra en la Figura 54, sobre una de las áreas más afectadas: Argentina.

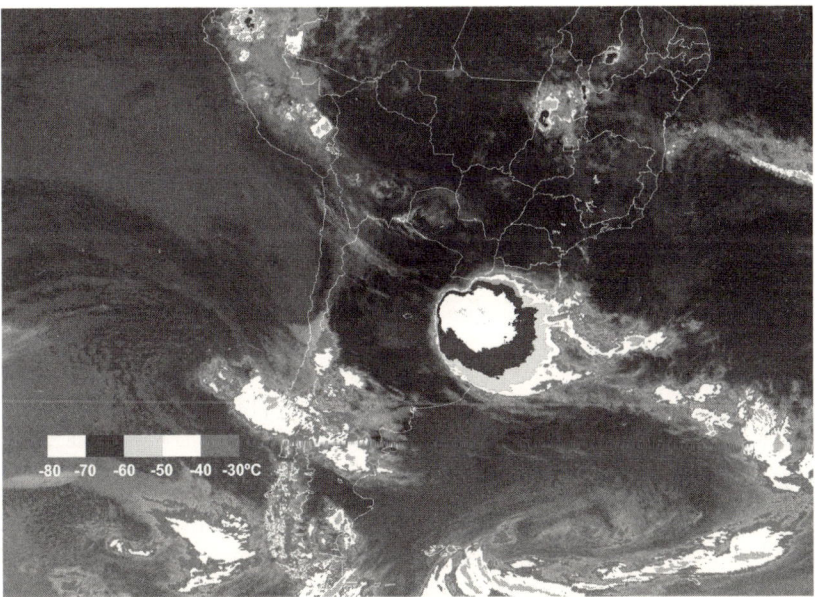

Figura 54: Imagen en infrarrojo del satélite geoestacionario GOES-10 que muestra un *Complejo Convectivo de Mesoescala* (MCC) sobre el noreste de Argentina, Uruguay y el sureste de Brasil, el 9 de noviembre de 2008 a las 06:00 UTC. Este tipo de sistema se caracteriza por su gran extensión, larga duración y fuerte actividad tormentosa, con precipitaciones intensas y potencial para generar inundaciones. La imagen en infrarrojo permite identificar las áreas de mayor convección a través de la temperatura de las cimas nubosas [NOAA e INPE].

Una supercélula a las afueras de Harrisburg, Nebraska, momentos antes de la formación de un tornado [Cammie Czuchnicki].

¿ALGUNA VEZ HAS ESTADO BAJO UN CICLÓN TROPICAL?

Aún no hemos llegado a la cima de esta escala imaginaria de intensidad de los fenómenos atmosféricos, y ahora ascendemos un escalón más. Para ello, nos dirigimos inevitablemente a los trópicos, donde las energías en juego en la atmósfera son mucho mayores y la humedad alcanza niveles significativamente más altos. Todos hemos escuchado alguna una vez sobre la fuerza destructiva de un huracán, un ejemplo claro de la magnitud de estos fenómenos. En la zona tropical se desarrollan los *ciclones tropicales* (*tropical cyclones*), que a veces se transforman en *huracanes* (*hurricanes*). Aclaremos de inmediato que *huracán* es el término utilizado para identificar las tormentas en el océano Atlántico, pero es sinónimo de *tifón* (*typhoon*) en el Pacífico y *ciclón* (*cyclone*) en el Índico: son exactamente el mismo fenómeno meteorológico.

Muchas personas confunden huracanes y tornados, pensando que son lo mismo. Pero no es así. El tornado, como hemos visto, es un producto muy local de una supercélula tormentosa, pero sigue siendo un fenómeno de dimensiones relativamente pequeñas (por ejemplo, el más grande registrado en Moore, Oklahoma, tenía un diámetro de

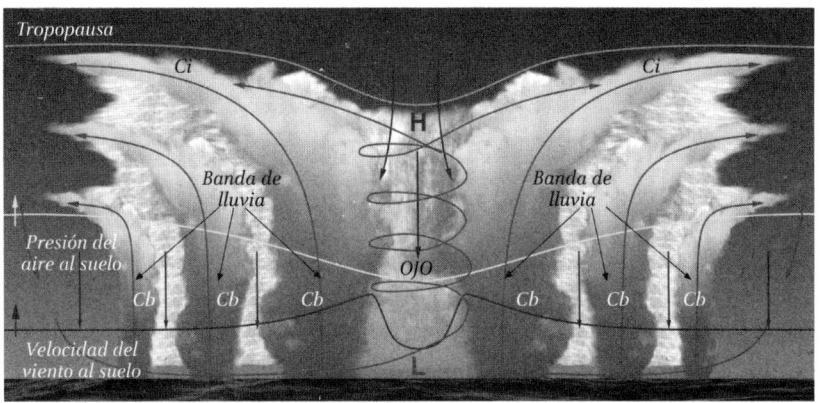

Figura 55: Sección transversal de un huracán a través de su ojo central. Se observan las bandas de precipitación que conforman los brazos en espiral del sistema. Las letras *H* y *L* indican, respectivamente, zonas de alta (*high*) y baja (*low*) presión. Las flechas rojas representan el movimiento ascendente de aire cálido y húmedo dentro del ciclón, mientras que las flechas azules muestran el descenso de aire seco y frío (*subsidencia*). Las curvas amarilla y violeta ilustran la variación de la presión atmosférica y la velocidad del viento desde la periferia hacia el centro, con su dirección de crecimiento indicada por flechas verticales del mismo color. La línea azul marca el límite de la tropopausa. Se destacan las principales formaciones nubosas: *Cumulonimbus* (Cb) en las bandas de precipitación y *Cirrus* (Ci) en el escudo nuboso de altura.
☐ *Hay una versión a color de esta figura en los cuadernillos.*

6,4 km, y ya es un récord). La formación de los ciclones tropicales, en cambio, se caracteriza por una estructura en espiral hacia el interior que mide en promedio unos 550 km de diámetro, con un ojo (una estructura libre de nubes) en el centro que puede alcanzar entre 20 y 50 km de diámetro. La estructura de un huracán se muestra en sección a través del ojo central en la Figura 55. Los huracanes se desarrollan gracias a la liberación de calor resultante de la condensación del vapor de agua sobre los océanos. La condición principal para su formación es que el agua del océano alcance una temperatura superior a 26 °C en toda la columna de agua hasta una profundidad de unos 200 metros. La formación ocurre en regiones específicas de los océanos y en épocas bien definidas. También debe haber una inversión de temperatura con la altitud, cuando los sistemas de alta presión subtropicales inducen el movimiento descendente de masas de aire en altura. Además, la atmósfera debe estar más o menos libre de vientos muy fuertes que puedan destruir la simetría del huracán en formación.

En el caso de los huracanes del Atlántico, todas estas condiciones se cumplen en el área oceánica alrededor de las Islas Azores, frente a la costa occidental de África, y los huracanes se mueven hacia el continente americano impulsados por los vientos alisios, los mismos que en su momento llevaron a las carabelas de Cristóbal Colón en su viaje hacia las «Indias». Así, los vientos alisios no solo transportan a los veleros en sus regatas atlánticas, sino también a estos monstruos del cielo que, en su viaje hacia las Américas, se intensifican y amenazan primero el Caribe y luego Centroamérica o Norteamérica.

¿En qué se basan los meteorólogos para emitir sus alertas a la población? Hasta hace algún tiempo, los habitantes de las costas occidentales de las Américas estaban prácticamente indefensos ante un huracán que se acercaba, porque no se conocía su fuerza ni su dirección de movimiento. Durante su formación y evolución, los huracanes pasan por una serie de etapas que pueden evolucionar o no, dependiendo de las condiciones en el océano tropical. Inicialmente, las autoridades meteorológicas los identifican como *perturbaciones tropicales* (*tropical disturbances*). Para que evolucionen hacia un huracán, estos sistemas deben desarrollar una circulación ciclónica significativa (en sentido antihorario en el hemisferio norte y horario en el sur) que favorezca la formación de un grupo de tormentas. Estas tormentas, con cada vez más humedad y calor disponibles, crecen en número e intensidad, aumentando la fuerza de la perturbación tropical y organizándose en bandas en espiral que giran ciclónicamente hacia el centro del sistema.

Si los vientos alrededor de la perturbación tropical alcanzan entre 37 y 63 km/h, la tormenta se clasifica como *depresión tropical* (*tropical depression*), que luego puede intensificarse hasta convertirse en una *tormenta tropical* (*tropical storm*) con vientos entre 64 y 118 km/h. Finalmente, las tormentas tropicales se transforman en huracanes cuando la velocidad del viento supera los 118 km/h. ¡En este punto, estamos en serios problemas!

Por supuesto, no todos los huracanes son iguales, y existe una clasificación de estos fenómenos conocida como la escala de Saffir-Simpson, desarrollada en 1969 por los estadounidenses Herbert S. Saffir y Robert H. Simpson. La Figura 56 muestra esta escala con sus cinco niveles de velocidad del viento y una climatología de las trayectorias de huracanes, tifones y ciclones durante aproximadamente 150 años hasta septiembre de 2006. Se ven claramente las zonas afectadas al norte y al sur del ecuador, así como la extensión de las trayectorias hacia latitudes medias y altas.

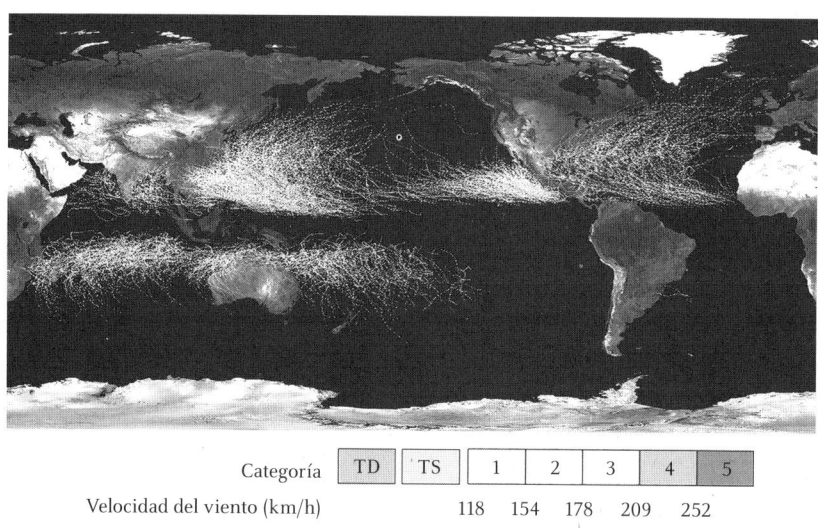

Categoría	TD	TS	1	2	3	4	5
Velocidad del viento (km/h)			118	154	178	209	252

Figura 56: Trayectorias de huracanes, tifones y ciclones durante un período de 150 años hasta septiembre de 2006. El mapa muestra los caminos recorridos por estos sistemas tropicales en los océanos Atlántico, Pacífico e Índico, diferenciando su intensidad mediante los códigos TD (*Tropical Depression*) y TS (*Tropical Storm*). Las categorías de la escala de Saffir-Simpson están representadas en recuadros de distintos colores, indicando los rangos de velocidad del viento asociados a cada nivel de intensidad ciclónica [NASA]. ⊡ *Hay una versión a color de esta figura en los cuadernillos.*

Una curiosidad que puede parecer un simple juego es que, cuando estos fenómenos alcanzan el nivel de tormenta tropical, las autoridades meteorológicas, como el National Hurricane Center (NHC) de Miami, Florida, les asignan un nombre. Hasta no hace mucho, los meteorólogos, en su mayoría hombres, asignaban nombres de mujer, sugiriendo un estereotipo sobre el carácter de las mujeres. Afortunadamente, esta práctica ha caído en desuso, y ahora los nombres son tanto masculinos como femeninos, por lo que tenemos huracanes llamados Irma, pero también Alberto. La razón detrás de la asignación de nombres, que sigue un protocolo internacional, es muy seria: una vez nombrado, el fenómeno se identifica de manera única en los mapas meteorológicos, permitiendo su seguimiento sin ambigüedades.

La temporada de huracanes va de junio a septiembre, y la de tifones de junio a agosto, aunque es posible que ocurran fuera de temporada debido al calentamiento excesivo de las aguas oceánicas. Dos ejemplos significativos de estas tormentas se muestran en las Figuras 57 y 58: el huracán Dorian de septiembre de 2019, que devastó casi por completo las Islas Bahamas, y el tifón Hagibis de octubre de 2019, que causó graves daños y numerosas muertes en Japón.

Imaginen lo que ocurre en una ciudad cuando es golpeada por un tornado y multiplíquenlo por un factor mucho mayor. Los daños de un huracán son múltiples: lluvias torrenciales, granizadas, vientos extremos de más de 100 km/h y el levantamiento de escombros que impactan personas y propiedades. Pero eso no es todo: la presión ejercida por un huracán sobre la superficie del mar provoca un fenómeno extremadamente destructivo, el tsunami (del japonés 津 [tsu], «puerto» o «bahía», y 波 [nami], «ola»). Se trata de un movimiento anómalo del mar, generalmente originado por un terremoto submarino o cercano a la costa. La ola de un tsunami es poco intensa y visible en mar abierto, pero concentra su poder destructivo cerca de la costa, donde el fondo marino menos profundo hace que se eleve e inunde el interior.

Todos tenemos en mente el huracán Katrina de 2005, que fue uno de los cinco huracanes más destructivos en la historia de Estados Unidos, tanto en términos de daños como de víctimas mortales. Katrina se originó el 23 de agosto como una depresión tropical y se intensificó rápidamente, convirtiéndose en una tormenta tropical la mañana del 24. La tormenta continuó intensificándose después de entrar en el golfo de México. El 27 de agosto, alcanzó la categoría 3 en

Figura 57: El huracán Dorian visto por el sensor MODIS a bordo de los satélites de la NASA el 3 de septiembre de 2019. En esta imagen, el ciclón se desplaza hacia el sureste de los Estados Unidos tras haber causado devastación en el archipiélago de las Bahamas. Dorian alcanzó la categoría 5 en la escala de Saffir-Simpson, convirtiéndose en uno de los huracanes más intensos jamás registrados en el Atlántico. Su estructura bien definida, con un ojo claramente visible, refleja la enorme energía del sistema y la potencia de sus vientos huracanados [NASA].

la escala Saffir-Simpson, convirtiéndose en el tercer huracán mayor de la temporada. Un cambio en el ciclo del centro del ciclón interrumpió temporalmente su intensificación, pero duplicó el tamaño de la tormenta. Katrina se intensificó nuevamente con rapidez, alcanzando la categoría 5 la mañana del 28 de agosto y llegando a su punto máximo a las 13:00 hora local del mismo día, con vientos máximos sostenidos de 280 km/h. La presión medida convirtió a Katrina en el cuarto huracán atlántico más intenso registrado hasta ese momento (un récord que posteriormente fue superado por el huracán Rita).

Katrina tocó tierra por segunda vez a las 06:10 del 29 de agosto como un huracán de categoría 3, con vientos sostenidos de 205 km/h, en las costas de Louisiana. Sobre tierra, los vientos del huracán sopla-

300 km

Figura 58: El tifón Hagibis de categoría 5 visto por el sensor MODIS el 11 de octubre de 2019. En esta imagen, el sistema ciclónico avanza hacia Japón, donde desencadenará lluvias torrenciales, causando graves inundaciones, daños materiales y decenas de víctimas mortales. En algunas zonas al suroeste de Tokio se registraron precipitaciones extremas de hasta 922,5 mm en un solo día. La imagen satelital muestra la imponente estructura del tifón, con un ojo bien definido y bandas nubosas organizadas en espiral, características de los ciclones tropicales más intensos [NASA].

ban desde el centro hacia el exterior a 190 km/h. Después de moverse sobre el sureste de Louisiana, tocó tierra por tercera vez cerca de la frontera entre Louisiana y Mississippi, aún con vientos de 195 km/h y manteniendo la intensidad de categoría 3. Katrina conservó su fuerza de huracán mientras cruzaba Mississippi, pero luego se debilitó, perdiendo finalmente su categoría de huracán a más de 240 km tierra adentro, cerca de Meridian (Mississippi). Fue degradado a depresión tropical cerca de Clarksville (Tennessee), pero sus remanentes aún eran visibles en la parte oriental de la región de los Grandes Lagos el 31 de agosto, cuando fue absorbido por un frente frío. La tormenta extratropical resultante se movió rápidamente hacia el noreste y llegó al este de Canadá.

Hasta aquí, la historia de un huracán extremadamente intenso, pero no exactamente atípico. ¿Qué lo hizo tan diferente de los demás y provocó una destrucción y pérdida de vidas sin precedentes? Lamentablemente, la falta de previsión humana, o más bien, el posponer las soluciones para una situación potencialmente peligrosa: algo muy humano. El escenario catastrófico se derivó del hecho de que el 80 % de la ciudad de Nueva Orleans y su área metropolitana en la costa sur están por debajo del nivel del mar, junto con el lago Pontchartrain. Mientras se pronosticaba que la marejada ciclónica producida por el cuadrante derecho del frente del huracán (el que tiene los vientos más fuertes) alcanzaría los 8 metros, las autoridades temían que esta marejada pudiera elevar el nivel del agua hasta superar los diques que protegían la ciudad, causando una inundación muy grande. Este riesgo de devastación era bien conocido, y los estudios habían advertido que si el huracán golpeaba directamente Nueva Orleans, provocaría una inundación enorme, causando miles de muertes por ahogamiento y sufrimiento por enfermedades y deshidratación debido al lento retroceso de las aguas de la ciudad.

La marejada de Katrina, de hecho, se infiltró a través de 53 brechas en el sistema de diques que protegía el área metropolitana de Nueva Orleans. El sistema no fue efectivo en Nueva Orleans ni en las comunidades circundantes. Las aguas inundaron gran parte del área oriental de la ciudad. Las brechas más grandes en el sistema de diques de la ciudad incluyen las del Canal 17th Street, el Canal London Avenue y el amplio y navegable Canal Industrial, que inundaron aproximadamente el 80 % de la ciudad. Como podemos ver, la naturaleza es a menudo la causa de eventos catastróficos, pero el hombre añade su parte y agrava significativamente los efectos de los desastres naturales.

En octubre de 2019, Japón fue golpeado por el supertifón Hagibis (Figura 58), un tifón de categoría 5 en los límites superiores de la escala, con vientos que oscilaban entre 190 y 275 km/h. La intensificación de este enorme sistema tropical hasta alcanzar la categoría 5 ocurrió en menos de 18 horas. Sin embargo, desde su formación el 4 de octubre hasta su disipación el 22 del mismo mes, transcurrieron 18 días. El pueblo japonés fue severamente afectado.

En las primeras horas de la mañana del 12 de octubre, un tornado azotó la ciudad de Ichihara, matando a una persona y dejando a dos gravemente heridas. Durante la tarde, varias áreas de Japón experimentaron fuertes inundaciones debido a las lluvias torrenciales, dejando a decenas de miles de hogares sin electricidad. La Agencia Meteorológica de Japón (JMA) emitió una advertencia sobre más inundaciones, deslizamientos de tierra y derrumbes, lo que llevó a evacuaciones inmediatas en áreas de alto riesgo. En algunas zonas de Japón, cayeron hasta 76 cm de lluvia.

El balance final fue devastador: 98 muertos, 7 desaparecidos y 346 heridos de alguna manera debido al evento. Más de 270 000 viviendas quedaron sin electricidad, y diez trenes de alta velocidad de la línea Hokuriku Shinkansen en la ciudad de Nagano fueron sumergidos por las aguas de las inundaciones. Las pérdidas económicas para la nación se estimaron en 15 000 millones de dólares, y las pérdidas aseguradas se calcularon en alrededor de 9000 millones de dólares.

Fue una catástrofe de proporciones bíblicas en una nación que hace de la preparación ante desastres naturales uno de sus puntos fuertes. Esto nos hace entender que nunca estamos lo suficientemente preparados para enfrentarnos a estos fenómenos. La previsión es fundamental para limitar sus consecuencias. Lamentablemente, la naturaleza siempre es más fuerte que cualquier intento humano por mitigar sus efectos.

¿LOS CICLONES TROPICALES SE DESARROLLAN SOLO EN LOS TRÓPICOS?

Parece una pregunta fuera de lugar, ya que el adjetivo «tropical» sugiere que estos sistemas están confinados a la zona tropical. Sin embargo, no es cierto que fuera de los trópicos no observemos fenómenos ciclónicos de este tipo. Un ejemplo muy cercano a nosotros son los *ciclones mediterráneos de tipo tropical* (*tropical-like cyclones*, TLC), también denominados *medicanes* (medicán en singular) por Kerry A. Emanuel en un estudio de 2005.

Estos sistemas son áreas de baja presión caracterizadas por un núcleo cálido, convección tormentosa alrededor de un centro (al igual que en los huracanes), lluvias muy intensas y vientos extremadamente fuertes. Las manifestaciones en superficie son, por tanto, muy violentas y pueden causar daños significativos, como los experimentados en varias ocasiones en Apulia y el sur de Italia.

Figura 59: El medicán (huracán mediterráneo) Zorbas visto por el sensor MODIS a bordo de los satélites de la NASA el 29 de septiembre de 2018. En esta imagen, el ciclón alcanza su máxima intensidad mientras impacta las islas del Peloponeso. Los medicanes son ciclones de características híbridas que combinan elementos de tormentas tropicales y sistemas extratropicales, con un núcleo cálido y vientos intensos. Zorbas provocó lluvias torrenciales, inundaciones y ráfagas de viento de hasta 120 km/h en Grecia y Turquía, causando importantes daños materiales [NASA].

Los medicanes se generan en la cuenca del Mediterráneo y representan una anomalía más que una regla. Ocasionalmente, alcanzan una intensidad comparable a la de un huracán de categoría 1. Aunque los detalles físicos de su desarrollo aún no están del todo claros, parece que ocurren debido a la transformación dinámica y termodinámica de un ciclón extratropical en un ciclón con características típicamente tropicales.

Cuando se observan desde satélite, su aspecto es muy similar al de los huracanes, aunque las energías involucradas son menores. Al igual que en el caso de los ciclones tropicales, su «combustible» es el calor y la humedad proporcionados por las aguas del Mediterráneo, que alcanzan temperaturas de alrededor de 26 °C. Esto ocurre principalmente entre agosto y septiembre en el mar Jónico, el bajo Tirreno, el canal de Sicilia, el mar Libio, el mar de Cerdeña, el Adriático central y también en la zona del Mediterráneo occidental cerca de las Islas Baleares.

Los nombres de estos fenómenos se asignan de manera informal por la Universidad de Berlín, sin un sistema de responsabilidad tan estructurado como en el caso de los huracanes. Un ejemplo es el medicán Zorbas, de septiembre de 2018, cuya imagen se muestra en la Figura 59. Como se puede ver, el ciclón está transitando por el Mediterráneo central, al sur de Italia, una de las zonas con mayor probabilidad de desarrollo de estos fenómenos.

CICLONES ALGO MÁS COMUNES

Permanezcamos en nuestras latitudes y en las altas latitudes hasta los círculos polares. Los ciclones que se desarrollan en esta zona se denominan ciclones extratropicales, refiriéndose con este nombre a sistemas de baja presión de gran extensión con rotación ciclónica. Estos ciclones se forman en la interfaz entre el aire seco y frío al norte y el aire cálido y húmedo al sur: a lo largo de este límite ideal se desarrolla una circulación en sentido antihorario en la superficie que bombea aire cálido desde el sur y aire frío desde el norte, en un proceso conocido como ciclogénesis (Figura 60).

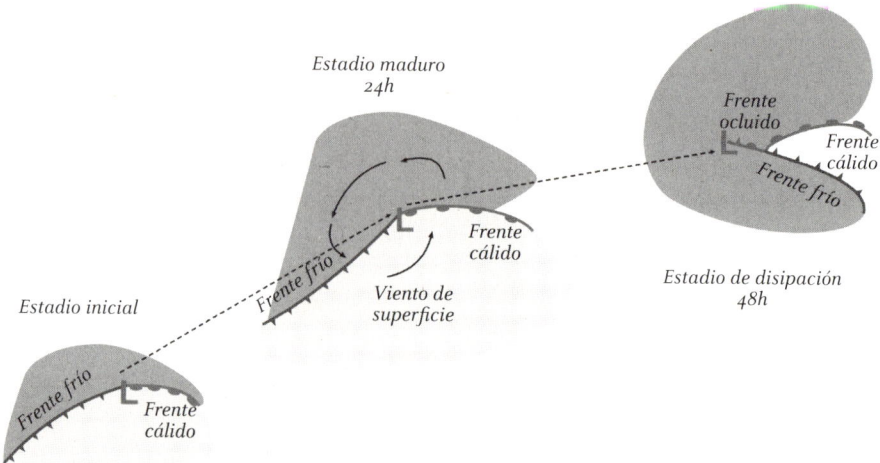

Figura 60: Esquema idealizado de las etapas de desarrollo de un ciclón extratropical. Se representa la evolución del sistema desde su fase inicial hasta su madurez y disipación. La letra L (*low*) indica la ubicación del centro de baja presión en la superficie terrestre. En estos ciclones, los frentes cálidos y fríos interactúan generando intensas precipitaciones y fuertes vientos

En el centro de la circulación, hay una convergencia de masas de aire que, al no saber hacia dónde ir, comienzan a ascender. Si la situación en altura es favorable, por ejemplo, debido a un movimiento hacia el exterior (divergencia) de las masas de aire, el proceso se ve apoyado y el ciclón crece. Cuando el ciclón está completamente formado, aparecen los frentes bien definidos. Al alcanzar la madurez, la presión en el centro alcanza su nivel mínimo y se forma el frente ocluido, que se genera cuando el frente frío, persiguiendo al frente cálido, lo alcanza. Cuando se produce la oclusión y todo el aire cálido se sitúa sobre el aire frío, la convergencia de la masa llena la baja presión y el ciclón comienza a debilitarse hasta disiparse por completo.

Durante su ciclo de vida, el ciclón tiende a moverse desde las latitudes más bajas hacia las más altas, transfiriendo calor desde los trópicos hacia los polos. De esta manera, contribuye a mantener la circulación general de la atmósfera. Casi todas las tormentas invernales están asociadas, de una forma u otra, al desarrollo de ciclones extratropicales, que constituyen un componente constante y cotidiano del clima en las latitudes medias y altas, incluyendo la estructura de la precipitación en bandas frontales (Figura 61).

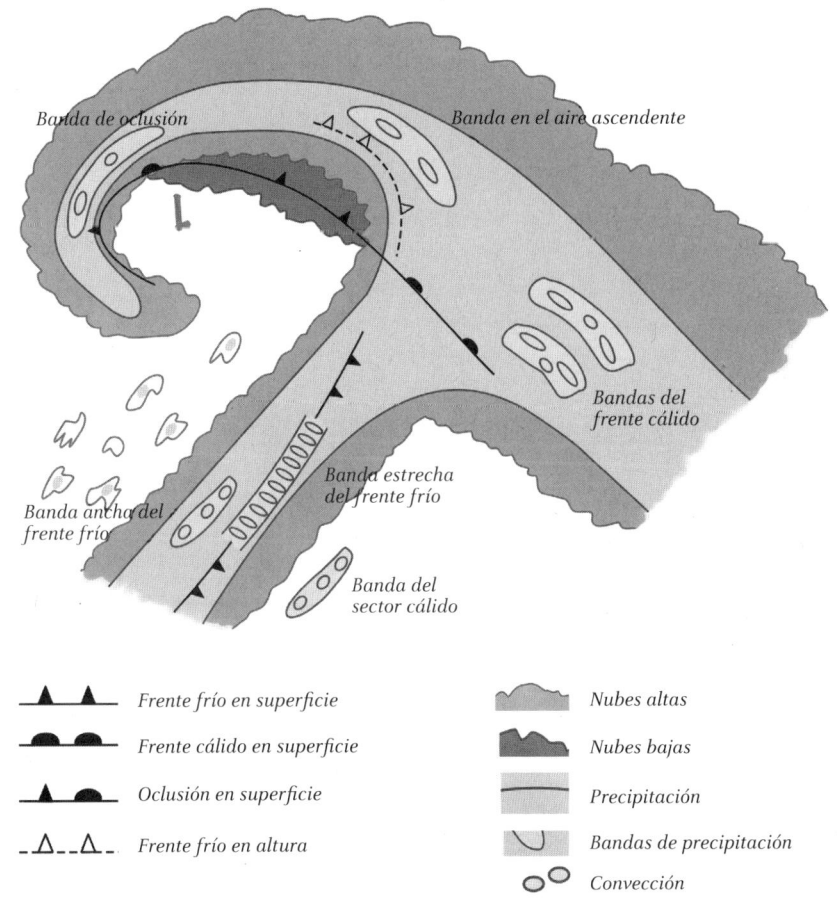

Figura 61: Esquema idealizado de la distribución de nubes y precipitación asociada a un ciclón extratropical maduro. (Adaptado de Houze, 2014).
⊡ *Hay una versión a color de esta figura en los cuadernillos.*

También debemos considerar que, a menudo, los ciclones tropicales, al final de su existencia, se transforman en ciclones extratropicales mientras continúan su movimiento hacia el norte (en el hemisferio norte). Aunque todo esto pueda parecer muy complicado, el
mensaje clave es que los ciclones son el mecanismo que la naturaleza
utiliza para reducir el contraste de temperatura entre las masas de
aire: esta es la fuente de energía disponible para mantener la atmósfera en movimiento. Un ejemplo notable de un ciclón extratropical
profundo se muestra en la Figura 62, al suroeste de Islandia.

Figura 62: Ciclón extratropical visto por el sensor MODIS a bordo de los satélites de la NASA, el 4 de septiembre de 2003, al suroeste de Islandia.
⊡ Hay una versión a color de esta figura en los cuadernillos.

NUBES CASI DESCONOCIDAS PARA LA MAYORÍA

Hasta ahora, hemos considerado nubes cuyos mecanismos físicos de formación conocemos relativamente bien. Sin embargo, existen nubes de las que todavía sabemos poco. Un capítulo aún por escribir es el de los estratocúmulos oceánicos, que constituyen las formaciones nubosas más extensas, cubriendo vastas áreas de los océanos y actuando como un escudo a la radiación solar, con implicaciones evidentes en la regulación del intercambio radiativo y, por tanto, en el clima.

A pesar de su amplia distribución en los mares de todo el mundo, no sabemos todo lo que nos gustaría sobre estas nubes. Normalmente, están organizadas en elementos celulares cerrados que parecen convertirse en células abiertas, es decir, vacías en su interior, cuando comienza a desarrollarse la precipitación (Figura 63).

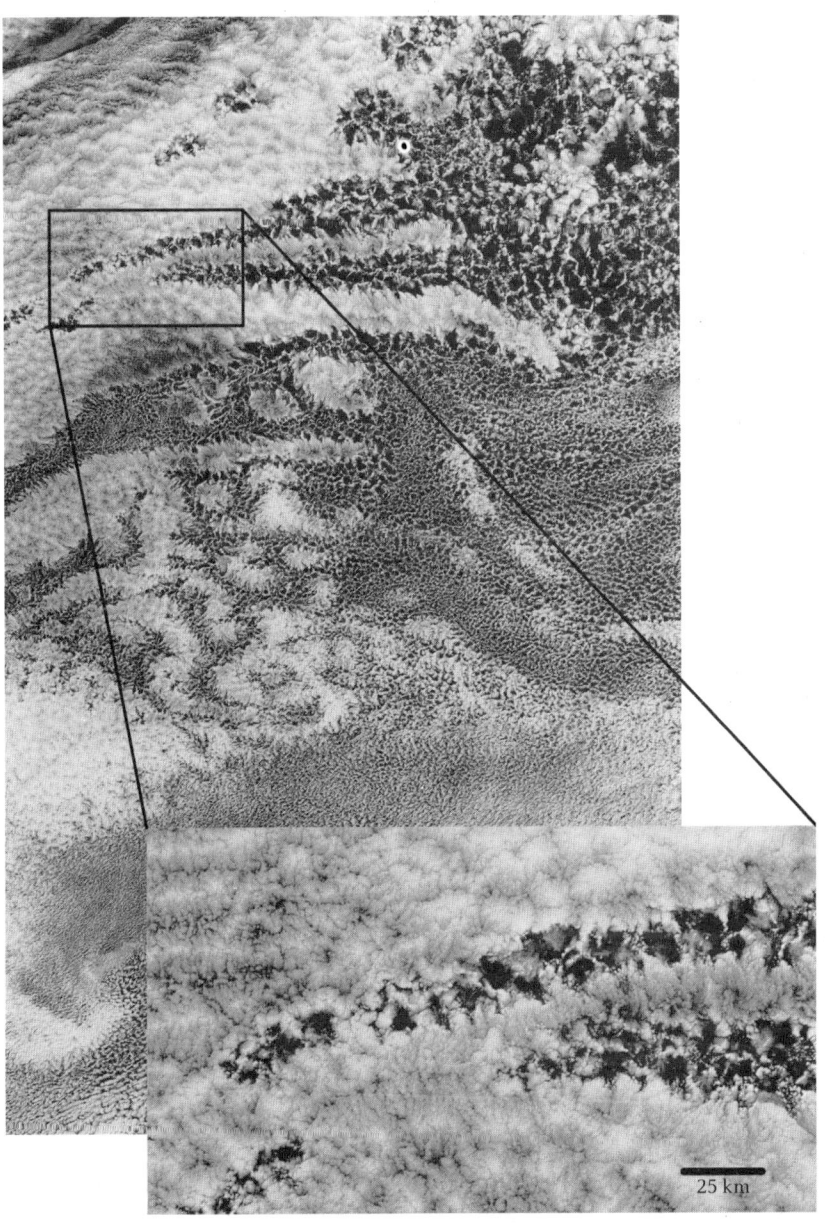

Figura 63. Estratocúmulos marinos vistos por el sensor MODIS a bordo de los satélites de la NASA, el 17 de abril de 2010, frente a la costa de Perú, sobre el océano Pacífico. Las nubes aparecen organizadas en celdas cerradas que se abren (recuadro) en el momento en que se desarrolla la precipitación.

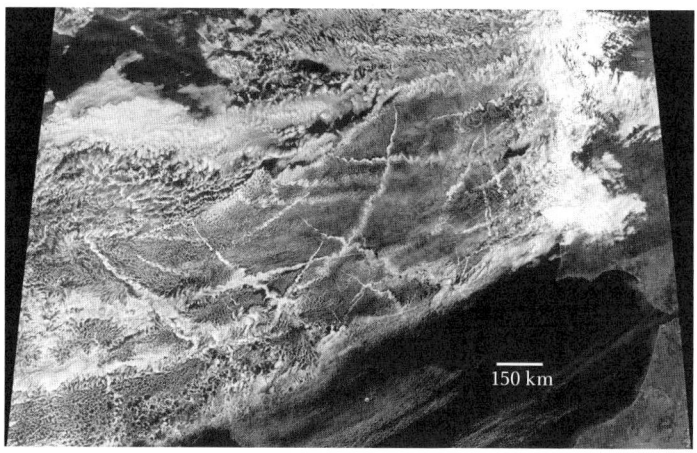

Figura 64: Estratocúmulos marinos vistos por el sensor MODIS a bordo de los satélites de la NASA, el 16 de enero de 2018, frente a las costas de Portugal, sobre el océano Atlántico. Las nubes son alteradas por las emisiones de los barcos en tránsito, lo que modifica el tamaño y la composición de las gotitas.

Un aspecto curioso, pero importante para entender los mecanismos físicos detrás de la formación de los estratocúmulos marinos, es la interacción que tienen con los aerosoles ricos en partículas de combustión que emiten las chimeneas de los barcos. Estos aerosoles entran en la formación de la nube y modifican la población de gotitas. El resultado, visto desde satélite, son auténticas estelas bien visibles, como se muestra en la Figura 64. Se trata claramente de una modificación artificial de las nubes realizada por el ser humano, un tema que discutiremos más adelante cuando hablemos de la modificación del tiempo.

Otra variante muy singular de los estratocúmulos son las nubes actiniformes (*actinoform* o *actiniform cloud*), que forman parte integral de los estratocúmulos marinos, pero adoptan formas muy definidas de tipo radial (de ahí su nombre, derivado del griego *aktina*, que significa «rayo»). Estas nubes no son observables a simple vista desde tierra, ya que se extienden hasta alcanzar 300 km de diámetro. Por lo general, se forman formando de «trenes» de nubes similares, que pueden alcanzar hasta seis veces el diámetro de una sola nube, manteniendo, no obstante, su identidad individual. Actualmente, se están llevando a cabo campañas de estudio para comprender el motivo de su formación, que parece estar relacionada con la estructura de los estratocúmulos y el inicio de la fase de precipitación ligera sobre los océanos. Un ejemplo muy ilustrativo y espectacular se muestra en la Figura 65.

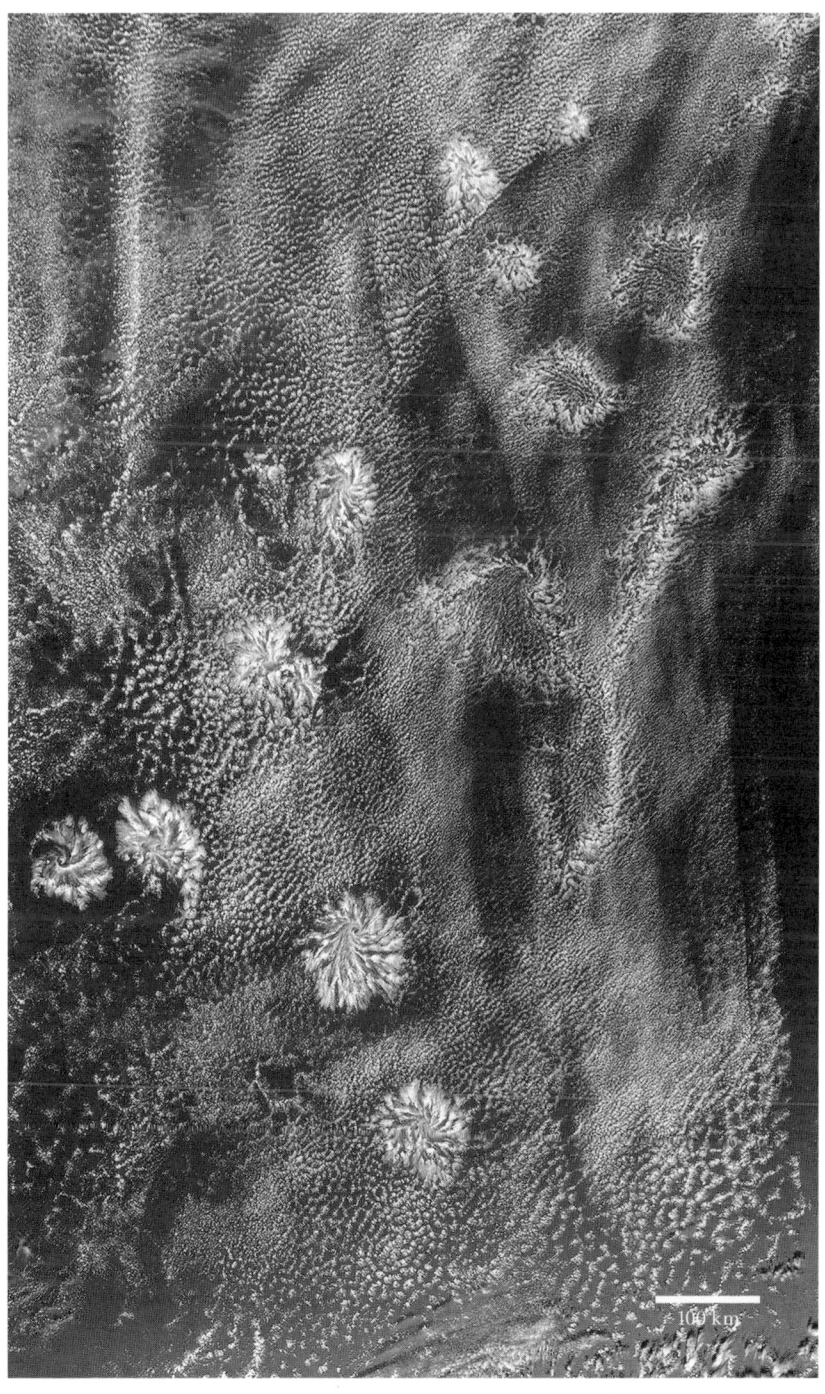

Figura 65: Nubes actiniformes vistas por el sensor MODIS a bordo de los satélites de la NASA, el 29 de enero de 2020, frente a las costas occidentales de Australia.

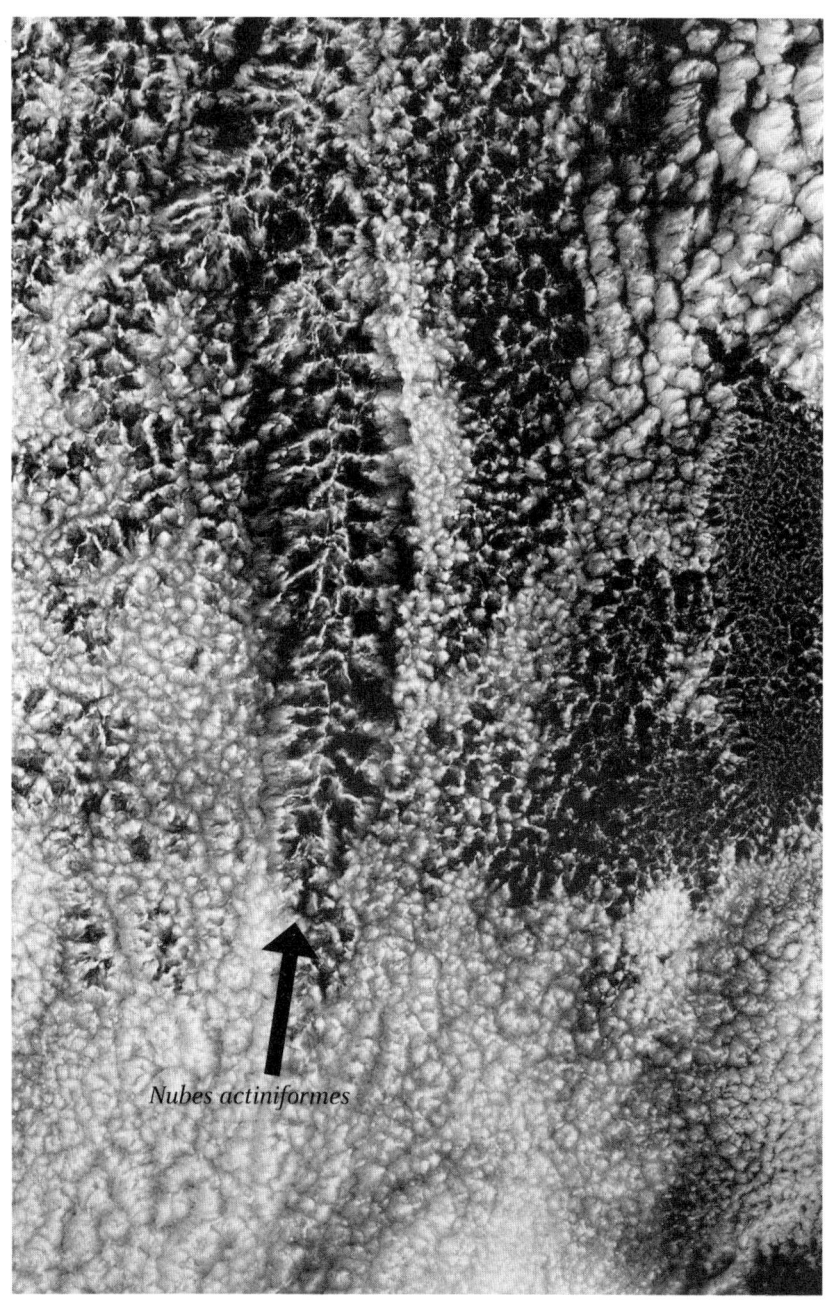

Nubes actiniformes

Intrincadas formaciones de nubes sobre el Pacífico frente a la costa oeste de Sudamérica. En esta imagen capturada por el sensor MODIS a bordo del satélite Terra de la NASA el 30 de septiembre de 2005, se observa un complejo patrón sobre el océano Pacífico con nubes actiniformes.

Un extenso escudo de cirros acompaña al huracán Isabel. El satélite AQUA (EOS-PM 1) capturó esta imagen, una poderosa tormenta de categoría 4 en el océano Atlántico. En el momento en que se tomó, el 10 de septiembre de 2003 a las 16:40 UTC, Isabel presentaba vientos máximos sostenidos de 135 mph (más de 217 km/h), con ráfagas aún más fuertes [MODIS RAPID RESPONSE TEAM, NASA/GSFC].

Cirrus uncinus radiatus [Martchan].

Figura 36: Nubes estratosféricas polares.

Nubes estratosféricas polares. Islas Lofoten, Noruega [Florian Koehler].

Nubes estratosféricas polares. Noruega [Uwe Michael Neumann].

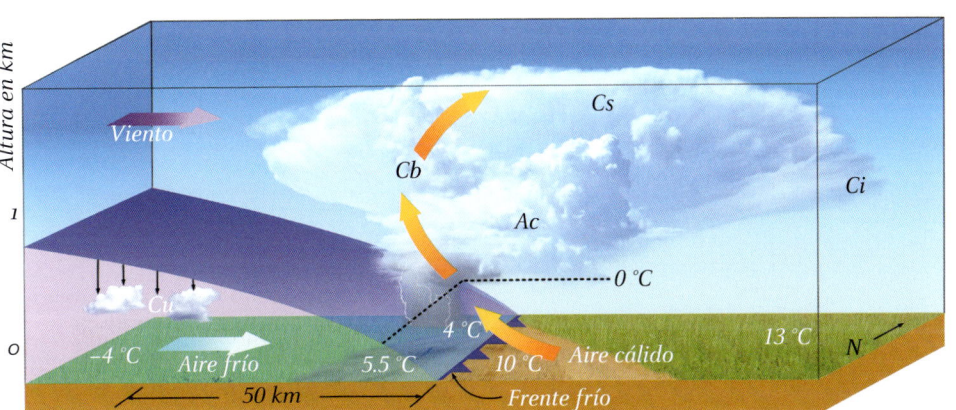

Figura 40: Frente frío.

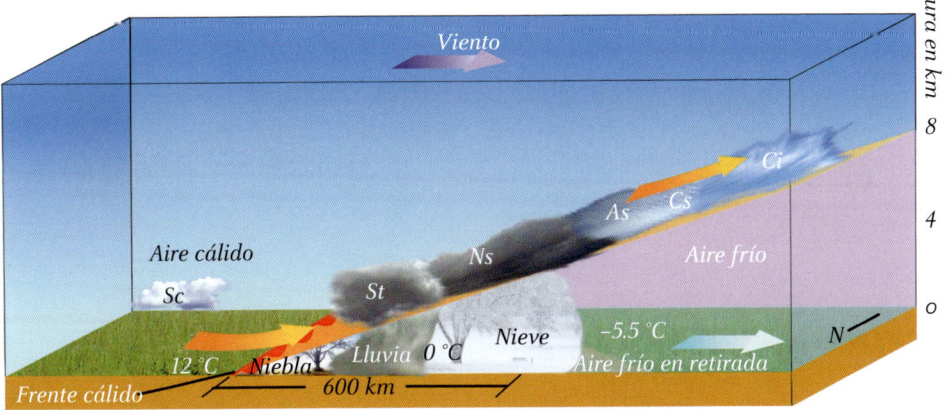

Figura 41: Frente cálido

Nube lenticular

Sombra pluviométrica

Nube orográfica

Barlovento
Ambiente húmedo

Sotavento
Ambiente seco

Nieve

Precipitación

Aire seco en bajada

Aire húmedo en ascenso

Figura 42: La orografía juega un papel fundamental en la formación de nubes y precipitaciones. Cuando el aire húmedo encuentra una barrera montañosa, se ve forzado a ascender. A medida que el aire asciende, se enfría y la humedad se condensa, formando nubes. Este proceso puede dar lugar a precipitaciones en el lado de barlovento de la montaña (precipitación orográfica). En el lado opuesto, en sotavento, el aire desciende y se calienta, lo que reduce la capacidad de condensación y puede dar lugar a un área de sequedad conocida como sombra pluviométrica.

Ambiente húmedo

Ambien

Sombra pluviométrica en la Isla Sur,
Nueva Zelanda, 30 enero de 2017.
Satélite AQUA (EOS-PM 1), NASA.

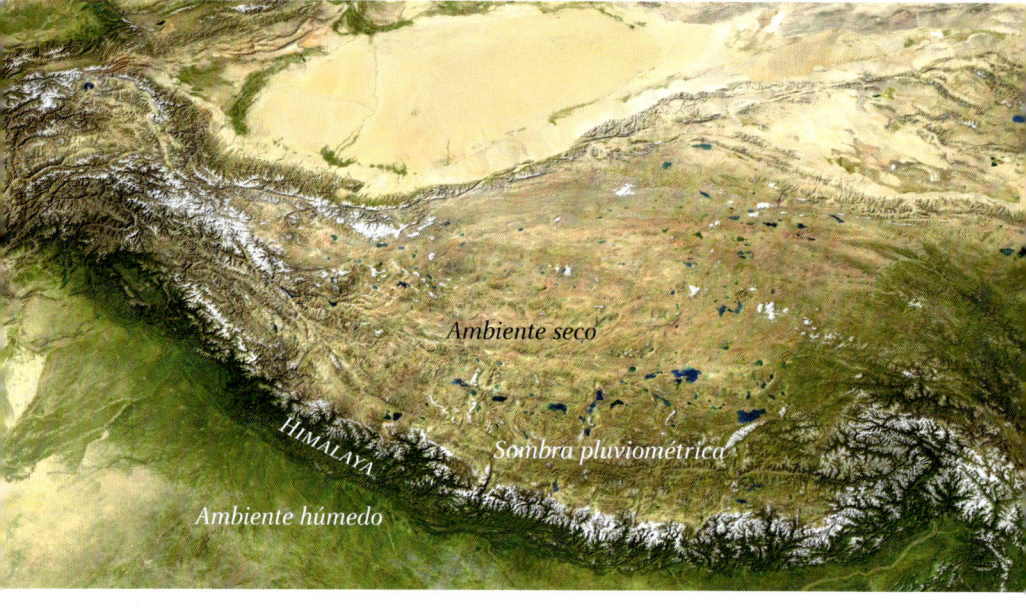

Figura 43: Vista satelital del efecto de sombra pluviométrica ejercido por la
cadena montañosa del Himalaya sobre regiones de Asia Central [NASA].

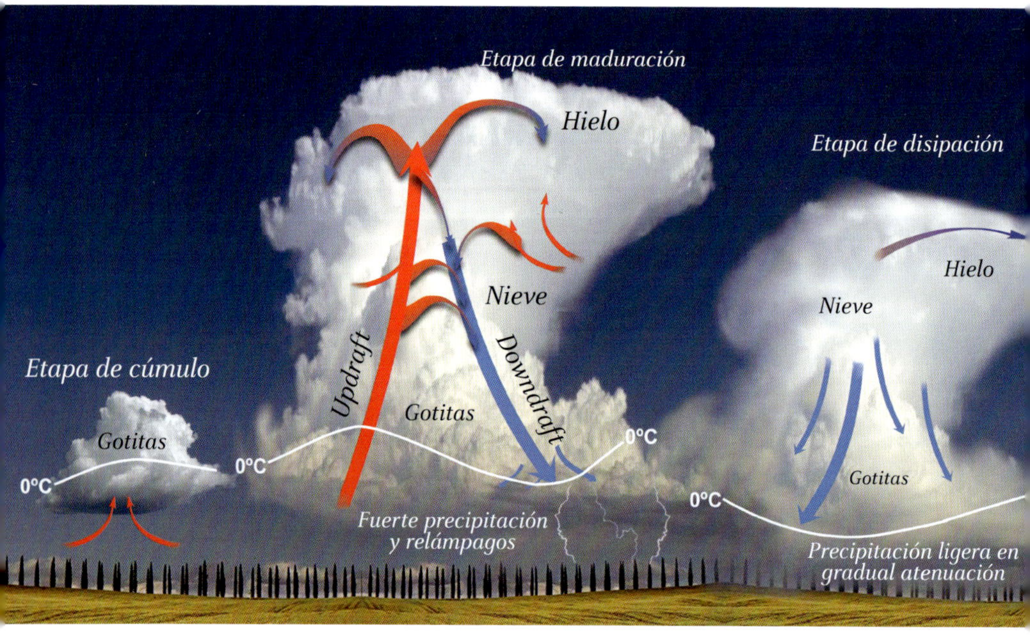

Figura 49: Los tres estadios de desarrollo de una célula
tormentosa, desde su fase inicial hasta la disipación.

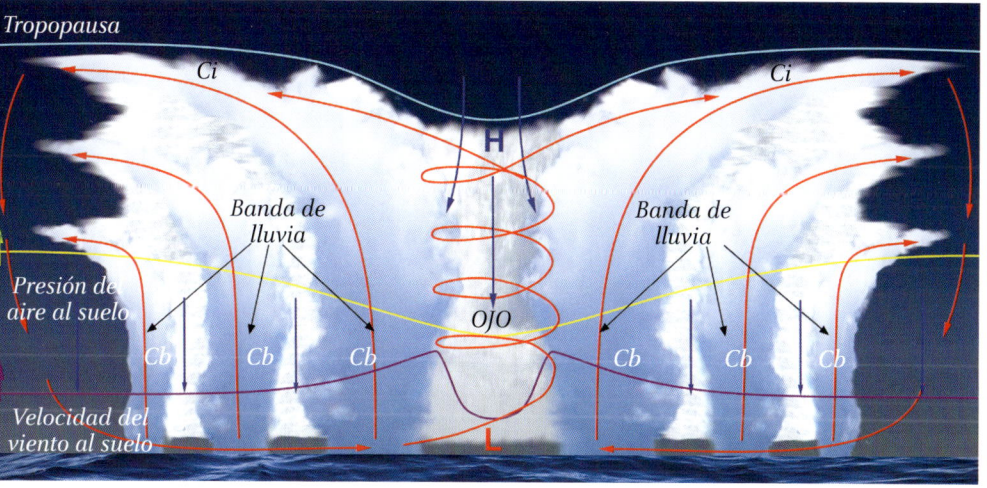

Figura 55: Corte transversal de un huracán a través de su ojo central. Se observan las bandas de precipitación que conforman los brazos en espiral del sistema. Las letras *H* y *L* indican, respectivamente, zonas de alta (*high*) y baja (*low*) presión. Las flechas rojas representan el movimiento ascendente de aire cálido y húmedo dentro del ciclón, mientras que las flechas azules muestran el descenso de aire seco y frío (*subsidencia*). Las curvas amarilla y violeta ilustran la variación de la presión atmosférica y la velocidad del viento desde la periferia hacia el centro, con su dirección de crecimiento indicada por flechas verticales del mismo color. La línea azul marca el límite de la tropopausa. Se destacan las principales formaciones nubosas: *Cumulonimbus* (Cb) en las bandas de precipitación y *Cirrus* (Ci) en el escudo nuboso de altura.

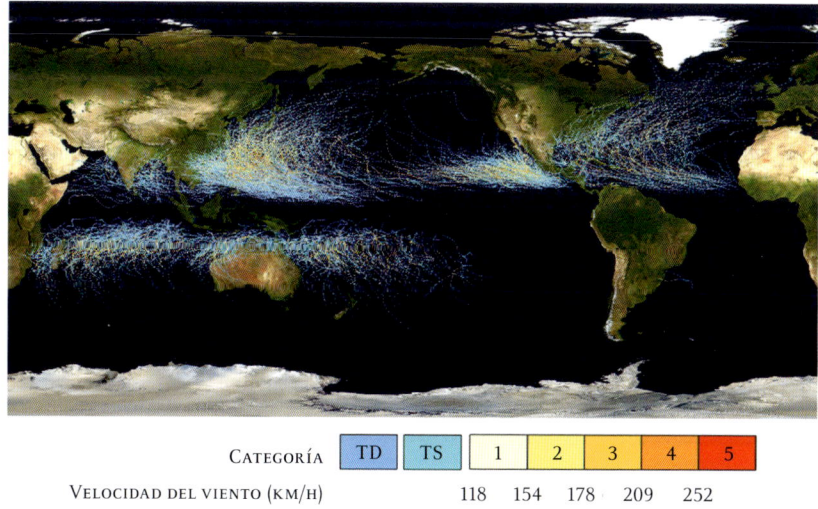

Categoría	TD	TS	1	2	3	4	5

Velocidad del viento (km/h)   118   154   178   209   252

Figura 56: Trayectorias de huracanes, tifones y ciclones durante un período de 150 años hasta septiembre de 2006. El mapa muestra los caminos recorridos por estos sistemas tropicales en los océanos Atlántico, Pacífico e Índico, diferenciando su intensidad mediante los códigos TD (*Tropical Depression*) y TS (*Tropical Storm*). Las categorías de la escala de Saffir-Simpson están representadas en recuadros de distintos colores, indicando los rangos de velocidad del viento asociados a cada nivel de intensidad ciclónica [NASA].

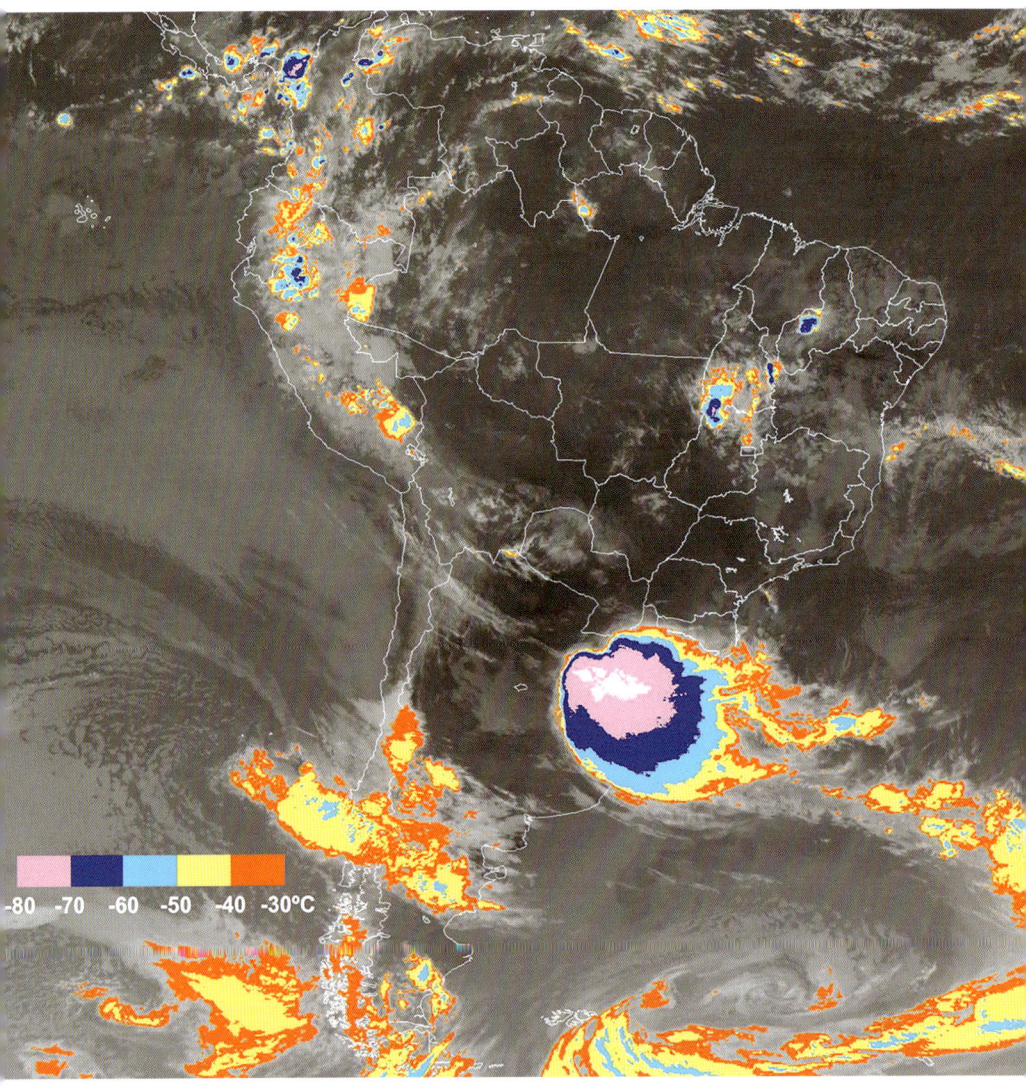

Figura 54: Imagen en infrarrojo del satélite geoestacionario GOES-10 que muestra un *Complejo Convectivo de Mesoescala* (MCC) sobre el noreste de Argentina, Uruguay y el sureste de Brasil, el 9 de noviembre de 2008 a las 06:00 UTC. Este tipo de sistema se caracteriza por su gran extensión, larga duración y fuerte actividad tormentosa, con precipitaciones intensas y potencial para generar inundaciones. La imagen en infrarrojo permite identificar las áreas de mayor convección a través de la temperatura de las cimas nubosas [NOAA e INPE].

Cumulonimbus con *pileus* asociadas [Vinicius Januario].

Mammatus, Nebraska [Menno van der Haven].

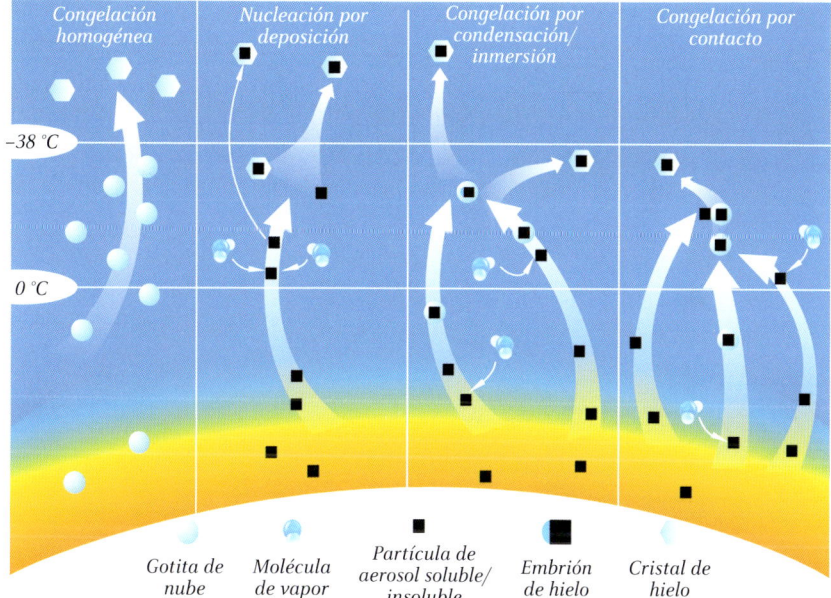

Figura 74: Proceso de colisión entre gotículas (de al menos 20 micras de diámetro) y pequeñas gotitas en la nube. Las flechas verticales hacia abajo indican la velocidad y dirección de caída de las gotículas, mientras que las líneas curvas representan el flujo de aire alrededor de la gotícula objetivo.

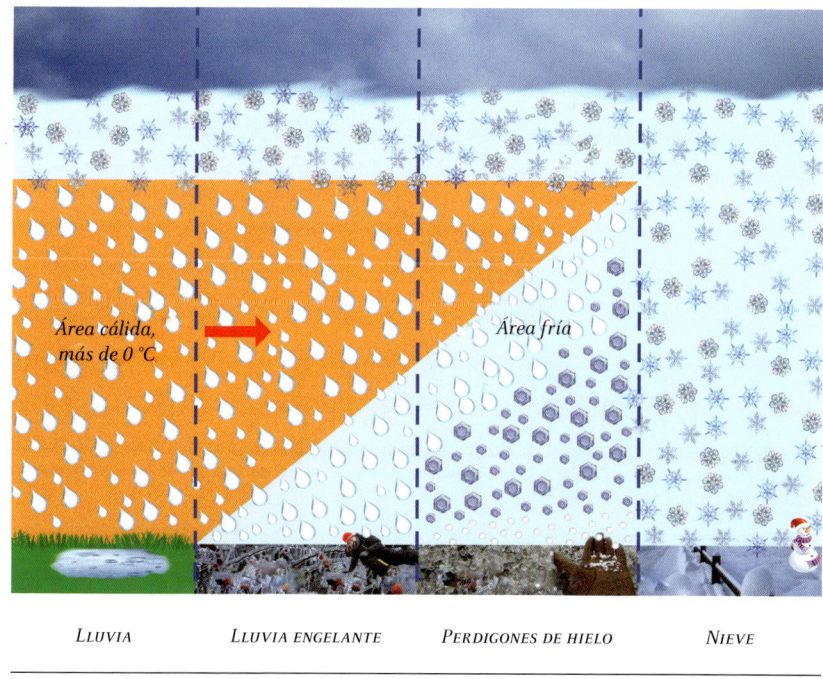

Figura 89: Tipos de precipitación invernal.

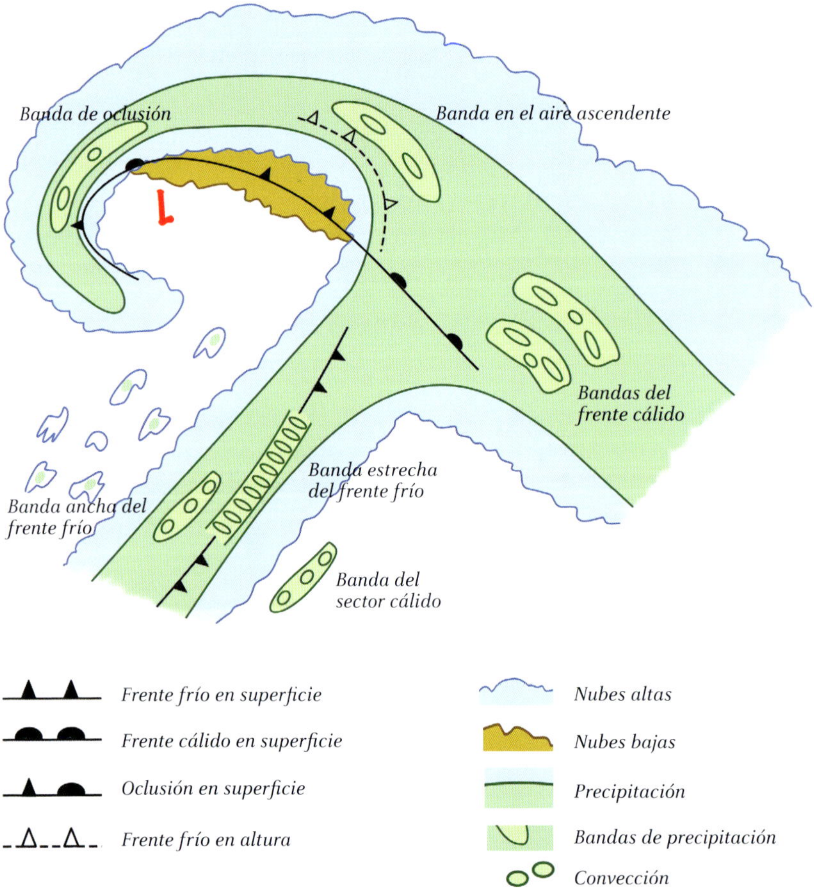

Figura 61: Esquema idealizado de la distribución de nubes y precipitación asociada a un ciclón extratropical maduro. (Adaptado de Houze, 2014).

Banda de oclusión

Banda en el aire ascendente

L

Bandas del frente cálido

Banda estrecha del frente frío

Banda ancha del frente frío

Banda del sector cálido

Frente frío en superficie	Nubes altas
Frente cálido en superficie	Nubes bajas
Oclusión en superficie	Precipitación
Frente frío en altura	Bandas de precipitación
	Convección

ISLANDIA

100 km

Figura 6: Ciclón extratropical visto por el sensor MODIS a bordo de los satélites de la NASA, el 4 de septiembre de 2003, al suroeste de Islandia.

Graupel [Mike O.].

Macrofotografía de un cristal de hielo [CH123].

4. VIAJE ENTRE HIDROMETEOROS

«La naturaleza es una nube mutable,
que es siempre y nunca la misma».
RALPH W. EMERSON, *Ensayos*, 1841.

Hemos contemplado las nubes en sus múltiples formas y desentrañado algunos de los procesos que las engendran. Vemos en ellas mucho más que simples acumulaciones de vapor: reflejan nuestros estados de ánimo más íntimos, parecen espejos de las emociones del momento. No es extraño oír decir: «este cielo me entristece», aludiendo a esas nubes bajas y sombrías que anuncian la lluvia fría que cala hasta los huesos. Instintivamente las vinculamos al tiempo, a las tormentas que desatan su furia, a los velos blancos del invierno que presagian la nieve, a los rastros efímeros que los aviones dibujan en el aire. Y sin embargo, en este recorrido aún no hemos descifrado el verdadero «secreto» de su formación, ni comprendido del todo por qué son tan cambiantes, tan inconstantes. Siempre distintas y, al mismo tiempo, reconocibles dentro de los patrones que las clasifican.

LOS HIDROMETEOROS

Adentrémonos ahora en el fascinante mundo de los hidrometeoros, los componentes esenciales de las nubes. Desde minúsculas gotitas de apenas unas micras (recordemos que una micra equivale a una millonésima de metro) hasta imponentes granizos que pueden superar los 20 centímetros de diámetro, estas partículas nos revelan los secretos del cielo. Exploraremos las microgotas, las gotas de lluvia, los cristales de hielo, los copos de nieve, las gotas líquidas que desafían el frío extremo hasta casi −40 °C, el granizo blando (graupel) y el granizo propiamente dicho, entre otros. A través de ellos, descubriremos que las nubes son un sistema complejo, donde una misma molécula, el agua, se comporta de formas inesperadas, muy alejadas de nuestra experiencia cotidiana.

Las nubes, en su infinita variedad de formas, tamaños y colores, no pueden explicarse sin comprender el papel que juega el agua en su formación y evolución. Para ello, debemos seguir el rastro de los hidrometeoros: su génesis, transformación, evaporación y caída, un viaje impulsado por las corrientes ascendentes y sus aparentes caprichos.

Como hemos mencionado, las nubes se forma cuando el aire en ascenso —cálido y húmedo— sobresaturado de agua, se enfría. Pero, ¿qué significa que el aire se sobresature? Primero, pensemos en la humedad relativa. Esta mide cuánta agua puede contener el aire en forma de vapor antes de que empiece a condensarse en gotas. Se expresa como un porcentaje: 100 % de humedad relativa significa que el aire ha alcanzado su capacidad máxima de retención de vapor de agua: no puede contener más sin que este comience a transformarse en líquido; en este punto, el aire está saturado.

Si la humedad relativa es mayor al 100 %, el aire tiene más vapor de agua del que puede sostener en equilibrio y entra en un estado de sobresaturación. Esto provoca que el exceso de vapor comience a condensarse en gotitas microscópicas, formando así las nubes. Desde un punto de vista más técnico, la sobresaturación ocurre cuando la cantidad de vapor de agua en el aire supera la cantidad máxima que este puede contener a una determinada temperatura y presión. Se expresa mediante la relación entre la densidad del vapor de agua presente y la densidad del vapor de agua en equilibrio (cuando el aire está justo en el 100 % de humedad relativa). Si esa relación es mayor a 1, significa que hay más vapor de agua del que el aire puede sostener sin que se condense. A partir de este punto, el vapor empieza a convertirse en diminutas gotas de agua, y así nacen las nubes.

En resumen: cuando el aire asciende, se enfría y llega al 100 % de humedad relativa, se satura. Si la humedad sigue aumentando, el aire se sobresatura y el vapor de agua comienza a condensarse en gotas, formando las nubes. Bien, pues todo esto es más complejo.

Podría parecer que, al enfriarse progresivamente, el aire en ascenso llega a la sobresaturación y el vapor condensa espontáneamente en diminutas gotitas. Sin embargo, para que la condensación ocurra en condiciones de nucleación homogénea, es decir, en ausencia de partículas externas que actúen como núcleos de condensación, la humedad relativa debería alcanzar valores desorbitados del 300 400 %, algo imposible en nuestra atmósfera. En la práctica, las mediciones muestran que la humedad relativa en una partícula de aire en ascenso rara vez supera el 101-103 %. También podría pensarse que estas microgotitas surgen por la colisión aleatoria de moléculas de vapor, dando lugar a minúsculos embriones de condensación de apenas 0,01 micras. Aunque esto es posible, dichas gotas embrionarias serían tan pequeñas que no podrían sobrevivir en una atmósfera relativamente «seca», ya que se evaporarían casi de inmediato.

AEROSOLES Y CONDENSACIÓN

Si el vapor de agua no se condensa espontáneamente en la atmósfera, ¿cómo es posible que las nubes se formen? Algo debe intervenir para que surjan las primeras gotitas de agua. La clave está en que las nubes no se forman por nucleación homogénea (es decir, a partir de vapor de agua puro), sino por nucleación heterogénea. En otras palabras, el vapor de agua necesita una superficie sobre la cual condensarse, y esa superficie la proporcionan las partículas de aerosoles presentes en la atmósfera. Son partículas diminutas suspendidas en el aire, que pueden provenir de diversas fuentes. Estas partículas están distribuidas en grandes cantidades en la atmósfera, lo que hace que la nucleación heterogénea no solo sea posible, sino altamente probable. Para comprender mejor el papel de los aerosoles en la formación de las nubes, podemos observar la Figura 66, donde se representa el tamaño de estas partículas. Además, la Figura 67 ilustra de manera esquemática cómo se distribuyen en la Tierra las fuentes que generan estos aerosoles y los procesos que los eliminan de la atmósfera. Es importante señalar que no todas las partículas de aerosol pueden formar nubes. Algunas tienen características químicas o físicas que las hacen más

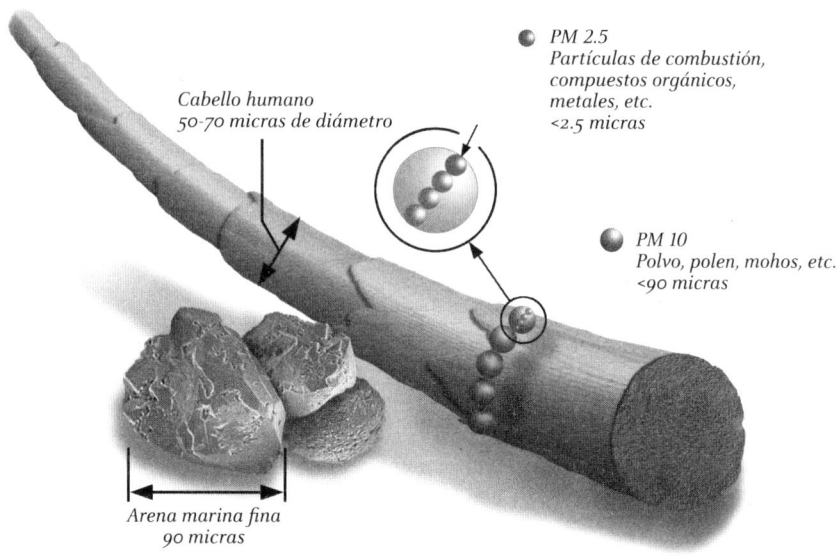

Cabello humano
50-70 micras de diámetro

● PM 2.5
Partículas de combustión,
compuestos orgánicos,
metales, etc.
<2.5 micras

● PM 10
Polvo, polen, mohos, etc.
<90 micras

Arena marina fina
90 micras

Figura 66: Dimensiones típicas (en micras, es decir, millonésimas de metro) de las partículas atmosféricas en relación con el grosor de un cabello humano [US Environmental Protection Agency].

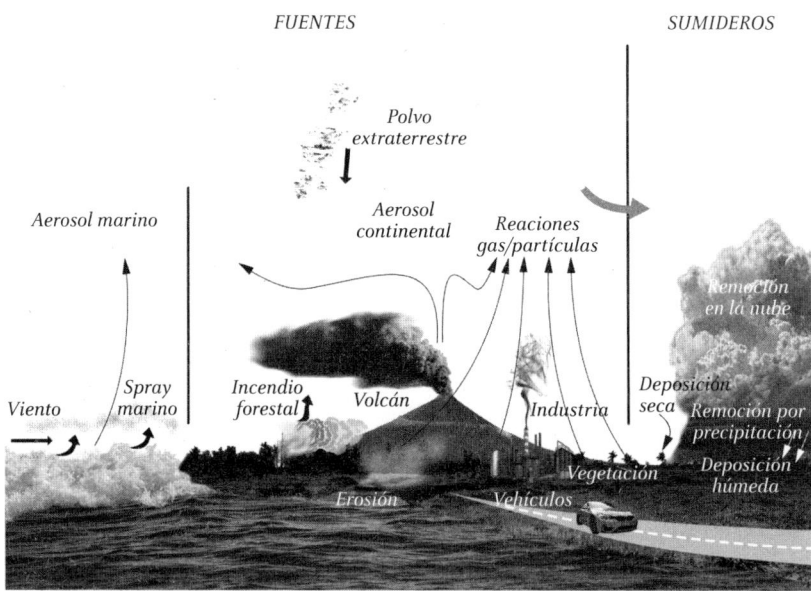

FUENTES   SUMIDEROS

Polvo
extraterrestre

Aerosol marino

Aerosol
continental

Reacciones
gas/partículas

Remoción
en la nube

Viento

Spray
marino

Incendio
forestal

Volcán

Industria

Deposición
seca

Remoción por
precipitación

Vegetación

Deposición
húmeda

Erosión

Vehículos

Figura 67: Principales fuentes y sumideros de las partículas de aerosol atmosférico.

eficaces para atraer y retener el vapor de agua, lo que influye directamente en la formación y evolución de las nubes en la atmósfera.

Para que se inicie la nucleación de las gotitas se necesitan aerosoles con características específicas. Aquellas capaces de atraer y condensar el vapor de agua se conocen como núcleos de condensación de nubes (*cloud condensation nuclei*, CCN). Estas partículas, solubles en agua, no resisten la humectación y actúan como semillas sobre las que se forman las primeras microgotas de las nubes. Entre los aerosoles más abundantes y efectivos se encuentran las partículas marinas, originadas por el spray que se desprende en la cresta de las olas. Se estima que cada año se introducen en la atmósfera entre 10 000 y 15 000 teragramos de estos aerosoles (recordemos que 1 teragramo equivale a 1000 millones de gramos). Le siguen en importancia los polvos desérticos, con emisiones que oscilan entre 1000 y 7500 teragramos anuales. Otros aerosoles naturales incluyen las partículas carbonosas generadas por incendios forestales (350-1000 teragramos al año), las cenizas volcánicas (alrededor de 500 teragramos anuales, aunque esta cifra varía según la actividad volcánica), y las partículas procedentes de la combustión de diversas fuentes (aproximadamente 500 teragramos anuales). Incluso el espacio contribuye: la ablación de meteoros que ingresan a la atmósfera terrestre produce cerca de 10 teragramos al año. A estos procesos se suma un mecanismo fundamental: la condensación de gases en la atmósfera, resultado de reacciones entre compuestos gaseosos y partículas, que genera unos 15 000 teragramos de aerosoles cada año. En total, la producción anual de partículas en la atmósfera terrestre oscila entre 25 000 y 40 000 teragramos. Para visualizar la magnitud de estos fenómenos, observemos en la Figura 68 el impresionante transporte de arena desde el Sáhara hasta Italia, y la tormenta en la depresión del Bodélé, en el Lago Chad, que levanta enormes nubes de polvo y las introduce en la atmósfera. Además, la Figura 69 ilustra cómo las burbujas de aire que estallan en la superficie del océano generan aerosoles marinos, mientras que la Figura 70 muestra el proceso de saltación, mediante el cual las partículas de arena del desierto son impulsadas por el viento y comienzan su viaje hacia la atmósfera. El viento es el motor que esparce estas partículas por el planeta, desempeñando un papel crucial en la formación de nubes y en el delicado equilibrio atmosférico.

Las moléculas de vapor de agua se depositan por tanto en los CCN y crean un primer velo de agua que recubre las partículas. Este agua, sin embargo, disuelve en parte la partícula y el velo es en realidad una

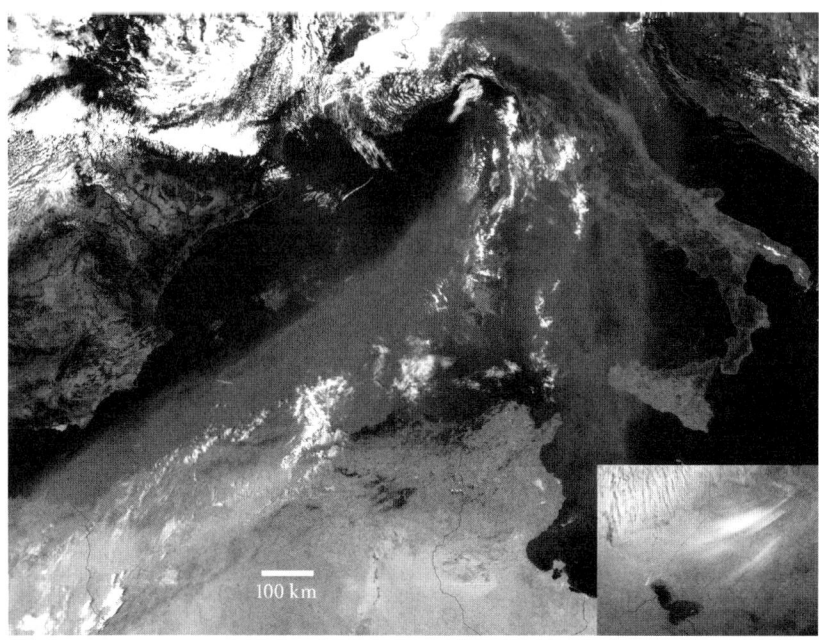

Figura 68: Transporte de arena desde el desierto del Sáhara hacia Italia visto por el sensor MODIS a bordo de los satélites de la NASA, el 16 de julio de 2003, a las 12:00 UTC. En el recuadro, una tormenta de arena en la depresión del Bodélé, en el desierto del Sáhara, captada por el sensor MODIS a bordo de los satélites de la NASA.

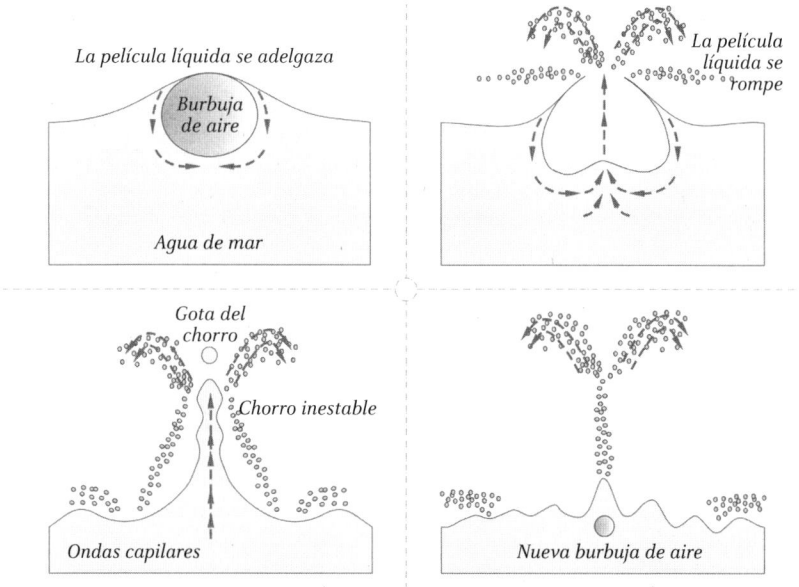

Figura 69: Proceso de ruptura de las burbujas de aire en la cresta de las olas oceánicas para la formación del aerosol marino.

134

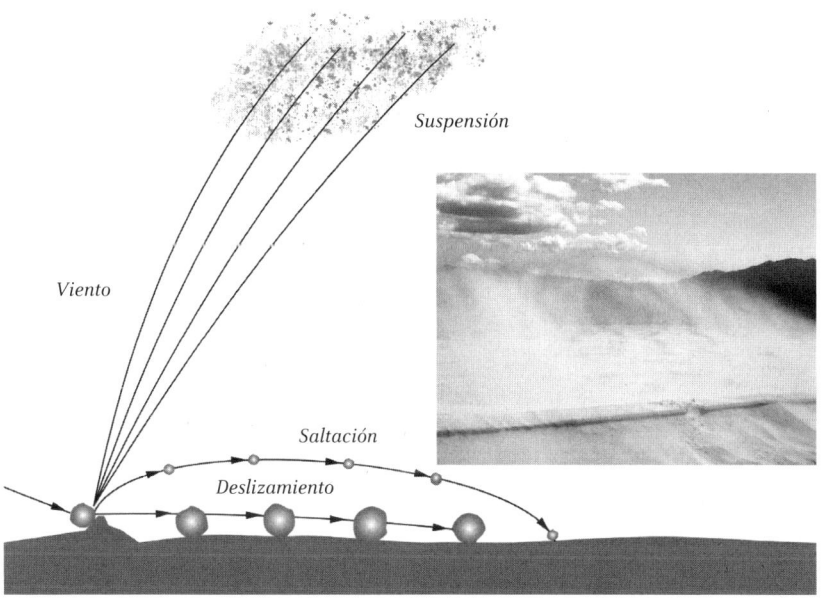

Figura 70: Proceso de saltación de la arena para la movilización del aerosol de origen desértico. La velocidad del viento aumenta desde el deslizamiento hasta la suspensión, pasando por el fenómeno de la saltación. En el recuadro se observa la movilización de arena en las dunas del desierto del Mojave, en California.

solución en la que están disueltas las sales de las que está constituida la propia partícula. La presión del vapor en la superficie de esta gotita embrionaria es más baja que aquella en una superficie de agua pura, y la sobresaturación presente en la partícula de aire húmedo en ascenso es suficiente para que la gotita sobreviva incluso en el hostil ambiente en el que nace. La gotita ha alcanzado las dimensiones críticas y de ahora en adelante, si las condiciones ambientales lo permiten, podrá crecer por difusión del vapor circundante hacia su superficie.

Si el proceso se detiene aquí, esas gotitas forman la calima (*haze*) que se ve en los días húmedos. Refleja la luz solar creando un efecto de disminución de visibilidad a veces muy notable. Pensemos en ciudades muy contaminadas como Pekín o en la llanura Padana. La llanura Padana está rodeada por los Alpes al norte y los Apeninos al sur, que a menudo bloquean la circulación del aire creando condiciones favorables para la acumulación de partículas contaminantes y haciendo el aire irrespirable en muchas de las ciudades del norte de Italia (Figura 71). Naturalmente no hay que confundir la calima con la neblina que se forma en aire relativamente limpio y que tiene el aspecto de una bruma ligera, como sucede por ejemplo en las laderas de una montaña (Figura 72).

Figura 71: La cortina de calima aparece como una capa transparente de color gris sobre la llanura Padana, al sur de los Alpes cubiertos de nieve, en una imagen captada el 23 de diciembre de 2005 por el sensor MODIS a bordo de los satélites de la NASA. Las nubes bloquean parcialmente la vista de las montañas nevadas y del centro de Italia hacia el sur.

Figura 72: Bruma o neblina formada por diminutas gotitas durante el ascenso de aire húmedo por las laderas de una montaña.

LAS GOTITAS

Sigamos ocupándonos de la nube que ha empezado a formarse en el nivel de condensación. ¿Qué sucede en este punto? Pueden ocurrir muchísimas cosas, comencemos por las nubes constituidas solo por agua líquida, es decir, por gotitas. Estas se definen como nubes cálidas (*warm clouds*), no porque sean verdaderamente cálidas desde nuestro punto de vista o tengan siempre temperaturas superiores a 0 °C, sino porque no contienen hielo. Las gotitas que han alcanzado dimensiones críticas están inmersas en una masa de aire sobresaturado en ascenso y, por tanto, están sometidas a la condensación del vapor de agua sobre ellas, lo que las hace crecer. Este es el crecimiento inicial conocido como crecimiento difusivo, engordan muy lentamente porque la difusión de vapor hacia la gotita es un proceso lento que depende del contenido de vapor del aire en ascenso. Además, la masa de aire ascendente encuentra capas de atmósfera cada vez más secas al aumentar la altitud, y estas no favorecen ciertamente el crecimiento difusivo porque la sobresaturación disminuye.

En la Figura 73 vemos una representación gráfica de las dimensiones relativas de las partículas y las gotitas. Debemos en este punto

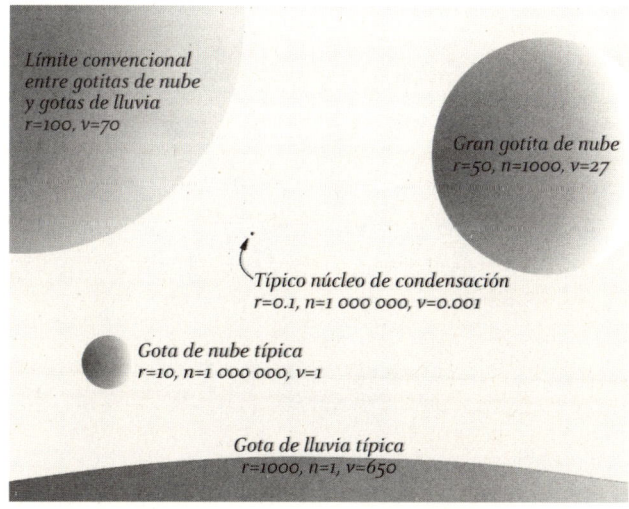

Límite convencional entre gotitas de nube y gotas de lluvia
r=100, v=70

Gran gotita de nube
r=50, n=1000, v=27

Típico núcleo de condensación
r=0.1, n=1 000 000, v=0.001

Gota de nube típica
r=10, n=1 000 000, v=1

Gota de lluvia típica
r=1000, n=1, v=650

Figura 73: Tamaños (*r*, radio en micras), concentraciones (*n*: número por litro de aire) y velocidades de caída (*v*: en cm por segundo) de partículas de aerosol, gotitas de nube y gotas de lluvia.

dar cuenta de la evolución de una gotita embrionaria de 0.1 micras al inicio de la formación de la nube hasta llegar a la gota de lluvia que tiene un diámetro de 1000 micras (1 mm al menos): un crecimiento de 10 000 veces las dimensiones iniciales. ¿Cómo ocurre? Esto es posible gracias al grandísimo número de gotitas presentes durante esta etapa de formación de la nube y al hecho de que algunas de ellas tienen diámetros mayores que otras. Estas últimas actúan como «objetivos» y son golpeadas por las gotitas circundantes durante los movimientos vorticosos y turbulentos dentro de la masa de aire en ascenso. Ocurre lo que se conoce como colisión, que provoca el fenómeno de la coalescencia. En otras palabras, si consideramos dos gotitas que colisionan en estas condiciones, se funden en una única gotita resultante que tendrá una masa igual a la suma de las masas de las gotitas iniciales. Este es un fenómeno «explosivo» porque las gotitas son muchísimas

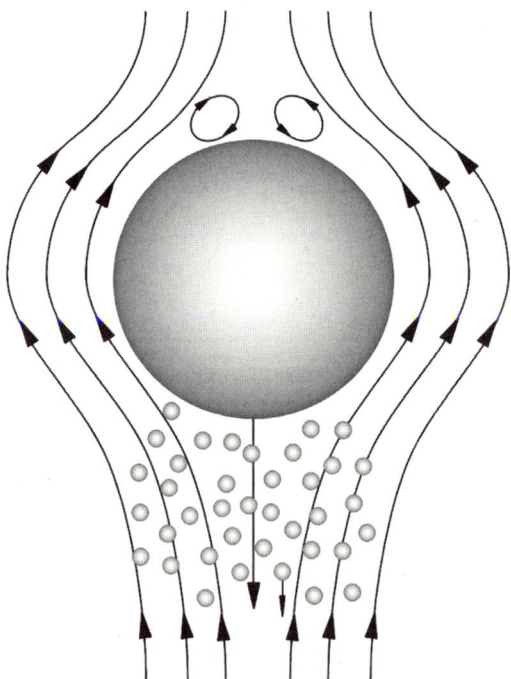

Figura 74: Proceso de colisión entre grandes gotitas (de al menos 20 micras de diámetro) y pequeñas gotitas en la nube. Las flechas verticales hacia abajo indican la velocidad y dirección de caída de las gotitas, mientras que las líneas curvas representan el flujo de aire alrededor de la gotita objetivo.

y, por tanto, crecen a velocidad extremadamente elevada; un esquema de este proceso físico se muestra en la Figura 74. He aquí explicado el motivo del rápido crecimiento de una nube una vez alcanzadas las condiciones del nivel de condensación (el nivel en el que las gotitas empiezan a condensar y la nube empieza a ser visible) y he aquí explicado también por qué la nube evoluciona de una población inicial de unos 100 millones de gotitas por metro cúbico con diámetros de 20 micrones a una población de 1000 gotas por metro cúbico de aproximadamente 1 mm de diámetro. Además, se explica de este modo también la razón por la cual la primera lluvia cae después de unos 20-30 minutos desde el inicio de la formación de la nube. Hemos resuelto una primera parte del misterio que subyace en la repentina aparición de un cúmulo en un cielo estival que pocos instantes antes era azul y sin rastro de una nube. Ahora comprendemos por qué este fenómeno de formación de nubes es tan común: todo se reduce a la enorme cantidad de partículas presentes en la atmósfera y al vapor de agua abundante en las capas más cercanas a la superficie. Sin estos mecanismos, la vida en la Tierra sería imposible, algo que nos invita a reflexionar profundamente. Más adelante retomaremos este tema, pero cabe destacar que, aunque este proceso es frecuente, también es extremadamente delicado.

Las gotas en este punto continúan creciendo, ¡pero no pueden crecer indefinidamente o hacerse grandes como balones de fútbol! ¿Os imagináis una gota de estas dimensiones que nos cae en la cabeza durante un chaparrón? ¡Una verdadera pesadilla! Veamos entonces cuál es el fenómeno por el que las gotas en un cierto punto dejan de crecer. Debemos considerar que lo que mantiene unida una gota líquida es la tensión superficial que desempeña bien su propio cometido mientras que la gota no alcanza dimensiones muy elevadas. Cuando la gota se hace muy grande, está sometida a deformaciones en el flujo de aire, pierde su esfericidad y se aplana, como vemos en la Figura 75. El aire en ascenso la hincha y se forma un globito que luego, por efecto del empuje del propio aire, se rompe en un gran número de gotitas más pequeñas. Este fenómeno se llama ruptura de las gotas o *breakup*. Una gota de 6 mm de diámetro, por ejemplo, existe solo por breve tiempo antes de romperse. Naturalmente el *breakup* modifica las dimensiones de las gotas manteniéndolas dentro de diámetros relativamente pequeños.

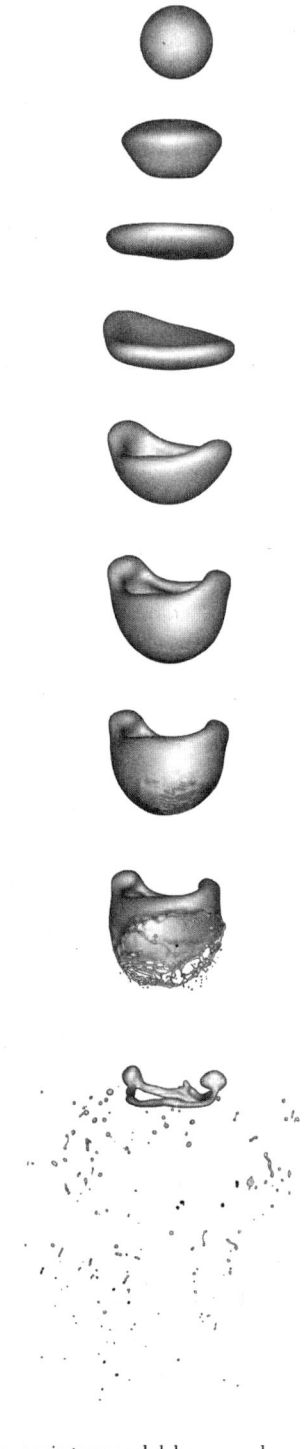

Figura 75: Secuencia temporal del proceso de ruptura de una gran
gota de agua en una nube (adaptado de Jain et al., 2015).

LA TEMPERATURA BAJA, PERO ¿CUÁNTO?

Muy bien, pero también existen nubes heladas o mixtas (es decir, las que contienen agua líquida y hielo). Lo que hemos discutido hasta ahora ya no se sostiene y debemos hacer un esfuerzo adicional para entender cómo se forman estas nubes. Cuando una nube se extiende más allá de la altitud donde la temperatura es 0 °C (el nivel de cero), se denomina nube fría (*cold cloud*). Sin embargo, conviene saber que estas nubes no siempre están completamente heladas y pueden contener agua líquida incluso a temperaturas muy por debajo del punto de congelación. Este tipo particular de agua se conoce como agua superenfriada (*supercooled water*) y es relativamente común en las nubes. Una nube que contiene tanto agua como hielo a temperaturas inferiores a 0 °C se denomina nube mixta (*mixed cloud*). Ya habíamos comentado que el agua en las nubes se comporta de manera extraña. ¿Y qué puede ser más raro que gotitas de agua en estado líquido a temperaturas bajo cero?

Observemos ahora atentamente el proceso de congelación en una nube en formación. Teniendo en cuenta que la congelación homogénea, es decir, la condensación directa de un cristal de hielo a partir del vapor de agua, requeriría niveles de sobresaturación inalcanzables en la atmósfera y que solo puede ocurrir a temperaturas inferiores a −38 °C, el proceso necesita una ayuda externa al simple vapor de agua, algo similar a lo que sucede con la formación de las gotitas.

Un cristal de hielo en la atmósfera no es como el que vemos en el congelador. En el congelador sabemos cómo se forma porque nosotros hemos conectado el aparato a la electricidad. En la atmósfera no hay toma de corriente y, por tanto, las cosas son más complicadas. Armémonos de paciencia y usemos un poco de física tratando de ser claros. Los cristales de hielo se pueden formar de dos maneras principales: por deposición de vapor sobre una partícula de aerosol, como en la nucleación de las gotitas, o por congelación de gotitas preexistentes una vez alcanzada una temperatura suficientemente baja. En el primer caso, es necesario que estén presentes en la nube aerosoles de un tipo particular, los núcleos de congelación (*ice nuclei*, IN), cuya estructura es muy similar a la del hielo. Estos aerosoles hacen posible la nucleación de cristales en las condiciones de sobresaturación típicas de la atmósfera húmeda terrestre, tal como los CCN hacen con las gotitas. Sin embargo, en el caso de los cristales, no se pasa por la fase líquida ni por la creación de una película de solución sobre la superficie de la partícula.

Las partículas de aerosol que pueden actuar como IN son principalmente las partículas de polvo (compuestos de sílice, los silicatos) provenientes de la degradación de los suelos por efecto de la acción del viento y el agua, especialmente las arcillas. Esto lo entendemos bien si damos un paseo por las colinas de Módena, donde yo vivo: vemos que las laderas de las colinas están surcadas por profundas hendiduras, cárcavas y barrancos que se deben a la acción de los elementos, pero también del ser humano que usa la arcilla para producir los azulejos de cerámica que han dado fama mundial a la ciudad de Sassuolo. Pues bien, de estos barrancos se elevan gran cantidad de aerosoles arcillosos que entran en el ciclo de formación de las nubes frías, ¡quién lo diría! Sin embargo, los núcleos de congelación no son solo inertes como las arcillas: la naturaleza juega con las nubes y hace entrar en acción elementos biológicos insospechados que normalmente estamos acostumbrados a asociar con las enfermedades que nos afectan. Estamos hablando ni más ni menos que de las bacterias provenientes de la vegetación de la que son patógenos: un ejemplo es la *Pseudomonas syringae*, que es un potente nucleante.

Claro, pero ¿cómo es posible tener cantidades suficientes para formar las nubes? Estas bacterias están presentes sobre todo en nuestros sotobosques, y atacan las hojas y ramas muertas, contribuyendo a la formación del humus tan preciado para la tierra de los jardines. Recientemente se ha descubierto que las partículas de celulosa son excelentes nucleantes, lo que explica la presencia, previamente inexplicable, del hielo en ciertas condiciones atmosféricas. La celulosa, ni que decir tiene, está presente en todas partes debido a la degradación de algunas partes de las plantas y, por tanto, es extremadamente abundante.

Las gotitas pueden después congelarse por contacto con una partícula de aerosol, la cual induce una rápida congelación que se irradia desde el punto de contacto: en este caso se habla de nucleación por contacto (*contact nucleation*). Otra modalidad es la congelación por inmersión, en la que una partícula de aerosol fría se sumerge muy rápidamente en la gotita e induce la congelación desde el interior. Los mecanismos de congelación de los hidrometeoros en la atmósfera se resumen en la Figura 76.

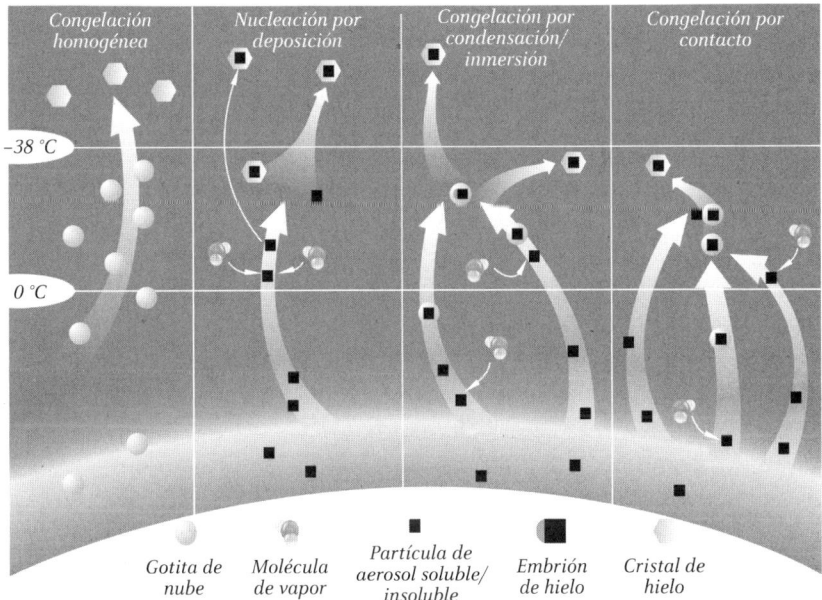

Figura 74: Proceso de colisión entre grandes gotículas (de al menos 20 micras de diámetro) y pequeñas gotitas en la nube. Las flechas verticales hacia abajo indican la velocidad y dirección de caída de las gotículas, mientras que las líneas curvas representan el flujo de aire alrededor de la gotícula objetivo. ⊡ *Hay una versión a color de esta figura en los cuadernillos.*

La temperatura a la que ocurre la congelación es muy variable y depende de la modalidad de congelación misma, pero también en gran medida de la partícula de aerosol. Esto es importante porque las gotitas en la nube, como ya hemos mencionado, no se congelan todas a 0 °C. A estas alturas estamos totalmente confundidos: ¿cómo es que el agua en un recipiente en el congelador de casa se congela rápidamente por debajo de 0 °C y en la nube esto no ocurre automáticamente de la misma manera? Una nube nunca está completamente congelada a esta temperatura, contrariamente a lo que el sentido común, precisamente, nos sugeriría. La razón de este hecho aparentemente inexplicable es que en la nube las gotitas son transportadas a gran velocidad por las corrientes ascendentes y no permanecen quietas a la temperatura de congelación. Se necesita apenas un instante para que una columna de aire ascendente en la nube transporte una pequeña gotita desde el nivel justo por encima del suelo hasta varios miles de metros. De esta manera, la gotita materialmente no tiene tiempo de congelarse y permanece líquida durante bastante tiempo. Además, consideremos que el recipiente está sujeto a un único evento de congelación, el de la masa de agua contenida en él, mientras que para las gotitas estamos hablando de miles de millones de eventos diferentes que deben ocurrir simultáneamente. Las observaciones en la nube nos dicen que esta casi nunca está congelada de manera significativa hasta que no alcanza la temperatura de –15 °C. Los IN tienen temperaturas de activación de la congelación que van de –2 a –16 °C aproximadamente. En definitiva, la nube es un ambiente muy peculiar donde suceden cosas que jamás imaginaríamos en nuestra experiencia cotidiana. Sin embargo, sin este comportamiento las nubes no existirían en las latitudes medias-altas, ¿lo han pensado?

LOS CRISTALES DE HIELO, OBRAS MAESTRAS DE LA NATURALEZA

Los copos que contemplamos fascinados durante una nevada y que se posan sobre la palma de nuestros guantes (especialmente si son oscuros) presentan formas y dimensiones muy diversas entre sí. Tenemos en mente el típico copo de nieve de las imágenes navideñas, ¿verdad? Pues bien, si es así, preparémonos para las sorpresas, porque esos cristales tienen una infinidad de formas y dimensiones, algunas muy poco conocidas. El diagrama de la Figura 77 nos muestra las formas principales en que se clasifican los cristales en la nube según la temperatura y el contenido de humedad del aire ascendente. Esto significa que en distintas partes de la nube y a distintas altitudes encontraremos cristales notablemente diferentes. Un cirro de altura estará generalmente caracterizado por cristales prismáticos, mientras que un *Nimbostratus* a punto de descargar nieve estará constituido predominantemente por cristales hexagonales de tipo dendrítico. Naturalmente, las formas en la Figura 77 son solo las principales y existen muchísimas otras, pero se trata en cualquier caso de variantes de estos tipos fundamentales.

Los cristales están inmersos en una nube de vapor de agua en sobresaturación que está disponible para hacerlos crecer depositándose sobre su superficie. La diferencia fundamental respecto a las

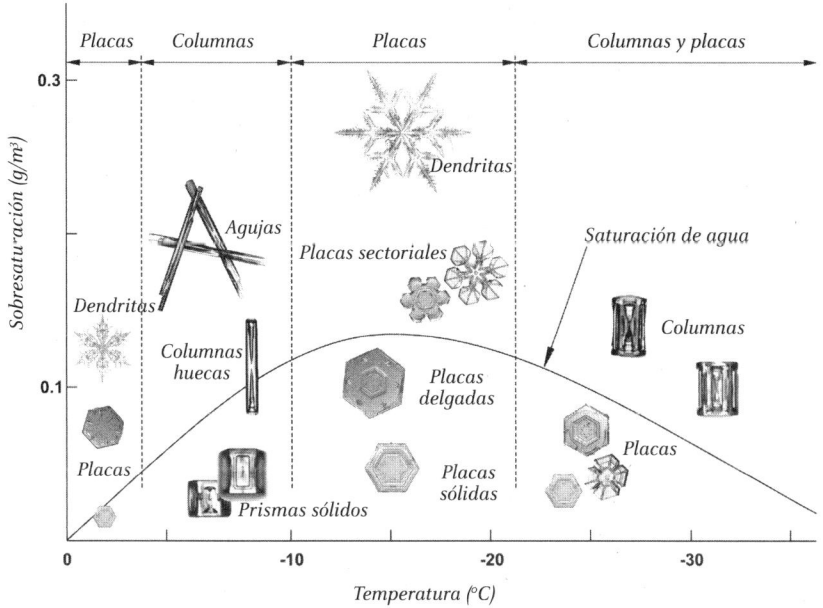

Figura 77: Diagrama de la morfología de los cristales en la nube. Obsérvese cómo la forma varía radicalmente en función de la temperatura y del grado de humedad del aire.

nubes de agua en las que ocurre el mismo fenómeno de crecimiento por difusión de vapor es que, en el caso del hielo, el crecimiento es mucho más rápido y eficaz, por lo que los cristales aumentan mucho más rápidamente que las gotitas.

Nuestro viaje debe continuar hacia las siguientes etapas, porque los cristales son solo el comienzo de la formación de una nube fría o mixta. Pueden ocurrir ahora dos situaciones que dependen de la temperatura y del contenido de agua líquida de la nube en formación.

Imaginemos primero que nos encontramos en condiciones invernales o en la montaña a gran altura, es decir, a temperaturas muy bajas. Equipémonos con un anorak térmico y un buen par de guantes (oscuros, insisto). Los cristales individuales tienden a colisionar entre sí por efecto de los movimientos turbulentos del aire y forman agregados, es decir, cúmulos de cristales: los copos de nieve (*snowflake*). Esto sucede sobre todo si los cristales son de tipo dendrítico, es decir, si tienen ramificaciones que facilitan el enganche de un cristal sobre otro. Un ejemplo se muestra en la Figura 78: este es el aspecto de un copo de nieve completamente normal. Mientras presenciamos la nevada, probemos a extender la mano y a atrapar los copos que caen. Nos dare-

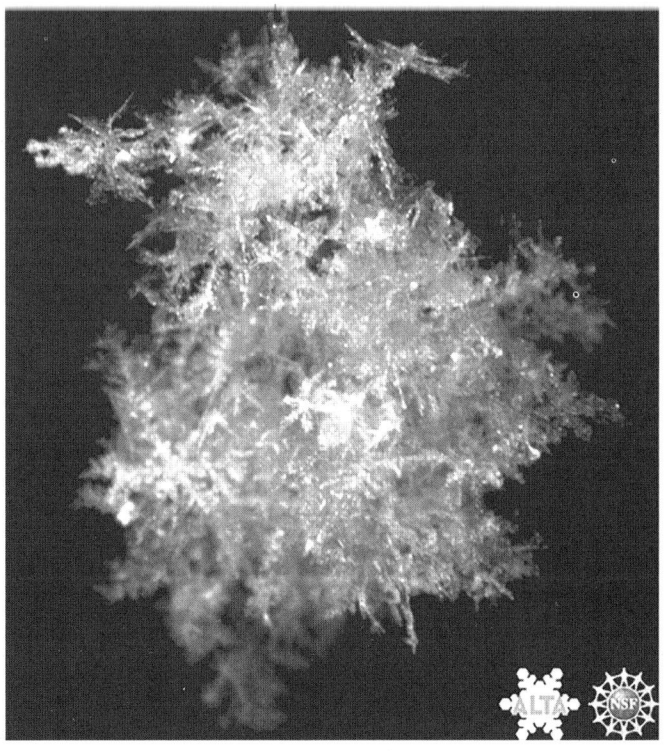

Figura 78: Agrupación de cristales de hielo (Tim Garrett, University of Utah, 2013).

mos cuenta de que nunca son cristales individuales, sino agregados. Sé que he destruido un mito: ¡el cristal ramificado de las tarjetas navideñas (aquellas con purpurina de la infancia) no es el elemento fundamental de las nevadas! Lo siento, pero la nieve está formada, más prosaicamente, por agregados informes menos románticos.

Si, en cambio, las temperaturas son relativamente más altas, no debemos olvidar que la nube contiene aún mucha agua líquida a pesar de la baja temperatura, es decir, contiene agua superenfriada. Las gotitas de agua líquida colisionan con los cristales de hielo y se produce un fenómeno muy singular, el *riming*. De esto, estoy convencido, nunca habéis oído hablar, pero lo entenderemos enseguida. Las gotitas golpean el cristal y se produce una congelación prácticamente

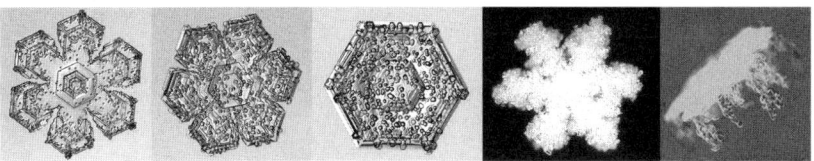

Figura 79: Cristales de hielo en una nube durante el proceso de escarchamiento (*riming*). De izquierda a derecha, las primeras cuatro imágenes muestran cómo el *riming* progresa con la acumulación de un número creciente de gotículas que se congelan sobre el cristal hasta alterar completamente su forma (© Kenneth Libbrecht, Agf/Science Photo Library). La quinta imagen, a la derecha, muestra un cristal en sección vertical, revelando cómo las gotículas se disponen en filas ordenadas unas sobre otras (© Charlie Knight y Comet/MetEd).

Figura 80: Transformación de un cristal de hielo en un graupel. De izquierda a derecha: cristal en las primeras etapas de *riming*, cristal en *riming* avanzado y graupel casi completamente formado.

instantánea que modifica la forma del cristal, que queda «bordado» por las gotitas congeladas, como se ve en la Figura 79. La razón de la disposición inicial de las gotitas en la parte más externa (marginal) del cristal reside en la separación del flujo de aire alrededor del cristal: el aire, en efecto, pasa su alrededor, actúa como obstáculo, y las diminutas gotitas siguen su trayectoria depositándose predominantemente en los bordes. Sin embargo, con el avance de los impactos y también debido a la turbulencia, las gotitas pronto lo golpean en toda su superficie y lo convierten en una masa de hielo cada vez más informe y de simetría esférica, cónica u de otro tipo (véase un caso emblemático en la Figura 80), según los movimientos del hidrometeoro en relación con el flujo de aire.

Figura 81: Dos casos de caída al suelo de graupel. En la parte superior se observa una caída sin fusión, que mantiene la superficie rugosa de los granizos. En la parte inferior, un caso con fusión parcial, que hace que los granizos sean mucho más lisos y regulares.

Figura 82: Perdigones de hielo o aguanieve (*ice pellet o sleet*).

148

EL ZOOLÓGICO DEL HIELO ATMOSFÉRICO

Ahora estamos listos para descubrir otro hidrometeoro al que he hecho referencia repetidamente, pero que ha permanecido esquivo, su nombre derivada del alemán, se trata del *graupel* (nieve granulada, granizo de nieve, granizo blando). El graupel no es más que una masa de hielo que crece por el depósito continuo de gotitas superenfriadas. Es un hidrometeoro típico de las tormentas intensas. Esto se debe a que el graupel requiere para su formación de una gran cantidad de agua superenfriada, que se encuentra siempre en el interior de este tipo de nubes. Además, al ser hidrometeoros bastante pesados, necesitan corrientes ascendentes —que solo pueden ser proporcionadas por las tormentas intensas— que los mantengan suspendidos durante bastante tiempo. Su caída al suelo se clasifica a menudo erróneamente como granizada, pero los gránulos de graupel, como veremos en breve, no son granizos; estos últimos tienen, de hecho, una formación más compleja y articulada. Dos ejemplos de suelo cubierto por graupel se muestran en la Figura 81. En cualquier caso, de ahora en adelante deberéis preguntaros siempre si estáis presenciando una verdadera granizada o la caída de graupel: ¡existe incluso una clasificación propia para el granizo!

Y esto no es todo... Estoy convencido de que habéis presenciado la caída de otros hidrometeoros helados que habéis confundido, también, con granizo. En realidad se trataba de perdigones de hielo (*ice pellet* o, en algunos países, *sleet*) y lo que habéis visto es una enorme cantidad de pequeñas bolitas de hielo semitransparentes cubriendo el suelo (Figura 82). Estos perdigones de hielo se generan cuando los copos de nieve, al caer, encuentran una capa de atmósfera por encima del punto de congelación entre los 1500 y los 3000 m y se derriten. Al continuar su caída, los hidrometeoros en estado líquido encuentran luego una capa más fría y se produce una nueva congelación, pero esta vez en forma de esferas de hielo que aparecen en el suelo como pequeñas bolas transparentes. ¡Tampoco esto es granizo!

Y cuando os despertáis por la mañana en pleno invierno, el cielo está despejado y la tierra está cubierta por una espesa capa de hielo transparente, lo que veis es la lluvia engelante o lluvia gélida (*freezing rain*), que ocurre a veces en invierno en la llanura del Po. Se genera por el mismo mecanismo que los perdigones de hielo, pero la capa fría en contacto con el suelo tiene solo unos pocos cientos de metros de profundidad y el copo derretido no tiene tiempo suficiente para volver a congelarse, por lo que cae sobre el suelo, enfriado por las bajas temperaturas nocturnas, y se congela instantáneamente al contacto con él. El resultado final es un suelo completamente cubierto por una pátina helada lisa y uniforme, llamada también hielo glaseado. La Figura 83 muestra un aspecto muy vistoso, pero también muy indicativo de las difíciles condiciones del suelo después de una lluvia engelante. Si vais a pie, no podréis caminar y a menudo caeréis estrepitosamente, esperemos que sin demasiados daños. Si vais en coche, el asunto se complica aún más porque los frenos ya no sirven para nada, es más, están totalmente contraindicados. Estas son situaciones extremadamente peligrosas, que los servicios meteorológicos subrayan con gran énfasis y a las que debéis prestar la máxima atención. Las urgencias del hospital (mi hijo mayor trabaja como enfermero en uno de ellos) se llenan rápidamente. Por tanto, si es posible, quedaos en casa o, si realmente tenéis que salir, extremad las precauciones.

Figura 83: Hielo glaseado tras una lluvia engelante o lluvia gélida (*freezing rain*).

¡GRANIZA!

Las tormentas son conocidas por producir a menudo granizo, cuyos inevitables efectos todos tememos: jardines y cultivos destruidos, coches que hay que llevar al chapista (si es que puede hacer algo), cristales rotos, y cuando somos tan imprudentes o desafortunados de recibirlo en la cabeza, una visita al hospital. Sí, el granizo es peligroso, muy peligroso y sumamente dañino para personas, estructuras, vehículos y, sobre todo, para los cultivos agrícolas, especialmente los frutales de verano. La llanura del Po se ve particularmente afectada por estos fenómenos, con daños a menudo cuantiosos, pero también lo están otras zonas de mi país donde se forman grandes tormentas (por ejemplo, Friuli-Venecia Julia y Apulia).

La formación del granizo (*hail*) ocurre dentro de las células tormentosas donde la velocidad de la corriente ascendente es muy alta y, por tanto, puede mantener en suspensión el hielo en formación. Antes del granizo está la formación del graupel que ya hemos visto. El graupel está a merced de las corrientes verticales que lo hacen subir muy rápidamente y luego vuelve a descender por gravedad una vez que ha alcanzado la parte alta de la célula tormentosa. Cuando llega a las capas bajas de la nube, es capturado de nuevo por la corriente ascendente y el ciclo se reinicia. Se produce, por tanto, un movimiento de vaivén entre las partes medio-bajas de la nube y las más altas, y el granizo (*hailstone*) continúa creciendo por la captura sucesiva de gotitas superenfriadas que impactan sobre él en gran número. Veremos mejor en el próximo capítulo cómo crece un granizo, pero por ahora consideremos que el mecanismo es el mismo que el del graupel, con una estrecha relación con la abundancia relativa de agua superenfriada en las diferentes capas del cumulonimbo. El crecimiento que hemos descrito puede llevar al granizo individual a alcanzar dimensiones impensables. Tengamos en cuenta que las dimensiones se miden normalmente cuando el granizo llega al suelo, después de haberse derretido parcialmente, así que imaginemos las dimensiones que puede alcanzar dentro de la nube. El granizo más grande registrado hasta ahora en esta especial clasificación se produjo el 23 de julio de 2010, durante una tormenta que ha quedado en los anales, en Vivian, Dakota del Sur (Figura 84): en el momento de la medición tenía un diámetro de 20,3 cm y un peso de aproximadamente

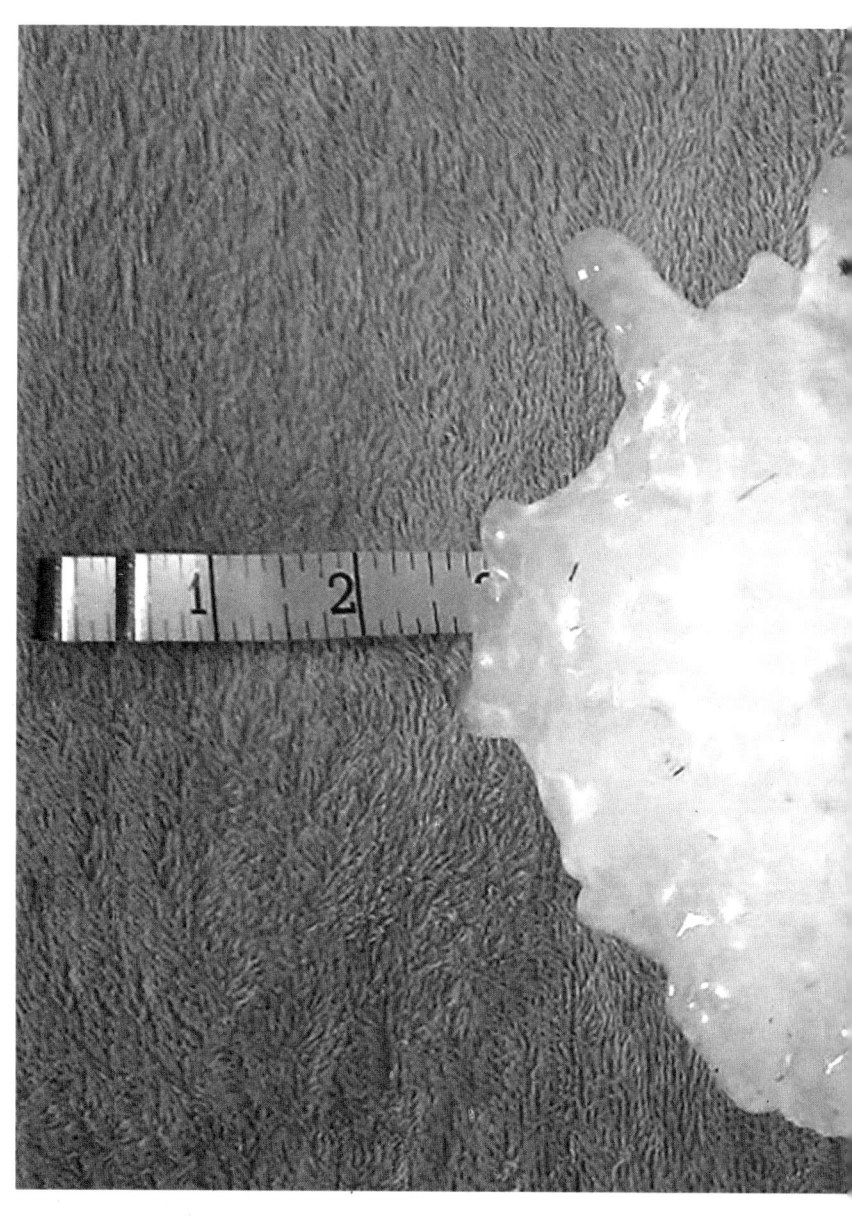

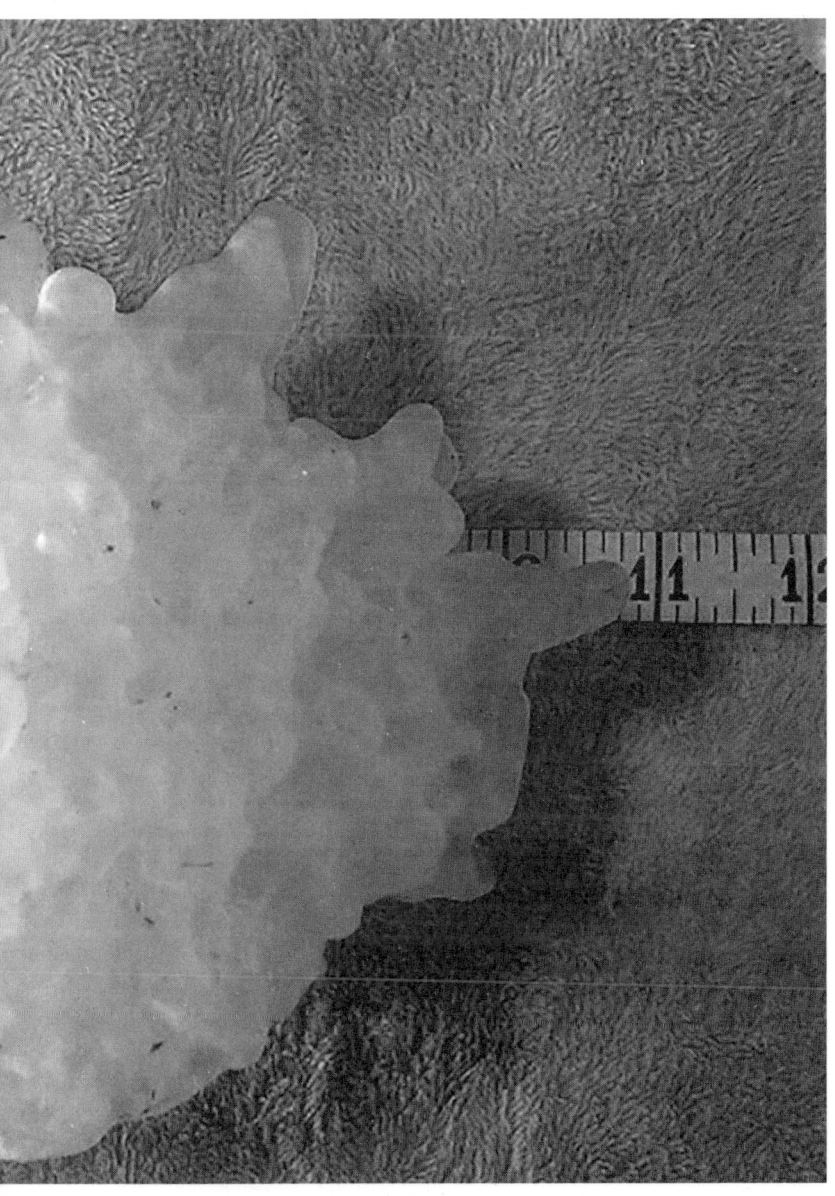

Figura 84: El granizo de mayor diámetro jamás registrado. Fue producido por una tormenta en Vivian, Dakota del Sur, el 23 de julio de 2010. Se estima que tenía un diámetro de aproximadamente 28 cm y un peso de 880 g en el momento de su caída.

880 g, pero los investigadores señalan que ya se había derretido parcialmente desde el momento de su recogida y que, por tanto, medía en realidad unos 28 cm dentro de la nube, ¡un verdadero monstruo! Obviamente, bastan granizos de dimensiones mucho menores para causar daños muy considerables.

Hemos hecho un rápido repaso de los hidrometeoros que encontramos en la nube y de las formas en que se originan. Hagamos ahora un resumen gráfico para entender dónde se encuentran el agua y el hielo en la nube, tomando como referencia un cúmulo y un cumulonimbo tormentoso. Como vemos en la Figura 85, la nube está dividida por dos líneas ideales: el nivel de cero térmico, que marca la frontera entre la fase líquida y la mixta, y la temperatura de −20 °C, a la que

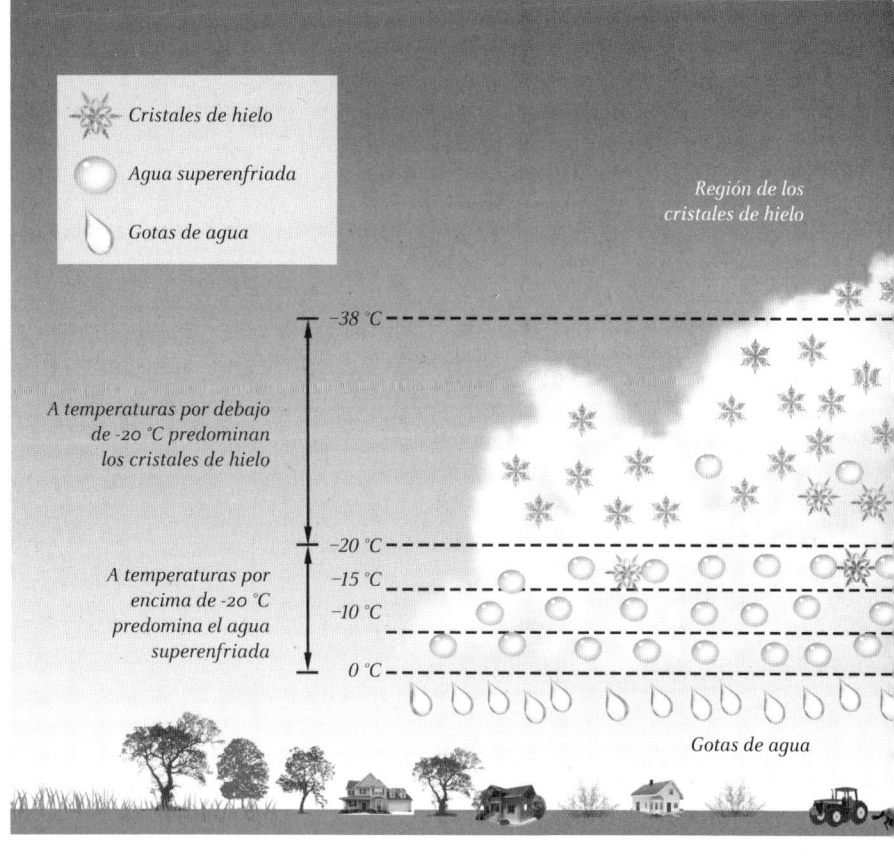

Figura 85: Distribución de las hidrometeoros en un cúmulo (izquierda) y en un cumulonimbo (derecha). Observamos cómo las gotas permanecen

se produce el paso a la fase enteramente de hielo en la parte superior de la nube. La formación de los hidrometeoros depende, por tanto, de los procesos microfísicos en la nube, pero también de la dinámica del sistema, es decir, de la ubicación y fuerza relativa de las corrientes ascendente (*updraft*) y descendente (*downdraft*). La tormenta es, en definitiva, un mundo en sí mismo donde el agua se transforma continuamente y nunca se congela de manera instantánea, permaneciendo líquida hasta temperaturas cercanas a los −38 °C. Además, las elevadas velocidades ascensionales hacen de los movimientos del aire actores fundamentales para la formación de grandes hidrometeoros helados, lo que nos aconseja permanecer a cubierto todo lo posible después de haber puesto el coche a resguardo.

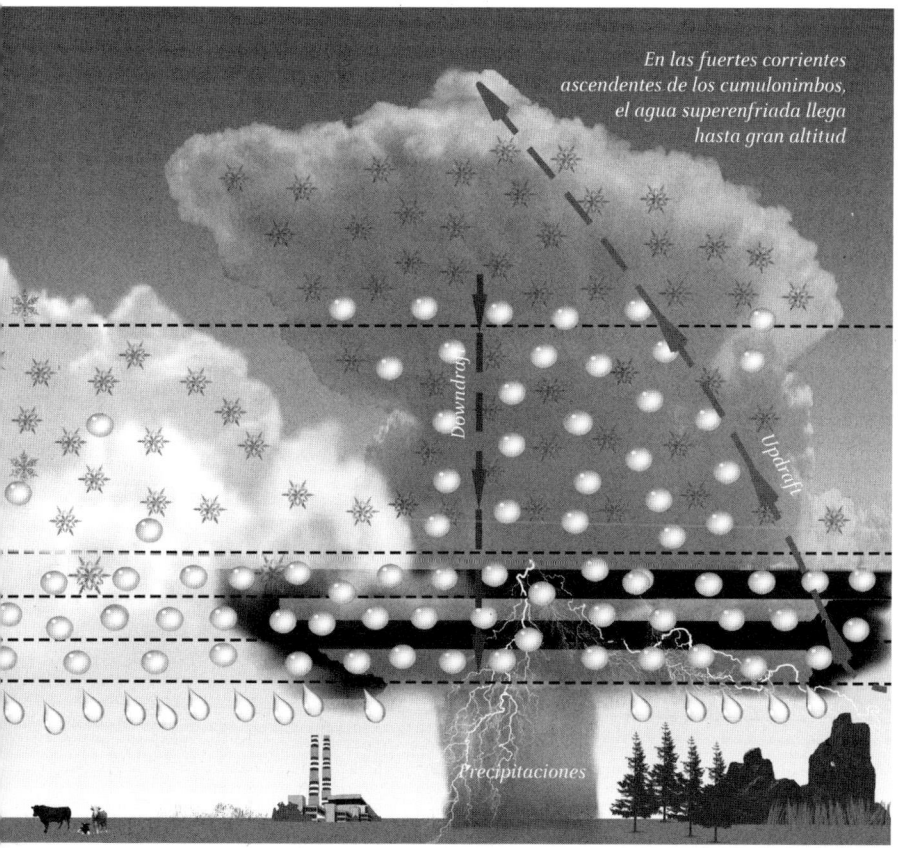

En las fuertes corrientes ascendentes de los cumulonimbos, el agua superenfriada llega hasta gran altitud

líquidas a temperaturas muy por debajo de los cero grados Celsius y, en los cumulonimbos, casi hasta la cima debido a las intensas corrientes ascendentes.

155

5. LLUEVE... PERO LOS GOBIERNOS NO TIENEN NADA QUE VER

«Olor bueno del cielo / sobre la hierba, / lluvia del atardecer».

SALVATORE QUASIMODO,
«Plegaria a la lluvia», *Y enseguida anochece*, 1942.

Llueve, nieva, graniza... mucha agua, tanto líquida como sólida, sale de las nubes y cae sobre nosotros. Desde la llovizna ligera, esas diminutas gotas que apenas te mojan (*drizzle mist*), hasta los chaparrones torrenciales que desafían incluso al paraguas más resistente. Los anglosajones dicen «*it rains cats and dogs*» para describir una lluvia intensa, mientras que nosotros, en nuestra tradición popular, decimos «llueve a cántaros»[3]. Pero, ¿todas las nubes producen lluvia o algún tipo de precipitación? Por lo que hemos visto, parece que no. Entonces, ¿qué nubes producen lluvia, cuáles nieve y cuáles granizo? Intentemos aplicar lo que hemos aprendido en el capítulo anterior para explorar de cerca las nubes que precipitan. Descubriremos que las precipitaciones se forman de manera diferente en los trópicos en comparación con las latitudes medias, que hay grandes diferencias entre las lluvias invernales y las estivales, y que las tormentas siguen sus propias reglas. Muchas de estas cosas forman parte de nuestra experiencia cotidiana, pero quizás nunca nos hemos hecho las preguntas correctas al respecto.

---

3   [N. del T.] En la edición italiana el autor usa la expresión «*piove come Dio la manda*».

Cuando llueve está claro que la nube sobre nosotros ha desarrollado hidrometeoros suficientemente grandes y pesados como para que caigan: precipitación, en una palabra. No bastan las gotas y los cristales de hielo que hemos conocido hasta ahora. Se necesitan gotas mucho más grandes o hidrometeoros helados que tengan las dimensiones suficientes para caer al suelo. Los procesos de formación de los hidrometeoros precipitantes son fundamentalmente dos y se refieren a *nubes cálidas,* por un lado, y a *nubes frías* o *mixtas* por otro.

¿Recordáis el capítulo anterior?, nubes cálidas y nubes frías, qué conceptos tan extraños. Lo son si tomamos el significado que normalmente atribuimos a cálido y frío; pero en las nubes su sentido es muy distinto. Una nube cálida es una nube que se encuentra casi por completo a una altitud inferior al nivel del cero térmico y por tanto está constituida mayormente por agua líquida. Una nube fría, en cambio, ya ha superado el nivel del cero térmico y contiene predominantemente hielo, pero puede también contener agua líquida superenfriada, entonces se identifica como nube mixta. Por el momento solo son palabras y definiciones, pero veamos qué significan en la producción de la precipitación que cae sobre nuestras cabezas.

NUBES CÁLIDAS: ¿HAN ENCENDIDO LA CALEFACCIÓN?

Las nubes cálidas no reciben este nombre por haber sido calentadas por el sol —o por alguna otra razón— y se encuentran normalmente en las zonas tropicales y subtropicales. La formación de la lluvia en una nube cálida (Figura 86) comienza con el ascenso de aire cálido y húmedo que alcanza el nivel de condensación. El vapor de agua supersaturado se mezcla con los núcleos de condensación (CCN) y ocurre la nucleación de las primeras gotitas, con diámetros de alrededor de 10 micras (0,01 mm). Las gotitas se encuentran en un ambiente supersaturado de vapor y empiezan a crecer por condensación —es decir, por deposición del vapor sobre su superficie— alcanzando diámetros entre 50 y 100 micras (0,05-0,1 mm). Aún estamos muy lejos de las dimensiones de las gotas de lluvia y todavía no caen al suelo: son demasiado pequeñas y el aire ascendente las mantiene suspendidas, flotando.

El crecimiento ocurre principalmente mediante la colisión de las gotitas entre sí. Al fusionarse, combinan sus volúmenes para formar gotas progresivamente más grandes. Este proceso se conoce como *coalescencia* y es el responsable de la formación de gotas que pueden alcanzar entre 1000 y 2000 micras (1-2 mm) de diámetro.

Crecen rápidamente, acelerando de forma drástica el proceso de crecimiento que inicialmente avanzaba lentamente gracias a la difusión del vapor. La fuerza de gravedad contrarresta y finalmente supera la acción de las corrientes ascendentes (*updraft*), lo que provoca que las gotas comiencen a caer. Durante su descenso, las colisiones y la coalescencia continúan, permitiendo que las gotas alcancen diámetros de entre 5000 y 7000 micras (5-7 mm). En este punto, se vuelven inestables, ya que sus dimensiones son tan grandes que la tensión superficial no puede mantener unida la masa de agua. Como resultado, las gotas se fragmentan (*breakup*), dividiéndose en gotas más pequeñas mientras descienden hacia el suelo. Esta es la lluvia «cálida»; los aguaceros tropicales tan comunes en las selvas, que aparecen por la tarde y engrosan majestuosos ríos como el Amazonas, el Nilo, el Ganges, el Brahmaputra, el Mekong y tantos otros.

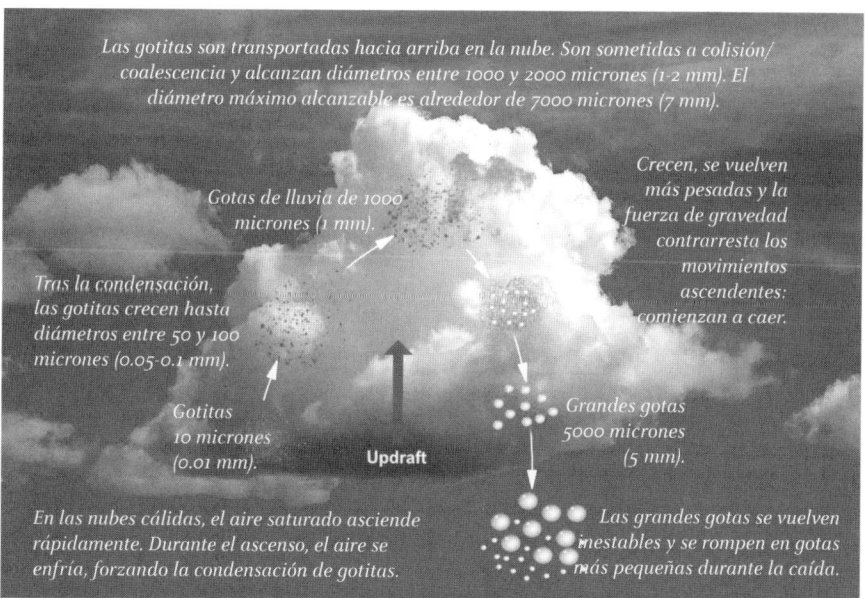

Figura 86: Proceso de formación de lluvia en una nube cálida.

BRRRRR, LAS NUBES FRÍAS

No estamos en los trópicos, pero esto no significa que aquí no llueva. El proceso de formación de la lluvia es, en este caso, el de nube fría o mixta (Figura 87). En latitudes extratropicales, toda la precipitación pasa por la fase de hielo, incluso en pleno verano, cuando la temperatura en el suelo es muy alta y estamos jadeando de calor. Extraño, ¿verdad? La formación de la precipitación es más compleja en estas condiciones, porque la física del hielo se suma a la de la fase líquida.

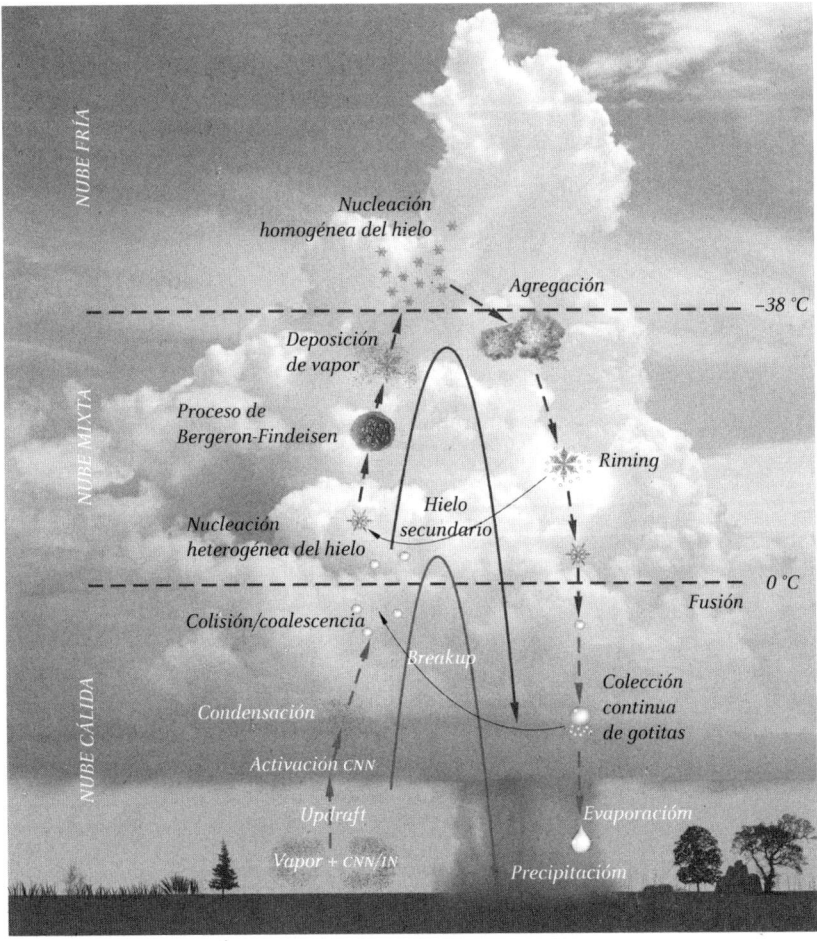

Figura 87: Formación de la lluvia en nubes cálidas y frías. Ambas cadenas de procesos pueden ocurrir en diferentes tipos de nubes, pero también coexistir e interactuar dentro de una misma nube.

Una nube de este tipo puede iniciar su formación exactamente como una nube cálida, partiendo de los CCN y del vapor sobresaturado, y pasando por la nucleación de las gotitas, el crecimiento por condensación y luego por colisión/coalescencia. En este punto, sin embargo, las gotitas han alcanzado una altura donde la temperatura desciende por debajo del punto de congelación y comienzan a congelarse, aunque no instantáneamente porque son transportadas rápidamente hacia arriba por las corrientes ascendentes —recordemos el congelador y la congelación de las gotitas de la que hablamos algunas páginas atrás—. Debido a las corrientes ascendentes y al gran número de gotitas, la congelación significativa de una nube fría ocurre alrededor de los -15 °C, temperatura a la cual el crecimiento de los cristales de hielo es máximo en un ambiente que está saturado respecto al agua, pero sobresaturado con respecto al hielo.

En estas alturas, que se encuentran a temperaturas entre 0 y -15/-20 °C, el hielo comienza a formarse también directamente del vapor por deposición sobre los núcleos de congelación (IN) que forman pequeños cristales, los cuales crecen junto con las gotitas congeladas por deposición de vapor. Los cristales crecen con gran rapidez gracias a la condensación, alcanzando dimensiones considerables. En el laboratorio, es posible observarlos literalmente crecer y ramificarse en todas direcciones, formando esculturas de una elegancia y delicadeza extraordinarias. Para quienes, como yo, hemos tenido la oportunidad de realizar estos experimentos, se trata de una experiencia emocionante e inolvidable. Una idea de lo que describo puede apreciarse al revisar los libros de Kenneth Libbrecht, quien ha dedicado una enorme cantidad de tiempo a capturar, con sus impresionantes fotografías, la belleza incomparable de los cristales de hielo.

Sin embargo, como sabemos, la nube no está completamente congelada y generalmente contiene gran cantidad de agua superenfriada. Si la presión del vapor permite que las gotitas se mantengan en equilibrio entre evaporación y condensación, se producirá un exceso de deposición en comparación con la sublimación (el proceso por el cual el hielo pasa directamente de la fase sólida a la gaseosa). Esto favorece el crecimiento de los cristales de hielo a través de la deposición de vapor, eliminando vapor de la atmósfera y provocando una disminución en el tamaño de las gotitas, que se evaporan para suministrar más vapor. A medida que los cristales crecen, pueden volverse lo suficientemente grandes y pesados como para caer a los niveles inferiores de la nube. Este fenómeno, conocido como el proceso de

Wegener-Bergeron-Findeisen, lleva el nombre de sus tres descubridores: el alemán Alfred Wegener, reconocido principalmente por la teoría de la deriva continental y el primero en proponer esta idea; el sueco Tor Bergeron; y el alemán Walter Findeisen, quienes formalizaron por completo la teoría en la primera mitad del siglo xx. Un esquema del proceso, que muestra la importancia relativa de la deposición del vapor, la sublimación del hielo y la condensación/evaporación de las gotitas, se encuentra en la Figura 88.

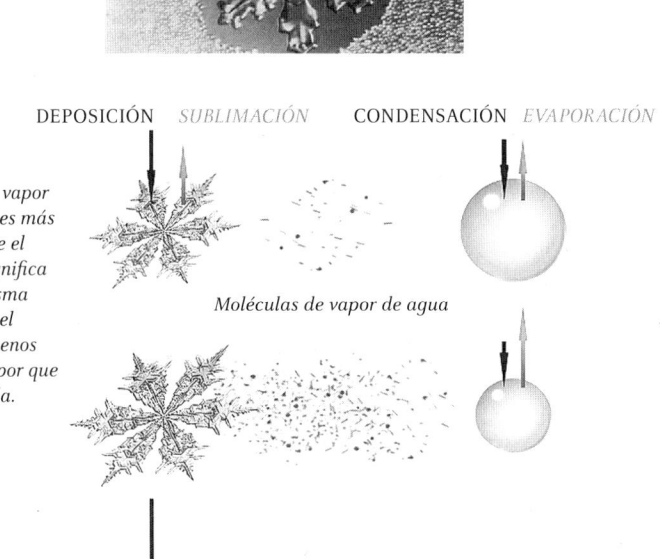

DEPOSICIÓN   *SUBLIMACIÓN*   CONDENSACIÓN   *EVAPORACIÓN*

La presión de vapor sobre el hielo es más baja que sobre el agua. Esto significa que a una misma temperatura, el hielo ejerce menos presión de vapor que el agua líquida.

Moléculas de vapor de agua

El hielo crece a expensas de las gotitas de agua.

Figura 88: Esquema del crecimiento de un cristal de hielo en una nube a expensas de las gotículas de agua subfundida (fotografía del cristal por Richard L. Pitter, Desert Research Institute, Reno). La longitud de las flechas representa la importancia relativa de la deposición de vapor sobre los cristales/condensación en las gotículas (flechas oscuras) y de la sublimación de los cristales/evaporación de las gotículas (flechas claras).

Ya hay enormes cantidades de cristales de hielo en la parte alta de la nube fría. Estos cristales continúan creciendo por deposición de vapor, pero al mismo tiempo están sometidos a choques con otros cristales y forman agregados (los copos). Estos agregados son la base para la formación de la nieve y, en condiciones apropiadas de temperatura, pueden precipitar en forma de nevada.

Sin embargo, no todo termina aquí. No olvidemos el agua superenfriada que está siempre al acecho en estas nubes y que se resiste a congelarse. Las gotitas superenfriadas impactan sobre cada cristal individual o sobre el agregado de cristales durante la caída, y lo someten al proceso de escarchamiento (*riming*) haciéndolo crecer en volumen muy rápidamente.

El hidrometeoro helado cae muy velozmente arrastrado por la gravedad y desciende bajo el nivel de cero térmico de la nube. Si el nivel de cero está a gran altura, el hidrometeoro tiene tiempo de derretirse completamente y desciende al suelo en forma de gotas de lluvia. Pero si el nivel de cero está a baja altura o si la temperatura de la atmósfera es en cualquier caso baja (por ejemplo en condiciones invernales), la fusión no es completa o incluso no ocurre en absoluto. En este caso presenciamos la nevada.

Otro aspecto importante se refiere a la formación de gotitas y cristales «secundarios», es decir, los hidrometeoros que no son generados por uno de los mecanismos físicos primarios que hemos analizado hasta ahora, sino que son un «subproducto» de la formación primaria. Las gotitas secundarias son, por ejemplo, generadas por la ruptura (*breakup*) de las gotas muy grandes e inestables: se producen gotitas medianas-pequeñas en grandes cantidades y estas vuelven a circular en la nube apoyando los mecanismos primarios. Lo mismo sucede con los cristales de hielo durante el escarchamiento: en este caso se forman protuberancias heladas muy frágiles que se rompen por choques con otros cristales o espontáneamente. El hielo así formado tiene a menudo aspecto irregular y fragmentado: ¡parece un juguete roto! El proceso se llama astillamiento (*splintering*).

Como se destaca en la Figura 87, debemos considerar que los mecanismos de formación de la precipitación no siempre están claramente separados entre nubes cálidas y frías. Mientras que, por un lado, es poco probable que el proceso de lluvia «fría» ocurra en nubes cálidas, ya que estas se encuentran a temperaturas demasiado elevadas, lo contrario puede suceder con bastante facilidad, especialmente en las capas más bajas de la nube, donde las temperaturas son más altas.

Por lo tanto, ambos mecanismos pueden darse en la misma nube y, de hecho, colaborar en la formación de la precipitación en el suelo. En resumen, las cosas nunca son tan simples como las teorías científicas pretenden clasificarlas.

Uno de los modos más frecuentes en que los mecanismos hasta ahora examinados interactúan dentro de la nube es el proceso que se conoce como alimentador-sembrador (*seeder-feeder*), en el que la nube «se siembra» a sí misma alimentando el proceso de propagación de la precipitación. Sucede en condiciones invernales o, en cualquier caso, en altas latitudes; también en nubes precipitantes que interactúan con la orografía. Las nubes heladas producen cristales de hielo en altura y estos crecen hasta dimensiones precipitantes. Los cristales caen y encuentran una capa en la que hay mucha agua superenfriada. Estos funcionan entonces como núcleos de congelación (IN) y, si las condiciones son adecuadas, ocurre un efecto de multiplicación del hielo que puede contribuir significativamente a aumentar la eficiencia de la nevada en formación. El proceso puede eliminar completamente el agua superenfriada de las capas bajas de la nube en 20 minutos aproximadamente.

NO SOLO HAY LLUVIA ALLÍ ARRIBA

Pero, ¿y los otros tipos de hidrometeoros que hemos descubierto en el Capítulo 4, dónde han ido a parar? Un poco de paciencia y llegaremos a ellos. Cuando las temperaturas están en 0 °C o valores inferiores, es necesario entender bien cuáles son las condiciones dentro de la nube —y debajo de ella— para interpretar correctamente el tipo de precipitación que cae al suelo. Las cosas no son tan simples. En particular, es fundamental considerar el camino vertical que los cristales de hielo recorren desde la base de la nube hasta el suelo. La Figura 89 resume gráficamente todas las posibilidades que se pueden presentar.

Comencemos por la lluvia invernal. En este caso la nieve cae de la nube, pero encuentra una capa de aire relativamente cálido, es decir, a temperatura superior a 0 °C, que se extiende hasta el suelo. Los cristales se derriten completamente y la precipitación es en forma de lluvia.

Si la capa relativamente cálida no llega hasta el suelo, pero tiene un espesor considerable, dejando solo una delgada masa de aire frío en contacto con el suelo, la situación es diferente. En este caso, la nieve se derrite por completo al atravesar la capa más cálida y emerge de ella como lluvia. Esta lluvia no tiene tiempo suficiente para volver a congelarse durante su caída y alcanza el suelo, que está muy frío debido al enfriamiento provocado por la capa de aire gélido en las horas previas (un fenómeno que ocurre especialmente en las primeras horas de la mañana después de una notable bajada de las temperaturas durante la noche). Al entrar en contacto con el suelo, la lluvia se congela instantáneamente formando una capa de hielo liso. Este es el fenómeno del engelamiento que ocurre sobre todo en los meses invernales más fríos, prevalentemente en las primeras horas de la mañana. Como decíamos en el capítulo anterior, la circulación de coches y peatones en estas condiciones es muy peligrosa.

Los perdigones de hielo, en cambio, aparecen cuando la capa cálida es más delgada y se encuentra en altura, justo debajo de la base de la

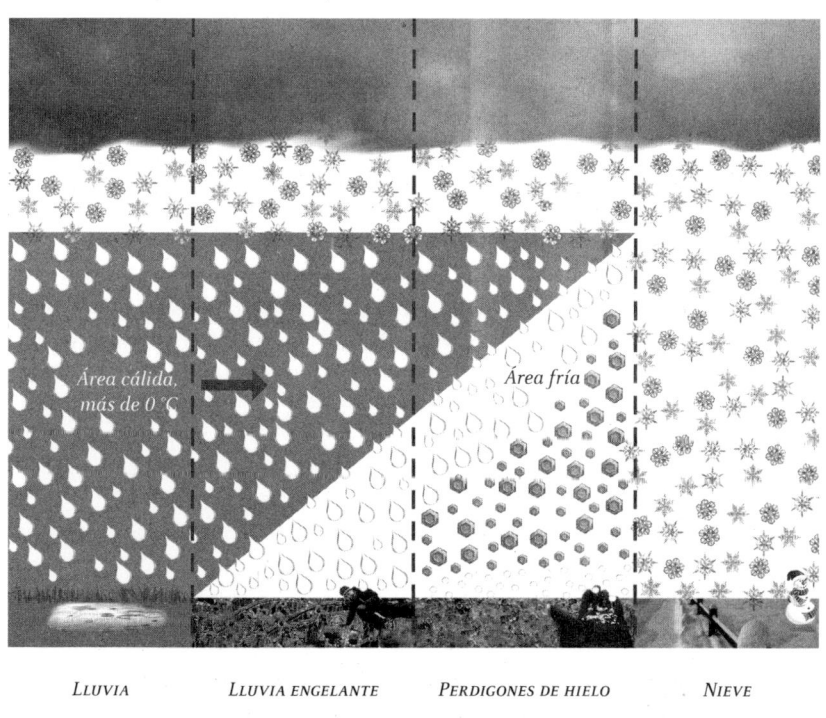

Área cálida, más de 0 °C *Área fría*

LLUVIA   LLUVIA ENGELANTE   PERDIGONES DE HIELO   NIEVE

Figura 89: Tipos de precipitación invernal
⊡ *Hay una versión a color de esta figura en los cuadernillos.*

nube. En este caso, la nieve que precipita se derrite dentro de la capa cálida, pero tiene tiempo para volver a congelarse durante el viaje dentro de la capa fría subyacente. Las gotas o la nieve semiderretida forman bolitas de hielo (*ice pellets*) que caen al suelo produciendo un característico repiqueteo: estoy seguro de que lo habéis oído al menos una vez en vuestra vida. Parece que esté granizando, pero no es así porque los perdigones de hielo, como acabamos de ver, se forman de un modo muy diferente al granizo o al granizo blando (graupel). Después de la lluvia helada el suelo está cubierto por un gran número de bolitas más o menos transparentes, según la temperatura. La circulación es menos problemática respecto a las situaciones de engelamiento, pero de todos modos hay que prestar mucha atención.

Llegados a este punto entendemos que las nevadas ocurren en el caso en que la capa cálida esté totalmente ausente y por tanto los cristales de hielo caen al suelo como agregados (copos de nieve) y asistimos a una nevada clásica. Durante las nevadas, la isoterma de 0 °C (cero térmico) suele estar próxima al suelo, cuya temperatura puede ser incluso un poco inferior.

HIELO, MÁS HIELO, PERO MUY PELIGROSO

Manteniéndonos en la estación fría desde el otoño hasta la primavera, según la latitud en la que nos encontremos, hay otro fenómeno que merece la máxima atención y que es fuente de preocupación para las autoridades del transporte, sobre todo las aeroportuarias. Las nubes pueden contener mucha agua superenfriada, como hemos repetido ya varias veces. ¿Qué sucede si atravesamos estas nubes a bordo de un avión? La pregunta es muy importante en relación con el tráfico aéreo. Hasta hace un par de décadas no se tenía una clara noción de lo que podía suceder, pero ahora se sabe bien después de algunos eventos muy tristes y luctuosos. Las gotitas superenfriadas impactan en las alas y en el fuselaje de la aeronave y, si no se hace nada para impedirlo, se forma instantáneamente una capa —puede ser muy gruesa— de hielo negro. Este hielo modifica el perfil de la aeronave y varía la capacidad de sustentación, con consecuencias inmediatas en el vuelo.

Algunos desastres aéreos se han producido por este motivo, con grandes pérdidas de vidas humanas. El accidente tristemente célebre del 15 de octubre de 1987, en el que un avión turbohélice ATR-42-312 se estrelló en Conca di Crezzo en las montañas de Como a las 19:28 horas, justo después del despegue del aeropuerto de Milán Linate en ruta hacia Colonia/Bonn. El avión viajaba a baja velocidad y encontró una nube de gotitas superenfriadas que depositaron hielo en las alas, modificando su sustentación y provocando la entrada en pérdida de la aeronave. Murieron 3 miembros de la tripulación y 34 pasajeros.

Entendemos entonces por qué hay máxima atención a este fenómeno y cuál es el motivo por el que, a veces, nuestro vuelo invernal se retrasa. Si miramos por la ventanilla, vemos personal de tierra que con una grúa está rociando líquido en las alas del avión. Este líquido es un retardante de la congelación (más o menos como el anticongelante que se pone en el motor de nuestro automóvil) y sirve para impedir grandes formaciones de hielo durante el paso del avión por la nube. Los aviones modernos están también dotados en las alas de partes móviles que el piloto puede accionar para romper mecánicamente el eventual hielo que pudiera formarse. La Figura 90 nos muestra una aeronave con hielo negro formado en las alas por impacto de gotitas superenfriadas y un sistema de deshielo aeroportuario.

Figura 90: Congelación del ala de un avión por impacto de gotículas de agua subfundida en una nube (izquierda) y procedimiento de deshielo mediante la pulverización del avión con líquido anticongelante en el aeropuerto antes del despegue (derecha).

EL CRECIMIENTO DEL GRANIZO

Hemos visto que, en una nube tormentosa con una corriente ascendente (*updraft*) muy rápida, los hidrometeoros adquieren dimensiones y peso considerables: graupel y granizo. El agua superenfriada juega un papel fundamental también en este caso, ya que es el ingrediente principal para el crecimiento del granizo (Figura 91). La corriente ascendente eleva las gotitas de agua, que comienzan a congelarse una vez que superan el nivel del cero térmico. El proceso de Wegener-Bergeron-Findeisen hace que los cristales crezcan rápidamente a expensas del agua superenfriada, formándose embriones de hielo esponjoso de forma casi esférica. En este punto, comienza el crecimiento propiamente dicho, causado por la captura de gotitas superenfriadas que impactan sobre el embrión. Mientras tanto, la corriente ascendente, muy rápida, continúa manteniendo en suspensión al granizo en formación, que se vuelve cada vez más pesado.

Luego comienza la caída, y es posible que el granizo sea capturado por la corriente descendente (*downdraft*), aunque esto no siempre significa que llegue al suelo. De hecho, es posible que el granizo sea nue-

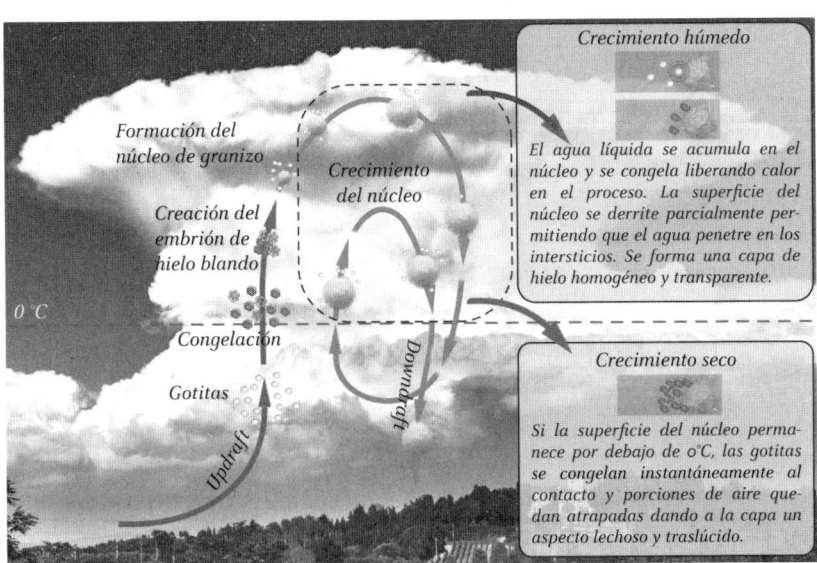

Figura 91: Proceso de formación de granizo.

vamente capturado por la corriente ascendente y vuelva a elevarse, continuando su ciclo de crecimiento. Si en la altura de la nube donde se encuentra el granizo hay mucha agua superenfriada, esta libera calor y la congelación ocurre más lentamente, produciendo capas de crecimiento más transparentes. Por el contrario, si hay poca agua superenfriada, se libera menos calor y la congelación ocurre rápidamente cuando las gotitas impactan sobre el granizo en formación, dando lugar a capas más opacas. Así se determina una estructura del granizo en capas, similar a una cebolla, con hielo de diferentes densidades, como se puede ver en la sección de un granizo natural en la Figura 92.

Esto es a lo que me refería cuando escribí en el capítulo anterior que el graupel y el granizo son muy diferentes entre sí. Después de una granizada, salgan y observen los granizos esparcidos por el suelo. Incluso a simple vista, pueden distinguir fácilmente si presentan capas concéntricas de diferente opacidad: en ese caso, se trata de granizo; de lo contrario, probablemente no lo sea. No todas las tormentas producen granizo, pero las nubes que generan granizadas son todas tormentosas, ya que es necesario contar con una corriente ascendente muy sostenida para mantener en suspensión los granizos, que son los hidrometeoros más pesados de todos los que hemos visto.

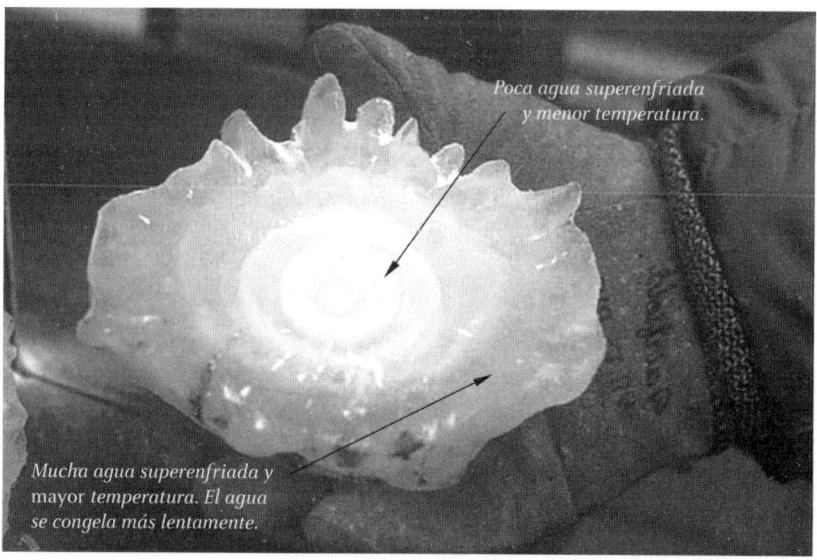

Figura 92: Estructura en capas de cebolla de un granizo natural de grandes dimensiones.

DE UNAS NUBES LLUEVE Y DE OTRAS NO

Sabemos a estas alturas qué tipos de precipitación podemos esperar, pero aún no hemos dicho qué nubes la producen. Lo primero que hay que saber es que la mayor parte de la precipitación proviene de dos tipos de nubes: los *Nimbostratus* y los *Cumulonimbus*. El prefijo o sufijo *nimbus*, de hecho, indica la propensión de estas nubes a producir precipitación. Su aspecto es generalmente el de nubes oscuras y amenazantes en el caso de los *Cumulonimbus* tormentosos, mientras que los *Nimbostratus* tienen un aspecto compacto y amenazador que cubre todo el cielo. Sin embargo, otras nubes también pueden generar precipitación ocasionalmente. Un cuadro resumen con las indicaciones generales de las nubes precipitantes se muestra en la Tabla 2.

Pensemos ahora en la nube precipitante como una máquina que convierte el vapor de agua en precipitación que alcanza el suelo. Su poder se puede medir según la eficiencia de su funcionamiento: ¿cuál es entonces la eficiencia con que una nube transforma el vapor de agua en precipitación? No existen cifras aceptadas por todos los meteorólogos, pero se pueden hacer algunas consideraciones generales. Utilizando datos de Florida y Ohio, los investigadores han calculado una entrada media de vapor en la tormenta de aproximadamente 900 000 toneladas. De esta cantidad, cerca de 500 000 toneladas condensan, mientras que las restantes abandonan la nube sin condensar. De toda el agua que condensa, solo cerca de 100 000 toneladas alcanzan el suelo como lluvia. El resto del condensado se evapora en la corriente descendente o a través de las paredes externas de la nube. Si definimos como eficiencia de precipitación la relación entre la masa de lluvia que alcanza el suelo respecto a la masa de vapor inicialmente disponible para la condensación, la eficiencia es entonces de un mero 11 %. Si, en cambio, definimos como eficiencia de precipitación la relación entre el agua de precipitación y la condensada, el porcentaje sube al 19 %. En cualquier caso, estamos hablando de números bastante bajos. El proceso no es muy eficiente, pero se mantiene porque los números en juego son muy grandes tanto en términos de vapor de agua como de partículas de aerosol. ¡No debemos preocuparnos, continuará lloviendo de una manera u otra! Por otro lado, si lo pensamos bien, debemos también darnos cuenta de que, si el proceso fuera más eficiente de lo que efectivamente es, estaríamos sumergidos por el agua cada vez que llueve.

Tabla 2: Principales géneros de nubes precipitantes y su tipo de precipitación
Cabe destacar que la gran mayoría de la precipitación proviene
de nubes asociadas con el prefijo o sufijo *nimbus.*

GÉNERO DE NUBE	TIPO DE PRECIPITACIÓN
CIRRUS	Ninguna
CIRROCUMULUS	Ninguna
CIRROSTRATUS	Ninguna
ALTOCUMULUS	En general, ninguna, pero raramente rocío de lluvia o lluvias ligeras que a menudo no alcanzan el suelo (*virga*).
ALTOSTRATUS	En general, ninguna. Indican la aproximación de un frente y a veces pueden comportarse como los altocúmulos.
NIMBOSTRATUS	Precipitación sostenida y prolongada. Lluvia o nieve según la estación y la temperatura. Posible aguanieve o lluvia helada en condiciones invernales adecuadas.
STRATOCUMULUS	En general, ninguna, pero ocasionalmente lluvia ligera y nieve. A menudo indican el inicio o el final de un tiempo perturbado.
STRATUS	Precipitación ligera ocasional, a menudo en forma de llovizna (*drizzle*) o neblina (*mist*).
CUMULUS	Los cúmulos congestus pueden producir lluvia ligera, pero no lo suficientemente significativa como para ser denominados nimbos.
CUMULONIMBUS	Precipitación intermitente, intensa y asociada a tiempo muy perturbado. Lluvia muy fuerte, a veces torrencial, y ocasionalmente graupel y granizo.

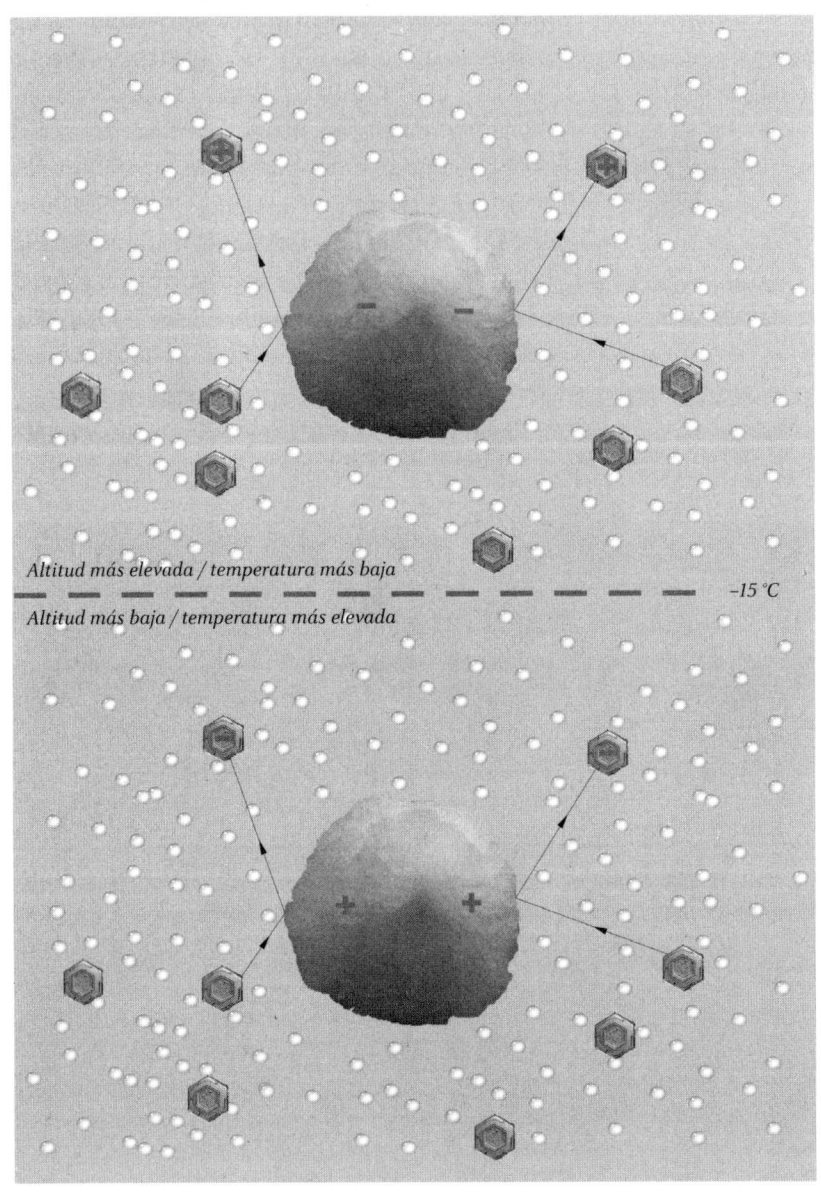

Altitud más elevada / temperatura más baja

Altitud más baja / temperatura más elevada

−15 °C

Mecanismo de separación de cargas positivas y negativas en una nube.

172

¡FLASH!

No podemos concluir este recorrido sobre lo que cae de las nubes sin tratar un aspecto fundamental de las tormentosas, el que quizás más nos asusta, pero que es absolutamente necesario: el rayo. Ante todo, aclaremos que la distinción normalmente hecha entre rayo y relámpago es artificial, porque son exactamente lo mismo. El relámpago es simplemente el rayo que no alcanza el suelo, sino otra nube cercana. Solo vemos la manifestación luminosa, pero no sufrimos las consecuencias en tierra, eso es todo. En lenguaje científico hablamos por tanto de rayos nube-tierra (*cloud-to-ground*, CTG) y entre nubes (*intra-cloud*, IC).

Los rayos son una manifestación muy frecuente de las tormentas y son cruciales para restablecer el equilibrio de la carga eléctrica en la atmósfera terrestre. De hecho, la atmósfera terrestre está sujeta a un continuo flujo de cargas positivas provenientes del espacio que anularían la carga —mayormente negativa— de la superficie terrestre, reduciendo el sistema a carga cero en unos cinco o seis minutos. El sistema-Tierra sería entonces un sistema sin carga eléctrica y esto conllevaría efectos nocivos: por ejemplo, las comunicaciones serían imposibles porque las ondas de radio no serían reflejadas por la ionosfera y sería imposible hacerlas viajar largas distancias. El rayo, en cambio, transporta muchísima carga eléctrica y el sistema se reequilibra rápidamente. Consideremos que caen cerca de 250 rayos por segundo en toda la superficie terrestre, de los cuales el 20 % (50) son CTG. Este continuo *input* de rayos permite mantener todo el sistema en equilibrio.

¿Qué sucede en una nube para inducir la descarga del rayo? Debe existir un mecanismo que cargue la nube hasta que alcance el llamado potencial ionizante, es decir, el potencial electrostático que permite la ionización del aire circundante y el inicio de la descarga. Existen muchos mecanismos de separación de carga en la nube, pero el proceso microfísico más eficiente se basa en las colisiones entre la nieve granulada (graupel) en formación y los cristales de hielo a temperaturas entre −15 y −20 °C (Figura 93). A temperaturas superiores a −15 °C (altitudes más bajas) después del impacto los cristales se cargan negativamente y el graupel positivamente y viceversa a altitudes más altas (temperaturas más bajas). Esto sucede en las nubes tormentosas, donde el contenido de agua superenfriada es muy alto y el graupel se forma junto con los cristales de hielo. La separación de carga procede rápidamente y se acumula una enorme cantidad de carga negativa alrededor de la altura caracterizada por la temperatura de –20 °C (Figura 94). Al mismo tiempo, la nube tormentosa tiene una estructura eléctrica más o menos tripolar, con carga predominantemente positiva en la cima y en la base y negativa en zonas intermedias, donde ocurren los procesos de crecimiento del hielo por deposición de gotitas superenfriadas. Con el avance de la tormenta hacia la madurez, el graupel se acumula en la parte más baja de la nube debido a su peso, pero también es empujado hacia arriba por la corriente ascendente. Con el paso del tiempo, el mecanismo de carga logra formar regiones de altísimo voltaje. El resultado es una región más alta con un déficit de electrones y una más baja con un superávit de los mismos. La superficie terrestre tiene una carga predominantemente positiva en las cercanías de la tormenta que es inducida por la presencia de la carga negativa de la base de la nube. Se crea así una diferencia de potencial electrostático y se desarrolla una conductividad eléctrica del aire entre la nube y el suelo. Se genera, en definitiva, una autopista para el movimiento de los electrones y el inicio de la descarga.

Se abre entonces en este punto un canal ionizado, denominado líder escalonado (*stepped leader*, parte 1 de la Figura 95) que es invi-

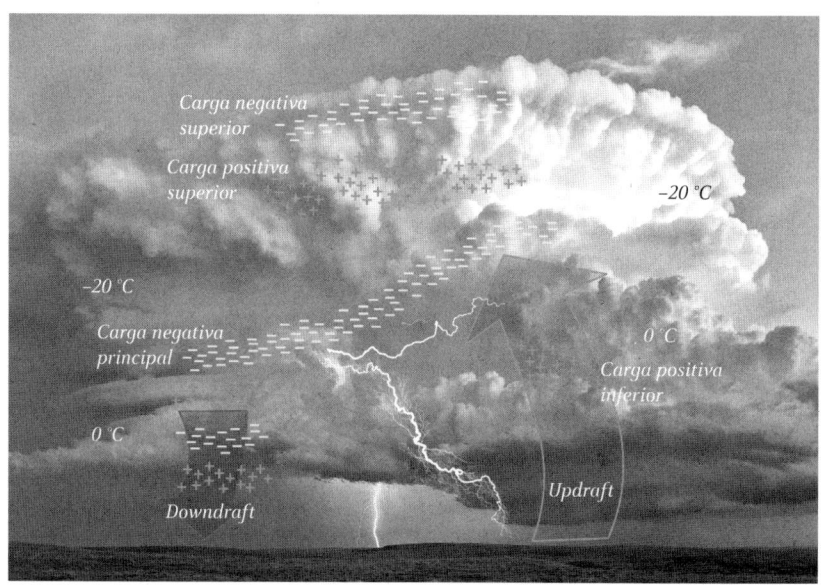

Figura 94: Estructura eléctrica de una tormenta sujeta a una intensa electrificación.
⊡ Hay una versión a color de esta figura en los cuadernillos.

sible al ojo humano, pero que permite a los electrones moverse de la nube al suelo. Se llama así porque está segmentado en secciones de entre 50 y 100 m en zigzag. Desde el suelo, preferiblemente desde un objeto con buen desarrollo vertical (una torre, un árbol o cualquier objeto puntiagudo como puede ser un pararrayos) parte hacia arriba un líder (o *streamer*) cargado positivamente (parte 3 de la Figura 95). Cuando el líder escalonado y el *streamer* se encuentran, los electrones pueden fluir libremente hacia el suelo, y lo opuesto ocurre con las cargas positivas. Esta es la verdadera descarga del rayo (*return stroke*, parte 5 de la Figura 95) y se vuelve plenamente visible al ojo. Puede suceder que el proceso se repita 3-4 veces en rapidísima sucesión a través del líder dardo (*dart leader*) durante aproximadamente 200 milisegundos, y que deposite carga negativa a lo largo del *return stroke*. Este es el mecanismo principal a través del cual ocurre la fulminación desde las tormentas, pero también existen rayos de polaridad opuesta, es decir, positiva. Por lo tanto, el rayo que vemos es una descarga desde la tierra hacia la nube. Vuestro ojo os dice lo contrario, pero esto se debe solamente a que no es lo suficientemente rápido para ver el fenómeno. Se necesitaría de hecho una cámara estroboscópica que tome fotografías con la cadencia temporal adecuada.

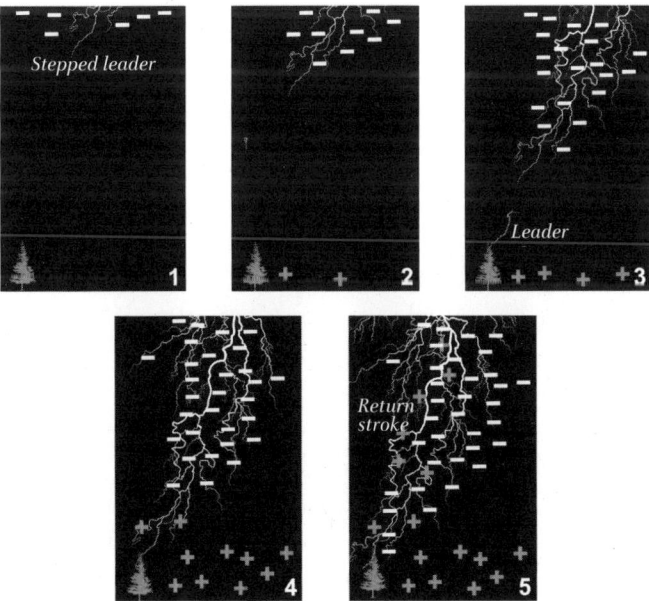

Figura 95: Desarrollo temporal de la descarga del rayo.

HAY ALGO MUY EXTRAÑO ALLÁ ARRIBA

Existen fenómenos electromagnéticos que se desarrollan en la atmósfera y que no podemos ver desde el suelo. Si pensamos que los rayos son fenómenos aterradores, entonces no hemos visto nada todavía. Hablamos de fenómenos de proporciones extraordinarias que se extienden hasta las capas más altas de la atmósfera (Figura 96).

Los *blue jets* se originan cuando un rayo cósmico colisiona con las moléculas de aire por encima de una tormenta. La colisión produce una lluvia de electrones veloces; el campo electrostático que apunta hacia arriba por encima de la nube puede acelerar aún más los electrones, hasta energías que producen emisión de luz azul. Los *jets* normalmente se ven como conos estrechos de luz con duración de 100 microsegundos (1 microsegundo corresponde a 1 millonésima de segundo) a 1 milisegundo por debajo de los 40 km de altitud, pero pueden alcanzar alturas mucho mayores (*gigantic blue jet*).

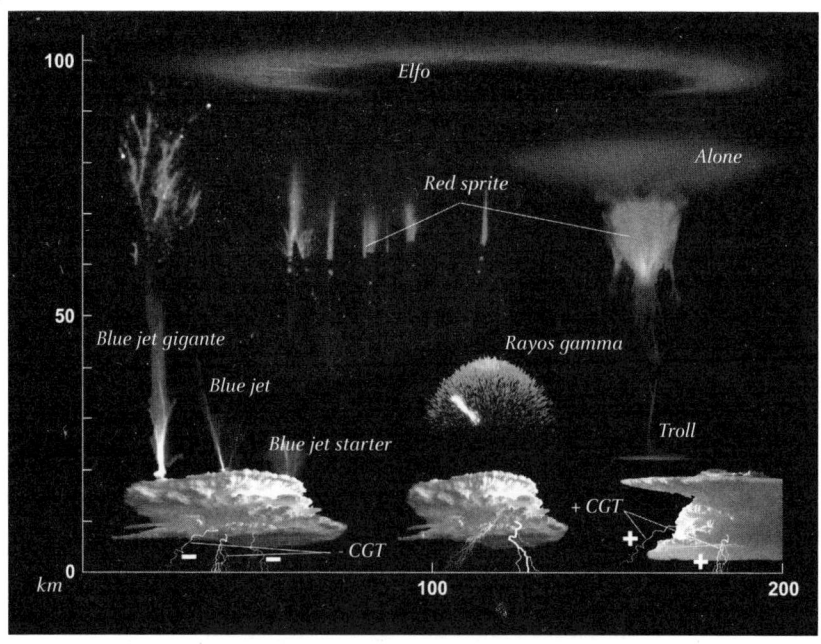

Figura 96: Fenómenos electromagnéticos que se desarrollan en la atmósfera como efecto de la actividad eléctrica de las tormentas.
⊡ Hay una versión a color de esta figura en los cuadernillos.

Los *red sprite* probablemente ocurren cuando la descarga de un rayo de potencia inusitada sustrae toda la carga negativa de la cima de una nube tormentosa. Se crea un intenso campo electrostático entre la cima de la nube y la ionosfera. Debido a la bajísima densidad de la atmósfera a estas alturas, los electrones son acelerados y alcanzan la velocidad necesaria para transferir su energía a las moléculas que pasan a un estado excitado y liberan energía en forma de luz roja. Su altura está entre 50 y 90 km y la duración varía de 1 a 10 milisegundos. A veces se manifiesta un halo por encima del *sprite* de 50 km de diámetro, unos 10 km de espesor y centrado alrededor de 70 km de altitud. Otro fenómeno asociado a los *sprite* son los *troll* que aparecen cuando los tentáculos de un vigoroso *sprite* se extienden hasta la cima de la nube.

A *jets* y *sprites* les acompañan los *elfos*, que aparecen a altísima altura (alrededor de los 100 km) como anillos luminosos que se expanden hasta 400 km de diámetro, con una duración de aproximadamente 1 milisegundo y que son generados por la excitación de las moléculas de nitrógeno por parte de electrones veloces.

Terminamos este bestiario con los destellos de *rayos gamma terrestres* (TGF) que son explosiones de rayos gamma de alta energía entre 20 y 50 km de altitud, provocadas por los potentes campos eléctricos generados por grandes tormentas, en las que los electrones viajan a velocidades muy cercanas a la de la luz con producción de antimateria en forma de positrones muy energéticos.

En definitiva, más allá de los detalles, la atmósfera es un zoo electromagnético del que aún no conocemos todas las especies. ¡Y pensar que nos asustaban los viejos rayos y centellas!

6. DENTRO LAS NUBES

«Con los pies firmemente apoyados sobre las nubes».
ENNIO FLAIANO, *Diario de los errores.*

La nube, especialmente la tormentosa, es todo menos un ambiente acogedor en el que adentrarse. Las temperaturas son bajísimas, el hielo está por todas partes, la carga electrostática es muy alta, se corre el riesgo de ser golpeado por granizos de grandes dimensiones... en resumen, todo lo que los pilotos deben evitar por la seguridad de sus pasajeros. Y sin embargo hay personas que no atienden a razones y se aventuran al interior de las nubes con una buena dosis de inconsciencia unida a una infinita curiosidad por «tocar» sus secretos. Descubriremos a continuación qué significa explorar una nube desde dentro y veremos que no implica solamente penetrarla estando sentado en el asiento de un avión repleto de instrumentos, sino que también se puede hacer desde el laboratorio de un centro de investigación u observando la nube con los sensores alojados en un satélite meteorológico. Las nubes nos desvelan muchos de sus misterios, aun que todavía estamos lejos de haber comprendido a fondo su íntima esencia. Comencemos.

Las intuiciones que abrieron el camino a la física de las nubes en sentido moderno vienen de científicos de enorme talla que han aportado contribuciones en todos los campos de la ciencia. Entre los primeros debemos sin duda incluir a Benjamin Franklin, quien, en el curso del siglo XVIII, entendió que la atmósfera y las nubes estaban cargadas de electricidad, la base para comprender los rayos: creo que todos recuerdan a Franklin y su cometa a la que había atado un

Figura 97: Algunos de los científicos que más contribuyeron al inicio de los estudios de la física y química moderna de las nubes: Benjamin Franklin (arriba a la izquierda), James Clerk Maxwell (arriba a la derecha), Rudolf Clausius (centro izquierda), Hilding Köhler (abajo a la izquierda) y Christian E. Junge en la fotografía principal.

hilo de cobre y que atraía los rayos. Sin embargo, un siglo después de Franklin fue James C. Maxwell quien abrió caminos innovadores. Maxwell es recordado por sus ecuaciones, que demuestran que la electricidad, el magnetismo y la luz son manifestaciones del mismo fenómeno, el campo electromagnético. No obstante, en su intento de unificar los principios que regulan los procesos físicos fundamentales, contribuyó a sistematizar las leyes de la termodinámica. En particular, a él se deben las ecuaciones que rigen la transferencia de masa y calor en el crecimiento de gotitas y cristales. Sin extendernos demasiado, porque no estamos reflexionando sobre la historia de la ciencia, tampoco podemos olvidar la contribución de Émile Clapeyron, quien propuso por primera vez la ecuación que describe la variación de la presión con la temperatura a lo largo de la curva de equilibrio entre dos fases de una misma sustancia, sucesivamente perfeccionada por Rudolf Clausius. Esta ecuación lleva el nombre de ecuación de Clausius-Clapeyron y constituye una de las bases de la ciencia de la atmósfera y del clima.

Al mismo tiempo, se inició mucha actividad experimental sobre las partículas presentes en la atmósfera, los aerosoles, que sabemos fundamentales en la formación de los hidrometeoros y por tanto de las nubes. El sueco Hilding Köhler merece un puesto preeminente por haber descrito por primera vez cómo el vapor de agua condensa en las nubes por efecto de los núcleos de condensación, proponiendo la célebre ecuación de Köhler. El alemán Christian E. Junge en la segunda mitad del siglo XX fue un gigante de la ciencia, precursor de muchas actividades de investigación sobre aerosoles atmosféricos, llegando a descubrir la distribución de tamaños de esas partículas. Estos brillantes pioneros de la física de las nubes sentaron las bases fundamentales para comprender los fenómenos atmosféricos, legando a la humanidad descubrimientos que revolucionaron nuestra comprensión del cielo y pavimentaron el camino hacia la moderna física de las nubes. Su incansable labor científica y sus contribuciones visionarias merecen nuestro más profundo reconocimiento y gratitud (Figura 97).

Aunque pueda resultar sorprendente, la física moderna de las nubes —la ciencia que estudia cómo se forman los hidrometeoros— no nació a cielo abierto, sino en la intimidad de los laboratorios de investigación. Durante los siglos XIX y XX, los científicos carecían de la tecnología sofisticada que tenemos hoy en día, haciendo prácticamente imposible la observación directa de los hidrometeoros dentro de las nubes. Por ello, optaron por una solución ingeniosa: recrear las condiciones físicas de una nube en el laboratorio. Una tarea extraordinariamente compleja, pero no irrealizable.

La investigación experimental y teórica de los hidrometeoros dio un salto cualitativo tras la Segunda Guerra Mundial, cuando los científicos intensificaron sus esfuerzos por reproducir las condiciones de las nubes en laboratorio. El epicentro de esta revolución científica fue el laboratorio de General Electric en Schenectady, Nueva York, donde coincidió un extraordinario trío de investigadores: Irving Langmuir, laureado con el Nobel de Química en 1932; Vincent Schaefer y Bernard Vonnegut, hermano del célebre escritor de ciencia ficción Kurt Vonnegut. Fue en este laboratorio donde Schaefer realizó un descubrimiento fundamental: logró la primera siembra artificial de nubes utilizando hielo seco. Su experimento reveló que el agua superenfriada se transformaba en hielo a una temperatura crítica de –40°C, estableciendo así el gradiente térmico necesario para la nucleación del hielo. Poco después, Vonnegut hizo otro hallazgo crucial al identificar las propiedades nucleantes del yoduro de plata (AgI), un descubrimiento que daría pie a los experimentos de siembra artificial

Figura 98: Los estudios de Bernard Vonnegut dieron lugar en 1947 al proyecto militar de inseminación de nubes denominado Project Cirrus. En esta foto del 13 de octubre de 1947, un avión del Project Cirrus insemina una nube con hielo seco, creando un amplio surco vacío en su estela [US Army Signal Corps].

de nubes. Estos avances captaron la atención del estamento militar, que en 1947 puso en marcha el Proyecto Cirrus. Aunque su objetivo principal —la modificación de huracanes— no alcanzó los resultados esperados, el proyecto demostró algo fundamental: era posible alterar la estructura de las nubes mediante el uso de partículas nucleantes artificiales. Los efectos observados durante estos experimentos son similares a los que ocurren naturalmente en las nubes *cavum* (¿lo recordáis?).

Al mismo tiempo la Escuela de Bergen, en Noruega, contaba con un científico que sería muy importante en el desarrollo de la física de las nubes y al que ya hemos encontrado en el capítulo anterior, Tor Bergeron (Figura 99), que descubrió cómo la mayor parte de la precipitación se forma como consecuencia del agua que se evapora de pequeñas gotitas superenfriadas y contribuye al crecimiento de los cristales de hielo, que luego caen como nieve o se funden y precipitan como lluvia fría dependiendo de la temperatura: el proceso de Bergeron-Findeisen.

Figura 99: Tor Bergeron.

Figura 100: La escuela inglesa de física de las nubes. De izquierda a derecha y de arriba abajo: Frank H. Ludlam, Sir B. John Mason, Richard S. Scorer y Keith Browning.

La nefología moderna nació en Inglaterra, por muchos aspectos la patria de la meteorología en sentido contemporáneo. Los ingleses, de hecho, siempre han sido grandes viajeros, y siempre han prestado mucha atención a la meteorología para dirigir sus flotas a la conquista de nuevos mercados. Como hemos visto anteriormente, el estudio de la meteorología tiene orígenes mucho más antiguos en China y también en Europa, pero la meteorología moderna nació en las Islas Británicas (Figura 100). Frank H. Ludlam estableció los fundamentos de esta ciencia a través de sus investigaciones pioneras en tres áreas fundamentales: el estudio de la estructura de nubes convectivas y tormentas de granizo, el análisis de los mecanismos de inicialización de la precipitación (tanto por coalescencia como por procesos de cristalización del hielo), y el desarrollo de las primeras técnicas para la supresión del granizo. Sus intuiciones revolucionarias transformaron nuestra comprensión de los procesos atmosféricos. Ludlam creó escuela e influyó en personas que luego hicieron contribuciones a la física de las nubes como Keith Browning, que por primera vez describió la estructura de las tormentas supercélula y de tantas estructuras precipitantes de las latitudes medias; y William C. Macklin, que contribuyó de manera clara a los estudios sobre las tormentas intensas y sobre el crecimiento del granizo. Richard S. Scorer fue uno de los primeros en conectar la física de las nubes a la fluidodinámica para entender mejor sus mecanismos de formación. Durante este período, Inglaterra destacó por la figura excepcional de sir Basil John Mason, científico brillante que alcanzó dos hitos notables: fue nombrado director del Servicio Meteorológico del Reino Unido (UK Met Office) y recibió el título de *baronet* en reconocimiento a sus destacadas contribuciones científicas. Su trabajo abrió nuevos caminos para la comprensión de los procesos involucrados en la formación de las nubes y la formación de lluvia, nieve y granizo. Desarrolló la ecuación de Mason que describe el crecimiento o evaporación de las gotitas en las nubes. Su libro *The Physics of Clouds*, de 1971, es el primer texto de física de las nubes con el que se formarán generaciones de estudiantes en las décadas sucesivas.

Sin embargo, la investigación sistemática de la estructura microfísica de las nubes estaba solo en sus albores. Fue en la segunda mitad del siglo XX cuando se asistió a un intenso florecer de trabajos experimentales que llevaron a un mejor conocimiento de los procesos de formación de gotitas y cristales hasta granizo. Esta aventura, tanto humana como científica, representa un extraordinario esfuerzo cola-

Figura 101: Algunos de los principales físicos de las nubes del siglo xx.
De izquierda a derecha y de arriba abajo: Sean Twomey, John Hallett,
Roland List, Peter V. Hobbs, Charles (Charlie) y Nancy C. Knight.

borativo en el que muchos hemos tenido el privilegio de participar. Aunque son numerosos los protagonistas de esta historia, destacan algunas figuras cuyas contribuciones siguen siendo referentes, como se ilustra en la Figura 101.

El esfuerzo fue internacional. De Australia venía Sean Twomey, que entendió el mecanismo a través del cual se activan los núcleos de condensación para la formación de las gotitas y describió, por primera vez, la diferencia que hay entre las nubes que se forman sobre un sustrato de aerosol marítimo respecto a aquellas continentales. Las primeras están formadas por «pocas gotas grandes» y llegan pronto a producir precipitación, mientras que las segundas se forman sobre un número muy alto de partículas pequeñas con un potencial precipitante menor. Twomey es recordado también por el efecto que lleva su nombre, que demuestra cómo la adición de núcleos de condensación por contaminación antropogénica puede aumentar la cantidad de radiación solar reflejada por las nubes interfiriendo con el balance radiativo terrestre.

John Hallett, inglés de nacimiento, trabajó durante casi toda su carrera de investigador en el Desert Research Institute de Reno, en Nevada, que contribuyó a fundar. Diseccionó como pocos la física del hielo atmosférico. Junto con su colega S.C. Mossop es recordado por el efecto Hallett & Mossop, también llamado de *rime-splintering*, para la formación de hielo secundario en las nubes. Cristales de hielo son producidos entre -3 y -8 °C (con un pico de producción a -4 °C) cuando el graupel crece por captura sucesiva de gotitas superenfriadas, formando protuberancias heladas que se rompen y producen hielo secundario. Por cada miligramo de hielo formado mediante este proceso se generan aproximadamente 50 protuberancias, un fenómeno aparentemente modesto pero de gran importancia: antes del descubrimiento de Hallett, los mecanismos de crecimiento directo conocidos no podían explicar las cantidades de hielo observadas en las nubes, dejando un vacío en nuestra comprensión de la microfísica atmosférica.

Los estudios sobre la formación del granizo han visto en Roland List, suizo de nacimiento y canadiense de adopción, un avezado investigador. El crecimiento del granizo en las nubes fue estudiado por Roland en su laboratorio en la Universidad de Toronto, descubrió que la rotación del granizo en caída modifica su crecimiento de manera sustancial. Roland formuló la primera teoría completa de la transferencia de calor y de masa alrededor de un granizo en crecimiento y la parametrización del proceso completo de crecimiento de las gotitas a través de la colisión/coalescencia y *breakup*.

Llegamos a Peter V. Hobbs, también inglés. Condujo su actividad de investigación en la Universidad del Estado de Washington, en Seattle. La contribución de Hobbs ha sido de gran alcance, sobre todo en la descripción de la estructura de los sistemas precipitantes de las latitudes medias. A él se deben descubrimientos sobre la formación de las precipitaciones en las nubes frías y mixtas que han llevado a un mejor entendimiento de las estructuras frontales y del mecanismo *seeder-feeder*. Su libro *Ice Physics* es un hito de la física de la atmósfera, como lo su otra obra *Atmospheric Science. An Introductory Survey*, que ha pasado por las manos de casi todos los estudiantes de las últimas décadas en todas las universidades del planeta.

El estudio del granizo en el campo y en laboratorio ha visto en Charles (Charlie) Knight y en su esposa Nancy dos pioneros. Los Knight han trabajado durante toda su carrera en el National Center for Atmospheric Research (NCAR) de Boulder, en Colorado, donde han contribuido a desvelar la estructura de las tormentas extremas, sobre todo de aquellas con granizo.

El desarrollo de la nefología experimentó un salto cualitativo con la evolución de dos tecnologías fundamentales de observación: el radar y los sensores satelitales. Estos instrumentos revolucionaron el campo al proporcionar perspectivas sin precedentes y permitir, por primera vez, la obtención de datos directos desde el interior de las nubes.

El radar, inventado durante el segundo conflicto mundial para fines puramente militares, se ha convertido en un instrumento insustituible en meteorología y en física de las nubes. La razón radica en el hecho de que la radiación electromagnética emitida por el radar penetra la nube y es reflejada (dispersada) por los hidrometeoros, proporcionando información sobre su cantidad, tamaño, fase termodinámica y orientación. David Atlas (Figura 102) se erigió como figura fundamental en el desarrollo de la radarmeteorología, transformándola en una herramienta esencial para la física de nubes. Sus contribuciones pioneras abarcaron múltiples aspectos revolucionarios: desarrolló los primeros radares aerotransportados para investigación nubosa, estableció métodos para medir la intensidad de precipitación mediante radar, profundizó en la comprensión de la distribución del tamaño de las gotas, implementó la tecnología Doppler para medir velocidades del viento y estudió el comportamiento de las ondas electromagnéticas en atmósfera despejada.

Sin embargo, una visión verdaderamente global de las nubes y de la precipitación fue posible gracias a Verner (Vern) E. Suomi (Figura 102), científico cuya familia tenía orígenes finlandeses, pero que trabajó durante toda su vida en EE. UU. Suomi, justamente considerado el padre de la meteorología satelital, transformó nuestra capacidad de observación atmosférica desde el espacio. Desde la fundación del Space Science and Engineering Center (SSEC) en la Universidad de Wisconsin-Madison, su grupo ha sido el origen de innumerables sensores y plataformas de observación espacial que revolucionaron el estudio de la meteorología y el clima, fortaleciendo la moderna ciencia atmosférica. El primer sensor fue el Applications Technology Satellite-1 (ATS-1), que fue también el primer satélite en órbita geoestacionaria de la historia, lanzado el 7 de diciembre de 1966 permaneciendo en órbita durante 17 años.

Los satélites meteorológicos han proporcionado un impulso formidable a los conocimientos sobre la estructura de las nubes, con especial atención a las tormentas muy extensas. Como ejemplo ilustrativo de estos avances, cabe destacar un descubrimiento realizado en colaboración con mi colega y amigo Martin Setvák, del Instituto

Figura 102: Los dos físicos que iniciaron la exploración de las nubes con técnicas de radar, David Atlas (izquierda), y por satélite, Verner E. Suomi (derecha).

Hidrometeorológico Checo en Praga, que representa uno de los muchos hallazgos significativos en este campo. Los sensores *Advanced Very High Resolution Radiometer* (AVHRR) a bordo de los satélites NOAA llevaron a mediados de los años noventa del siglo pasado a descubrir emisiones de enormes cantidades de cristales de hielo en la cima de tormentas que alcanzan la tropopausa. Estos cristales de hielo desbordan en la estratosfera suprayacente y contribuyen de manera determinante a hacerla más húmeda. Considerando que la estratosfera es una parte de la atmósfera extremadamente seca, este proceso se ha revelado como su mecanismo principal de humidificación, del que, antes de este descubrimiento, se sabía poco o nada.

Hasta ahora hemos hablado de gigantes de la ciencia de las nubes, pero no hemos hablado todavía de aquel que puede ser considerado el mayor descubridor de los misterios de la formación de los hidrometeoros en las nubes, Hans R. Pruppacher (Figura 103). Hans ha sido el maestro de generaciones de científicos que han contribuido a los descubrimientos de física de las nubes, incluyéndome a mí mismo.

Figura 103: Hans R. Pruppacher.

En su laboratorio en los sótanos del Departamento de Ciencias de la Atmósfera de la Universidad de California, Los Ángeles (UCLA) había construido un túnel de viento vertical (Figura 104), en el que se simulaban las condiciones de una nube para el crecimiento de los hidrometeoros, en suspensión en el flujo de aire en ascenso, justo como en el interior de una nube en formación. Una cámara frigorífica (Figura 104) permitía analizar en detalle la formación de los hidrometeoros helados a temperaturas hasta −25 °C.

Los estudios de Hans y de sus alumnos y colaboradores han permitido comprender muchos de los mecanismos de la colisión/coalescencia de las gotitas, de la remoción de las partículas de aerosol de la atmósfera por parte de hidrometeoros en crecimiento, de la fusión del

Figura 104: El túnel de viento vertical para experimentos de física de las nubes de la Universidad de California, Los Ángeles (UCLA), a principios de los años ochenta. La última imagen muestra la cámara frigorífica para experimentos a bajas temperaturas [V. Levizzani].

hielo atmosférico, de la deformación de las gotas en campos eléctricos tormentosos y mucho más. En la Figura 105 se muestran dos gotitas suspendidas en un campo eléctrico tormentoso en el interior de del túnel de la UCLA, en fotografías tomadas por mí en 1982 durante los experimentos, y que constituyen una documentación histórica de notable valor. Las cuatro fotografías a la izquierda muestran la evolución de la deformación de la gotita al aumentar la intensidad del campo eléctrico hasta que el agua abandona la gotita a través de un canal que se crea en la dirección del campo eléctrico. Se ha probado que este mecanismo es un proceso de formación de agua secundaria en la nube.

He participado personalmente en esta investigación y también en descubrir las modalidades de fusión del hielo atmosférico, permitiendo llegar a resultados que luego han formado parte de todos los modelos de nubes. A principios de los años ochenta, un importante

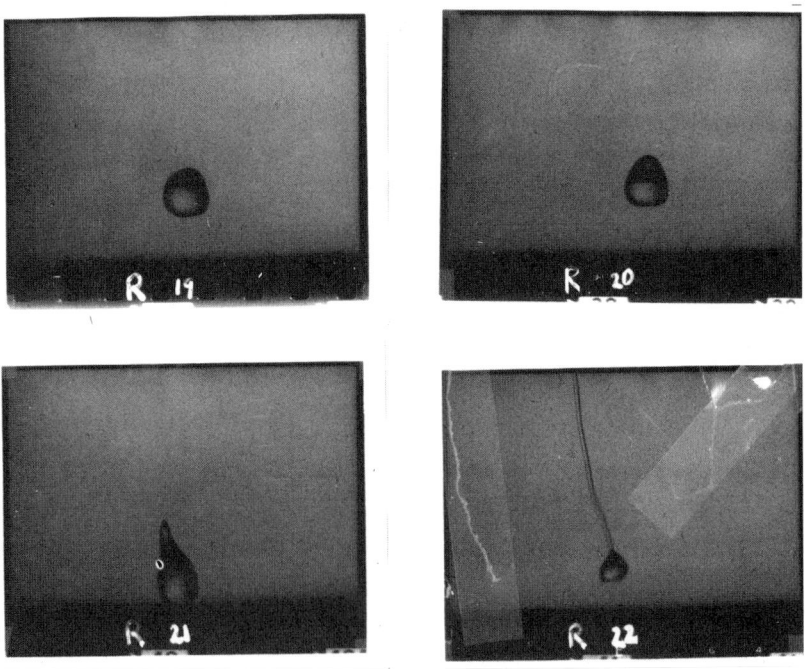

Figura 105a: Gota suspendida en el flujo vertical del túnel de viento de la UCLA entre las placas de un condensador que simula el campo eléctrico de una tormenta. La gota se deforma, más a medida que aumenta la intensidad del campo eléctrico, hasta romperse [V. Levizzani].

ciclo de experimentos y modelos se centró en el estudio de la fusión o derretimiento del granizo dentro de las nubes. Como miembro del grupo dirigido por Hans Pruppacher, participé en el descubrimiento de los mecanismos de este proceso (Figura 106), hallazgos que permitieron mejorar significativamente la interpretación de las señales de radar meteorológico. El legado de Pruppacher se consolidó en su obra *Microphysics of Clouds and Precipitation*, que sigue siendo el texto de referencia en el campo de la física de nubes y precipitación.

La colaboración internacional en torno a los estudios sobre los hidrometeoros vio también a Japón con un papel protagonista, en particular en la física del hielo atmosférico. La escuela de la Universidad de Hokkaido de Choji Magono describió por primera vez las formas, dimensiones e infinitas variedades de los cristales de hielo en las nubes (Figura 107), clasificándolos minuciosamente. La escuela japonesa está todavía activa y la clasificación originaria de Magono ha sido recien-

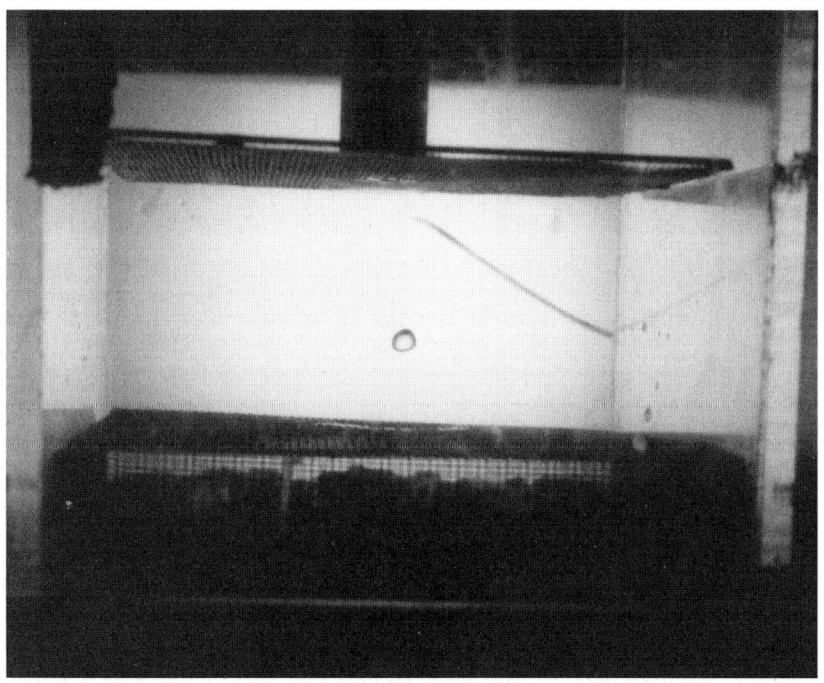

Figura 105b: La gota dentro de la cámara de trabajo del túnel, suspendida en el flujo de aire ascendente [V. Levizzani].

Figura 106: El derretimiento de los granizos, documentado en los experimentos del túnel de viento de la UCLA a principios de los años ochenta (Elaboración de V. Levizzani a partir de las notas experimentales de la época).

1

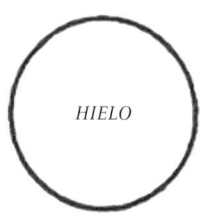

HIELO

FLUJO
DE AIRE

Esfera de hielo d ≥ 20 mm:
Esfera de hielo con un diámetro
mayor o igual a 20 mm.

4

HIELO

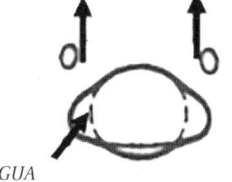

AGUA

9 ≤ d ≤ 16 mm:
Diámetro entre 9 y 16 mm.

Derrame intermitente de grandes gotas.
El toro pierde su propia identidad.
Se forma un «sombrero» de agua.

5

HIELO

AGUA

5 ≤ d ≤ 9 mm:
Diámetro entre 5 y 9 mm.

El agua de fusión forma una gota
estable alrededor del hielo en
fusión. Sin derrame de gotas y/o
circulación interna en la gota.

2

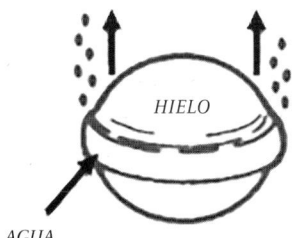

HIELO

AGUA

19 ≤ d ≤ 20 mm:
Diámetro entre 19 y 20 mm.

Continuo derrame de gotas desde la
estructura toroidal en el ecuador de
la gota. El agua de fusión se mueve
desde el hemisferio sur hacia el toro.

3

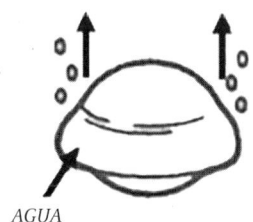

AGUA

16 ≤ d ≤ 19 mm:
Diámetro entre 16 y 19 mm.

Derrame intermitente de grandes gotas
desde el toro que ahora es inestable y que
se mueve a contracorriente al disminuir
las dimensiones de la partícula helada.

6

HIELO

AGUA

1 ≤ d ≤ 5 mm:
Diámetro entre 1 y 5 mm.

Fusión excéntrica del corazón de
hielo. Circulación turbulenta interna
en la gota. Sin derrame de gotas.

7

HIELO

AGUA

d ≤ 1 mm:
Diámetro menor o igual a 1 mm.

Fusión excéntrica del corazón de
hielo. Circulación laminar interna
en la gota. Sin derrame de gotas.

	N1a Elementary needle		**C1f** Hollow column		**P2b** Stellar crystal with sectorlike ends
	N1b Bundle of elementary needles		**C1g** Solid thick plate		**P2c** Dendritic crystal with plates at ends
	N1c Elementary sheath		**C1h** Thick plate of skelton form		**P2d** Dendritic crystal with sectorlike ends
	N1d Bundle of elementary sheaths		**C1i** Scroll		**P2e** Plate with simple extensions
	N1e Long solid column		**C2a** Combination of bullets		**P2f** Plate with sectorlike extensions
	N2a Combination of needles		**C2b** Combination of columns		**P2g** Plate with dendritic extensions
	N2b Combination of sheaths		**P1a** Hexagonal plate		**P3a** Two-branched crystal
	N2c Combination of long solid columns		**P1b** Crystal with sectorlike branches		**P3b** Three-branched crystal
	C1a Pyramid		**P1c** Crystal with broad branches		**P3c** Four-branched crystal
	C1b Cup		**P1d** Stellar crystal		**P4a** Broad branch crystal with 12 branches
	C1c Solid bullet		**P1e** Ordinary dendritic crystal		**P4b** Dendritic crystal with 12 branches
	C1d Hollow bullet		**P1f** Fernlike crystal		**P5** Malformed crystal
	C1e Solid column		**P2a** Stellar crystal with plates at ends		**P6a** Plate with spatial plates

	P6b Plate with spatial dendrites		**CP3d** Plate with scrolls at ends		**R3c** Graupellike snow with nonrimed extensions
	P6c Stellar crystal with spatial plates		**S1** Side planes		**R4a** Hexagonal graupel
	P6d Stellar crystal with spatial dendrites		**S2** Scalelike side planes		**R4b** Lump graupel
	P7a Radiating assemblage of plates		**S3** Combination of side planes, bullets and columns		**R4c** Conelike graupel
	P7b Radiating assemblage of dendrites		**R1a** Rimed needle crystal		**I1** Ice particle
	CP1a Column with plates		**R1b** Rimed columnar crystal		**I2** Rimed particle
	CP1b Column with dendrites		**R1c** Rimed plate or sector		**I3a** Broken branch
	CP1c Multiple capped column		**R1d** Rimed stellar crystal		**I3b** Rimed broken branch
	CP2a Bullet with plates		**R2a** Densely rimed plate or sector		**I4** Miscellaneous
	CP2b Bullet with dendrites		**R2b** Densely rimed stellar crystal		**G1** Minute column
					G2 Germ of skeleton form
	CP3a Stellar crystal with needles		**R2c** Stellar crystal with rimed spatial branches		**G3** Minute hexagonal plate
	CP3b Stellar crystal with columns		**R3a** Graupellike snow of hexagonal type		**G4** Minute stellar crystal
					G5 Minute assemblage of plates
	CP3c Stellar crystal with scrolls at ends		**R3b** Graupellike snow of lump type		**G6** Irregular germ

197

temente revisada y publicada de nuevo por sus actuales exponentes. Obviamente uno puede preguntarse sobre la utilidad de esta clasificación, más allá de un mero propósito cognoscitivo; la respuesta es que conocer con precisión la forma y las dimensiones de los hidrometeoros helados en las nubes permite modelar su respuesta a las ondas electromagnéticas permitiendo observar mejor las nubes con las técnicas de teledetección por radar y satélite. Japón ha producido también muchísimos resultados sobre la estructura eléctrica de las nubes tormentosas que han permanecido en la historia de la disciplina.

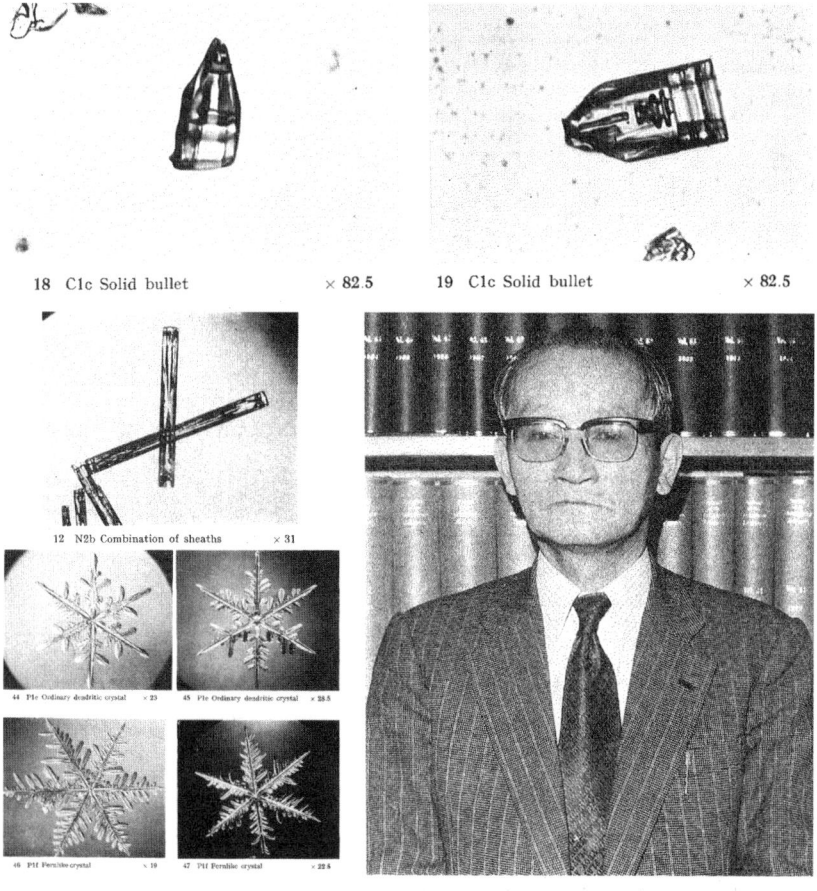

Figura 107: Las tablas muestran la clasificación original de las formas de los cristales de hielo naturales en las nubes, según el trabajo de Magono y Lee de 1966. Las microfotografías son imágenes originales de la época de cristales naturales tomadas por Choji Magono, quien aparece en la fotografía de la derecha (Universidad de Hokkaido).

Y en Italia, ¿qué? También mi país ha tenido su escuela y un grupo de investigación muy activo. Franco Prodi (Figura 108) ha contribuido a fundar esta escuela, de la que he sido uno de los componentes durante mucho tiempo. La escuela italiana de física de las nubes tuvo su inicio en los años cincuenta con el Observatorio científico experimental de meteorología aeronáutica de Monte Cimone, gracias también a la labor de Ottavio Vittori Antisari. La investigación se desarrolló en Bolonia, en el seno del Consejo Nacional de Investigaciones, donde la institución experimentó una evolución significativa: inicialmente como Instituto para el estudio de los fenómenos físicos y químicos de la baja y alta atmósfera (FISBAT), posteriormente transformado en el Instituto de ciencias de la atmósfera y del océano (ISAO), hasta su denominación actual como Instituto de ciencias de la atmósfera y del clima (ISAC). Las mayores contribuciones han sido en el frente experimental, en el que se han hecho nuevos descubrimientos sobre el crecimiento del granizo y del hielo por depósito (Figura 108), sobre el *riming* de los cristales en crecimiento, sobre la remoción de las partículas de aerosol de la atmósfera por parte de los hidrometeoros y sobre la química de los hidrometeoros y del aerosol atmosférico. En la Figura 109 se muestra el efecto de la deposición y del engelamiento de las gotitas superenfriadas en los cables eléctricos de alta tensión: los estudios de laboratorio conducidos en el CNR han llevado a comprender mejor este fenómeno que causa fuertes daños a la red eléctrica de muchos países durante el invierno. Otro tema fundamental del que se ha ocupado el CNR en Bolonia hasta nuestros días es la química del aerosol atmosférico, que está estrechamente ligada a la

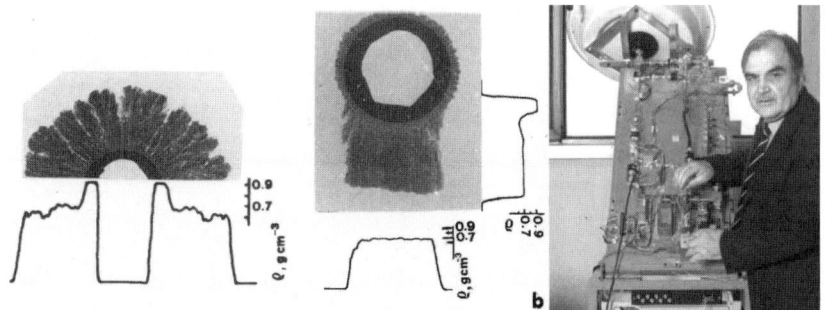

Figura 108: Izquierda: micrografías de rayos X de hielo formado por depósito de gotitas sobreenfriadas. Derecha: Franco Prodi.

Figura 109: Congelación y sobrecarga de las líneas eléctricas de alta tensión debido al crecimiento del hielo por depósito de gotitas sobreenfriadas.

Figura 110: Observatorio de Física del Globo de Clermont-Ferrand, Puy de Dôme, Auvernia, Francia, a 1464 m s. n. m.

física que hemos discutido hasta ahora. La estructura de una nube, de hecho, está determinada por un conjunto inextricable de procesos físicos, químicos y biológicos que la hacen única, el CNR en Bolonia se ha ocupado de los núcleos de condensación y engelamiento. Se han realizado trabajos fundamentales sobre la formación de la niebla, sobre el aerosol de la llanura Padana, sobre el aerosol orgánico y sobre los núcleos de engelamiento. Exponentes muy autorizados del actual CNR en Bolonia son Sandro Fuzzi, Maria Cristina Facchini, Gianni Santachiara y Franco Belosi.

*   *   *

También existen otras formas de estudiar las nubes «desde dentro», la de las estaciones científicas de alta montaña. Aparte de realizar incursiones en las nubes en un avión (hablaremos de ello dentro de poco), ¿qué otro punto de vista está más cerca de las nubes que la cima de una montaña? Sin embargo, no todas las montañas son adecuadas para este fin porque deben ser altas, pero al mismo tiempo también lo suficientemente aisladas para permitir a los investigadores efectuar mediciones en la nube sin interferir demasiado con la formación de los hidrometeoros.

Las estaciones de alta montaña forman parte del Global Atmospheric Watch (GAW) de la OMM y tienen el objetivo de monitorizar la composición de la atmósfera en términos de aerosol y gases de efecto invernadero, para mantener bajo observación los posibles cambios. Algunas de estas estaciones desarrollan una actividad de estudio de las nubes desde lugares que están inmersos en ellas durante buena parte del tiempo. Como vemos en las Figuras 110-113, son observatorios en los que las nubes están al alcance de la mano con el horizonte casi completamente libre de obstáculos. El Puy de Dôme en el Macizo Central en Francia es un cono volcánico extinto en el que se ha instalado el Observatorio de física del globo de la Universidad de Clermont-Ferrand. Aquí se realizan experimentos de nefología desde aberturas en el flanco de la montaña.

Sphinx es un observatorio astronómico y sede de la Estación de Investigación de Alta Montaña Jungfraujoch, en un pico que da al

Figura 111a: Una espectacular vista del Observatorio Esfinge (Sphinx Observatorium) en los Alpes Berneses, Suiza [Bernhard Klar].

Figura 111b: Observatorio Esfinge (Sphinx Observatorium), Jungfraujoch, Alpes Berneses, Suiza, a 3571 m s. n. m.

Figura 112: Observatorio Meteorológico de Hohenpeißenberg, Baviera, Alemania, a 977 m s. n. m.

Figura 114: Laboratorio-Observatorio Internacional Pirámide CNR, Lobuche, Nepal, a 4980 m s. n. m. Al fondo, el monte Pumori, de 7161 m s. n. m.

Figura 113: Observatorio de Monte Cimone, provincia de Módena, Italia, a 2165 m s. n. m.
De izquierda a derecha y de arriba abajo: la montaña en otoño; el complejo del observatorio
en invierno; Ottavio Vittori esquiando en Pian del Falco en 1959; el Observatorio Climático
Italiano «Ottavio Vittori» del CNR-ISAC en Monte Cimone.

paso homónimo en los Alpes Berneses; es el observatorio más alto de
Europa accesible durante todo el año.

El Observatorio Meteorológico Hohenpeißenberg está a una altitud
más baja, en Baviera (Alemania), y permite al Servicio Meteorológico
Alemán (DWD) monitorizar la atmósfera con muchísimos instrumentos en funcionamiento continuo.

Italia tiene el histórico Observatorio de Monte Cimone de la
Aeronáutica Militar, en la cima del monte del mismo nombre, que es
la cima más alta de los Apeninos septentrionales (2165 m s.n.m.), y
el Observatorio Climático Italiano Ottavio Vittori del CNR-ISAC, dedicado a la memoria de Ottavio Vittori Antisari, primer nefólogo que
trabajó en la cima de la montaña en 1950.

Mención aparte merece el Laboratorio-Observatorio Internacional
Pirámide del CNR en Lobuche, en Nepal (Figura 114), instalado a 4980
m de altitud. Inaugurado en 1990, fue diseñado para llevar a cabo
investigaciones a gran altura en diversos ámbitos científicos, como
meteorología, hidrología, medicina, zoología y botánica. El estudio de
la composición de la atmósfera a gran altura en una zona muy crítica
para los cambios climáticos, como es el subcontinente indio, es el primer objetivo del laboratorio.

* * *

Continuando con nuestro recorrido sobre cómo los nefólogos salen al campo a estudiar las nubes de cerca —y también desde dentro—, el siguiente paso es recorrer las praderas a la caza de tormentas, cumulonimbos y tornados. ¿Qué impulsa a los científicos a adentrarse deliberadamente en el corazón de las tormentas más violentas? La búsqueda de conocimiento los lleva a perseguir nubes que desatan toda la furia de la naturaleza: granizo devastador, rayos cegadores, vientos huracanados, diluvios torrenciales y tornados destructivos. Esta aparente temeridad responde a una pregunta más profunda: ¿qué fuerza interior motiva al ser humano a acercarse a estos fenómenos extremos en lugar de seguir su instinto de supervivencia y huir?

La pregunta tiene al menos dos respuestas: 1) la ciencia quiere conocer los mecanismos de la tormenta y aumentar el conocimiento del hombre sobre los fenómenos naturales; 2) las tormentas ejercen una fascinación irresistible con sus manifestaciones extremas y su belleza apocalíptica. El hombre siempre ha mirado con temor, pero también con gran atracción estas manifestaciones de la naturaleza que lo atemorizan y atraen al mismo tiempo. Durante unas vacaciones en los Alpes me encontré con un ilustre médico que se alojaba en mi mismo hotel. Ante una tormenta, sabiendo quién era yo y a qué me dedicaba, preguntó: «Profesor, me siento irresistiblemente atraído por las tormentas y los rayos. Mi mujer dice que estoy loco y que debo volver a casa porque es un ejercicio peligroso mirarlos tan de cerca. ¿Qué opina? ¿Tiene ella razón o no es tan peligroso?». La respuesta que di se puede sintetizar así: «Querido amigo, yo no puedo decirle que mirar las tormentas de cerca no sea peligroso, porque lo es, y mucho. Sin embargo, ¿cómo puedo impedirle algo que hago yo también y que millones de personas antes que nosotros, desde la Antigüedad, han hecho?». He aquí la clave de la fascinación de las tormentas y he aquí por qué no hay que ser un nefólogo para sentirse atraído por ellas. Ser meteorólogos o físicos de las nubes ayuda a encontrarse en el lugar correcto en el momento correcto y no en el lugar equivocado donde uno se hace daño, pero esa es otra historia y la podemos contar con otras vivencias.

¿Quién no ha experimentado ese momento de vulnerable sobrecogimiento al verse sorprendido por una tormenta en la montaña, lejos de todo refugio? A mí sí y también he tenido miedo. Me encontraba de vacaciones, en pleno julio, en las Dolomitas de Brenta y había ido a la cima en una excursión con mi esposa, uno de mis hijos, mi suegro y nuestro perro, el samoyedo Kimu, feliz por venir con nosotros. Nos habíamos parado para un tentempié de mediodía mientras nubes tormentosas se estaban amontonando. Yo sabía lo que iba a pasar, pero calculé que las tormentas no se desarrollarían antes de la mitad de la tarde, cálculo que lamentablemente resultó erróneo. Mientras estábamos bajando se desató lo que parecía el fin del mundo —con notable adelanto sobre mis desacertadas previsiones—, y las nubes comenzaron a descargar graupel a cubos... acompañado por docenas de rayos. La situación era muy peligrosa y yo era responsable de no haberla previsto adecuadamente. Sin embargo, algo podía hacer. Organicé a mi pequeño grupo en fila india en el centro del canal, bien lejos de las paredes. Los rayos golpeaban la roca en la cima y nosotros logramos, manteniéndonos lejos de árboles y cualquier punta que sobresaliera del terreno, llegar al aparcamiento del coche empapados y amoratados por haber sido blanco del granizo, pero ilesos. Os puedo asegurar que bravuconadas de este tipo no he vuelto a hacer en la montaña y desde entonces he sido extremadamente prudente, utilizando de manera muy conservadora mi saber sobre las nubes.

El primer gran experimento de campo de la era moderna centrado en las tormentas a gran escala fue el Thunderstorm Project llevado a cabo por el US Weather Bureau (que luego se convertiría en el National Weather Service, NWS) en Ohio y Florida en 1946. El proyecto se puso en marcha en respuesta a la necesidad de comprender mejor los daños causados por las tormentas, especialmente al tráfico aéreo. Horace R. Byers y Roscoe R. Braham Jr. (Figura 115) fueron sus artífices y de este proyecto partieron todas las teorías sobre la estructura de las tormentas, en primer lugar la de las tres fases que ya hemos visto en el Capítulo 3 (Figura 49). Es muy instructivo leer las motivaciones del proyecto en un documento original de 1946: «Efectuaremos mediciones dentro de las tormentas por medio de aviones, globos y radares en funcionamiento simultáneo y sincronizados con una densa red de estaciones en el suelo... Estudiaremos y sondearemos la tormenta del mismo modo en que un zoólogo estudia un nuevo organismo». Estamos en los albores de los conocimientos de la estructura tormentosa y el enfoque es todavía el del naturalista. El proyecto contaba con una amplia dotación de medios para la época, incluidos radares y aviones militares adaptados para vuelos con fines meteorológicos

Figura 115: Izquierda: placa conmemorativa del Thunderstorm Project en Florida, en el lugar donde se llevó a cabo este histórico proyecto. Derecha: en la parte superior, Horace R. Byers; en la parte inferior, Roscoe R. Braham Jr.

Figura 116: Plataformas de medición desplegadas durante el Proyecto Tormenta en 1946. Izquierda: SCR584, radar para la medición del campo de viento. Derecha: P-61 Black Widow, avión bombardero nocturno modificado para el vuelo en la nube (*The Thunderstorm Project* por Roscoe R. Braham Jr. – *Bulletin of the American Meteorological Society*, 77, 8, Agosto de 1996. © American Meteorological Society. Usado con permiso).

Figura 117: Efectos de los impactos de granizo en el fuselaje de un P-61 Black Widow después de un vuelo dentro de una tormenta, en Ohio, durante el Thunderstorm Project.

(Figura 116). Sin embargo, eran también tiempos heroicos en los que los investigadores no prestaban demasiada atención a los riesgos que corrían, como demuestran los daños del granizo en el morro de un P-61 (Figura 117). Se sabía todavía relativamente poco de lo que sucedía en el interior de la nube de tormenta y los peligros eran grandes, pero el aumento de conocimiento aportado por este proyecto pionero fue mayor.

Desde los tiempos del Thunderstorm Project la tecnología de observación ha dado pasos de gigante, sobre todo poniendo a disposición modernos instrumentos de teledetección, es decir, radiómetros, radares y lidares[4]. Vamos a descubrir cómo se observan las tormentas en nuestros días, desde el suelo y también desde el interior, por medio de aviones y globos.

---

4   [N. de T] Lídar o lidar es el acrónimo del inglés LIDAR, *Light Detection and Ranging* o *Laser Imaging Detection and Ranging*.

La forma más cercana de efectuar mediciones de los parámetros meteorológicos y microfísicos en proximidad de una tormenta es seguramente la de transportar los instrumentos a bordo de un automóvil, preferiblemente una picop porque tiene una buena superficie de carga y puede ser fácilmente adaptada para alojar instrumentos. En la Figura 118 vemos uno de estos vehículos que alberga anemómetros para medir la velocidad y la dirección del viento, higrómetros y otros instrumentos. Son vehículos como este los que centros de investigación como el National Severe Storms Laboratory (NSSL) de la NOAA en Norman, Oklahoma, mandan a las carreteras del Tornado Alley durante las campañas de medición para recoger datos en tiempo real. Yo personalmente he prestado servicio a bordo de uno de estos vehículos durante el proyecto *Verification of the Origins of Rotation in Tornadoes Experiment* (VORTEX) en 1995. También los cazadores de tornados (*storm chasers*), que van por las Grandes Llanuras de EE.UU. durante la temporada de desarrollo de las tormentas supercélula, utilizan este tipo de automóviles. Podrá parecer extraño, pero estas personas no son investigadores de profesión, sino aficionados a la meteo-

Figura 118: Vehículo equipado para la caza de tormentas. (Noaa-Nssl)

rología de los eventos extremos, y ofrecen su labor gratuitamente para un mejor conocimiento de estos fenómenos. Muchos de ellos utilizan sus vacaciones para dedicarse a esta actividad. Aun siendo cierto que no son científicos profesionales, tienen una notabilísima competencia y conocimiento de los fenómenos y son a menudo consultados también por los expertos institucionales. Debemos decir también que, lamentablemente, han pagado un notable tributo de vidas humanas por el avance del conocimiento, porque este «trabajo» es extremadamente peligroso. El largometraje *Twister* del director Jan de Bont, de 1996 y basado en una idea de Michael Crichton y Anne-Marie Martin, ha ofrecido una perspectiva —necesariamente novelada y con amplio uso de efectos especiales— de los riesgos que corren aquellos que van a la caza de tornados.

Durante el proyecto VORTEX estábamos de viaje para llegar a una localidad de Texas en la punta más al norte del estado y nos paramos para tomar un refrigerio en un puesto de comida rápida hacia el mediodía. Nuestro automóvil instrumentado estaba aparcado en el exterior de la estructura. Cuando salimos con nuestros bocadillos descubrimos que el coche había sido flanqueado por el del sheriff del condado. El hombre de uniforme, con gran bigote, un sombrero Stetson de ala ancha y un colt de imponentes dimensiones en el cinturón, bajó y nos preguntó qué estábamos haciendo. Estaba alarmado

Figura 119: El radar Doppler sobre Wheels-3 en acción en el campo (Center for Severe Weather Research).

y quería saber si había peligro inminente de tornado. Lo tranquilizamos diciéndole que solo estábamos de camino para encontrar tornados en otra parte, y respiró aliviado. ¿Entendéis lo que significa vivir en Tornado Allye, el Callejón de los Tornados?

Otro componente fundamental de los sistemas de observación móviles de las nubes está representado por los radares meteorológicos sobre ruedas. En particular, los radares que se basan en el efecto Doppler (el mismo que permite entender si una ambulancia se está acercando o alejando escuchando la frecuencia del sonido de la sirena) son cruciales para medir el viento en tiempo real y para identificar la eventual presencia de estructuras rotatorias, indicio de los tornados. El Doppler on Wheels (DOW) es una flota de radares sobre ruedas que depende del Center for Severe Weather Research (CSWR) de Boulder (Colorado) para investigaciones de campo de las tormentas con tornados (Figura 119). Es un instrumento único por su capacidad de desplazamiento rápido, que permite a los investigadores disponer del radar en el momento justo y en el lugar correcto, cosa no posible con los radares de posición fija. En la Figura 120 se muestra un típico mapa de reflectividad de radar de una tormenta con tornado con la característica estructura en gancho (*hook echo*) en el lugar de formación del tornado. El punto fuerte de este tipo de radar es su velocidad de escaneo, que sigue el desarrollo del tornado con un inigualable detalle espacio-temporal. La capacidad de observación del radar es luego aumentada por la red de sensores meteorológicos que en general se instalan rápidamente alrededor del instrumento y que completan las potencialidades de observación de alta resolución de la tormenta.

El estudio en campo de las tormentas, como ya se ha mencionado anteriormente —proyectos como el Thunderstorm Project y VORTEX—, se basa en grandes iniciativas que requieren años de planificación y organización, así como una inversión económica considerable para su puesta en marcha. Estos proyectos suelen surgir de una idea que nace dentro de una comunidad científica, la cual se plantea preguntas específicas que exigen campañas de medición sin precedentes. Una vez identificadas las cuestiones clave, la comunidad científica trabaja para convencer a los organismos financiadores, tanto nacionales como internacionales, de la urgencia de responder a estas preguntas mediante un proyecto bien estructurado y adecuadamente financiado. No siempre es fácil llegar a la fase de ejecución, ya que no siempre se dan las condiciones adecuadas ni se dispone de los fondos necesarios. Sin embargo, los recursos suelen llegar cuando la pregunta está bien formulada y

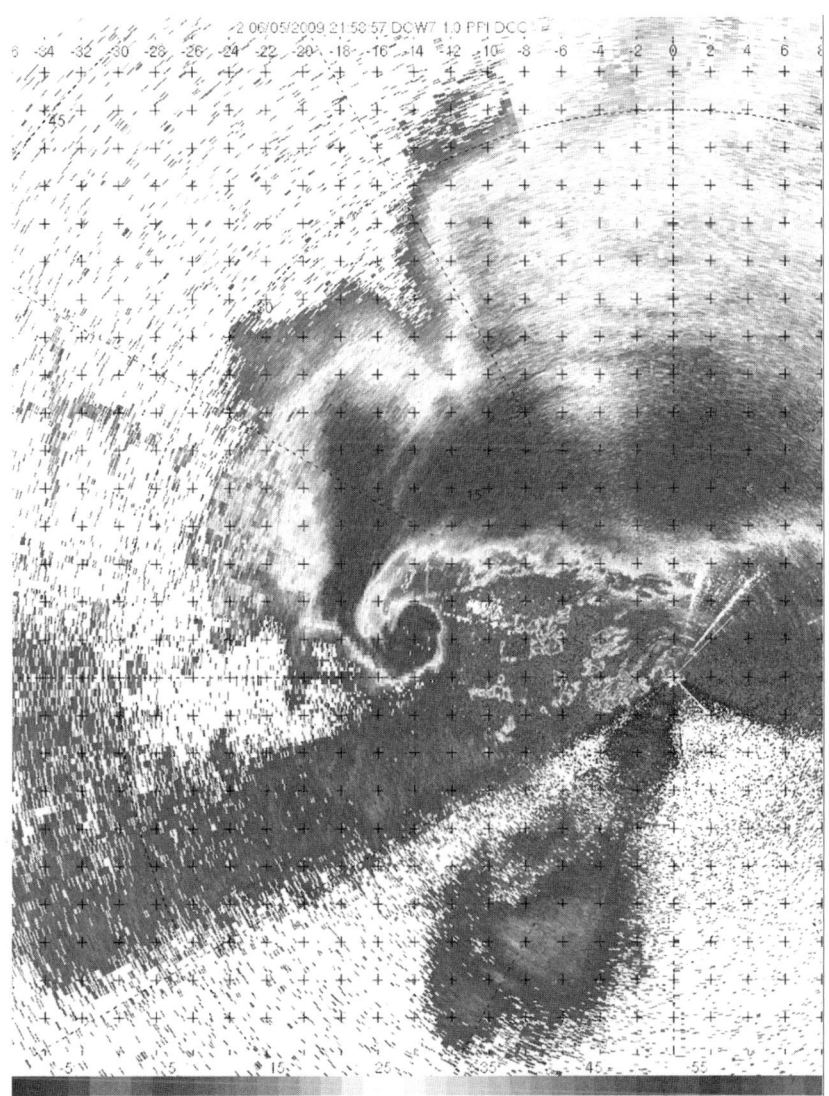

Figura 120: Imagen típica de reflectividad del radar DOPPLER ON WHEELS-3 apuntado a una tormenta tornádica. En el centro de la imagen se observa la característica forma de gancho (*hook echo*), indicio de la formación de un tornado [Center for Severe Weather Research]. ⊡ Hay una versión a color de esta figura en los cuadernillos.

los resultados potenciales se explican de manera convincente. En esos casos, los medios se despliegan en el campo y el proyecto se prepara para su ejecución. Un ejemplo de esto es el Midlatitude Continental Convective Clouds Experiment (MC3E), que tuvo lugar entre el 22 de abril y el 6 de junio de 2011 cerca de Lamont, Oklahoma. Este experimento tenía como objetivo estudiar el ciclo de vida de una tormenta convectiva continental. Como se observa en la Figura 121, el avión instrumentado volaba por encima y dentro de la nube, mientras que los sistemas de radar escaneaban la tormenta desde múltiples posiciones. Al mismo tiempo, los sistemas de medición en tierra registraban la precipitación y la velocidad del viento.

*   *   *

Y hemos llegado al encuentro íntimo: volar dentro de una nube. Una idea un poco loca, especialmente si consideramos que, en condiciones normales, los pilotos evitan las nubes y las tormentas tanto como sea posible para prevenir consecuencias desagradables para la aeronave y los pasajeros. Pues hay personas que, por el contrario, buscan activamente las nubes y se adentran en ellas para estudiarlas de cerca, muy de cerca. Por supuesto no es posible volar dentro de cualquier nube

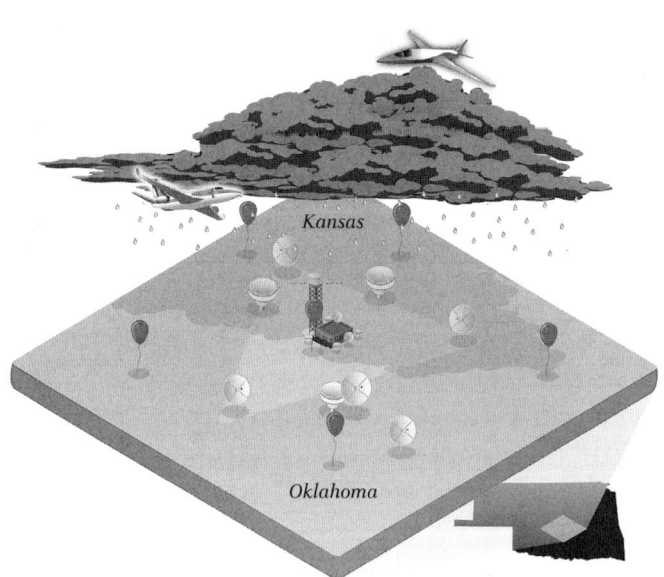

Figura 121: Proyecto experimental del *Midlatitude Continental Convective Clouds Experiment* (MC3E) en las llanuras de Oklahoma. El área abarca parte de Oklahoma y Kansas, como se muestra en el mapa estilizado en negro en la parte inferior derecha [nasa].

con cualquier avión: se necesitan aeronaves específicamente modificadas e instrumentadas para este tipo de misiones. En la Figura 122 se muestran algunos ejemplos de estos aviones. El P-3 de la NOAA es un avión que muchos habrán visto en documentales sobre huracanes, se utiliza para monitorear estos fenómenos sobre el Atlántico. Es un cuatrimotor turbohélice Lockheed con una autonomía de 8 a 10 horas, diseñado para volar a gran altura sobre los huracanes y equipado con una serie de instrumentos para observar las nubes y los hidrometeoros. Por otro lado, el ER-2 de la NASA nos transporta a los tiempos de la Guerra Fría. Este avión supersónico estratosférico deriva de los famosos aviones espía estadounidenses U-2, que sobrevolaban la antigua Unión Soviética para espiar su capacidad militar. En tiempos de paz, estos aviones se han reconvertido en plataformas para volar por encima de las nubes, equipados con radares y radiómetros para el estudio de las tormentas.

Figura 122: Algunos de los aviones de investigación en nubes más modernos. De izquierda a derecha y de arriba a abajo: NOAA P-3, NASA ER-2, BAE-146-301 UK y HALO DLR.

Figura 122b: NASA ER-2, Amnstrong, en el County Air Show, de
Los Ángeles, California [Santiparp Wattanaporn].

Figura 122C: El P-3 NOAA HURRICANE HUNTER expuesto en Salina, Kansas [Alex Erwin].

En Europa, varios países también han desarrollado aeronaves similares. Los ingleses, por ejemplo, han desplegado durante décadas una flota de aviones de investigación, entre los que destaca el BAE 146-301 de British Aerospace. Este avión, operado por un consorcio que incluye la UK MET Office, el National Research Council (NRC) y varias universidades británicas, es un cuatrimotor turbopropulsado de largo alcance, diseñado para la física de las nubes y la monitorización de sistemas precipitantes y gases menores. Finalmente, no podemos olvidar el High Altitude and Long Range Research Aircraft (HALO) de la Agencia Espacial Alemana (DLR), un avión Gulfstream G550 para vuelos estratosféricos y troposféricos, con una gran capacidad para transportar instrumentos avanzados, especialmente de teledetección.

Pero si pensamos que ya es un ejercicio peligroso hacer incursiones en las nubes con aviones muy avanzados y veloces como los descritos anteriormente, aún no hemos visto nada. De hecho, normalmente estos aviones se mantienen bien alejados de las nubes tormentosas, sobre todo de aquellas con granizo, por razones obvias. El granizo en la nube puede alcanzar dimensiones muy relevantes y velocidades de impacto sobre una aeronave tales como para comprometer su integridad estructural (como hemos visto en la Figura 117). Merece un discurso aparte un avión muy particular, aparentemente insignificante respecto a las joyas examinadas: el North American T-28 Trojan, un pequeño monomotor de la University of South Dakota School of Mines and Technology (SDSM&T). Este pequeño aeroplano puede penetrar las nubes con granizo porque sus alas y el fuselaje están blindados, convirtiéndolo en una verdadera caja fuerte volante. Sobra decir que este avión no es en absoluto veloz porque es un monomotor muy pesado, pero es extremadamente robusto, y permite resistir el impacto de granizo durante breves vuelos de incursión. He tenido la oportunidad de ver volar este pequeño avión dentro de nubes productoras de granizo durante el proyecto VORTEX, y la impresión que deja es la de una aeronave extremadamente ruidosa y lenta, que entra y sale de la nube una y otra vez, aparentemente sin preocuparse por el peligro. El piloto es un profesional altamente competente, pero también parece contar con una buena dosis de audacia, casi rayana en la inconsciencia.

¿Cómo logra un avión penetrar dentro de una nube? La pregunta es interesante, ya que la estructura de una nube varía significativamente según la altitud y el momento en que se observa. ¿Por dónde se entra y por qué? En la Figura 123 se muestra la geometría típica de un vuelo de incursión en una nube. El avión comienza su reco-

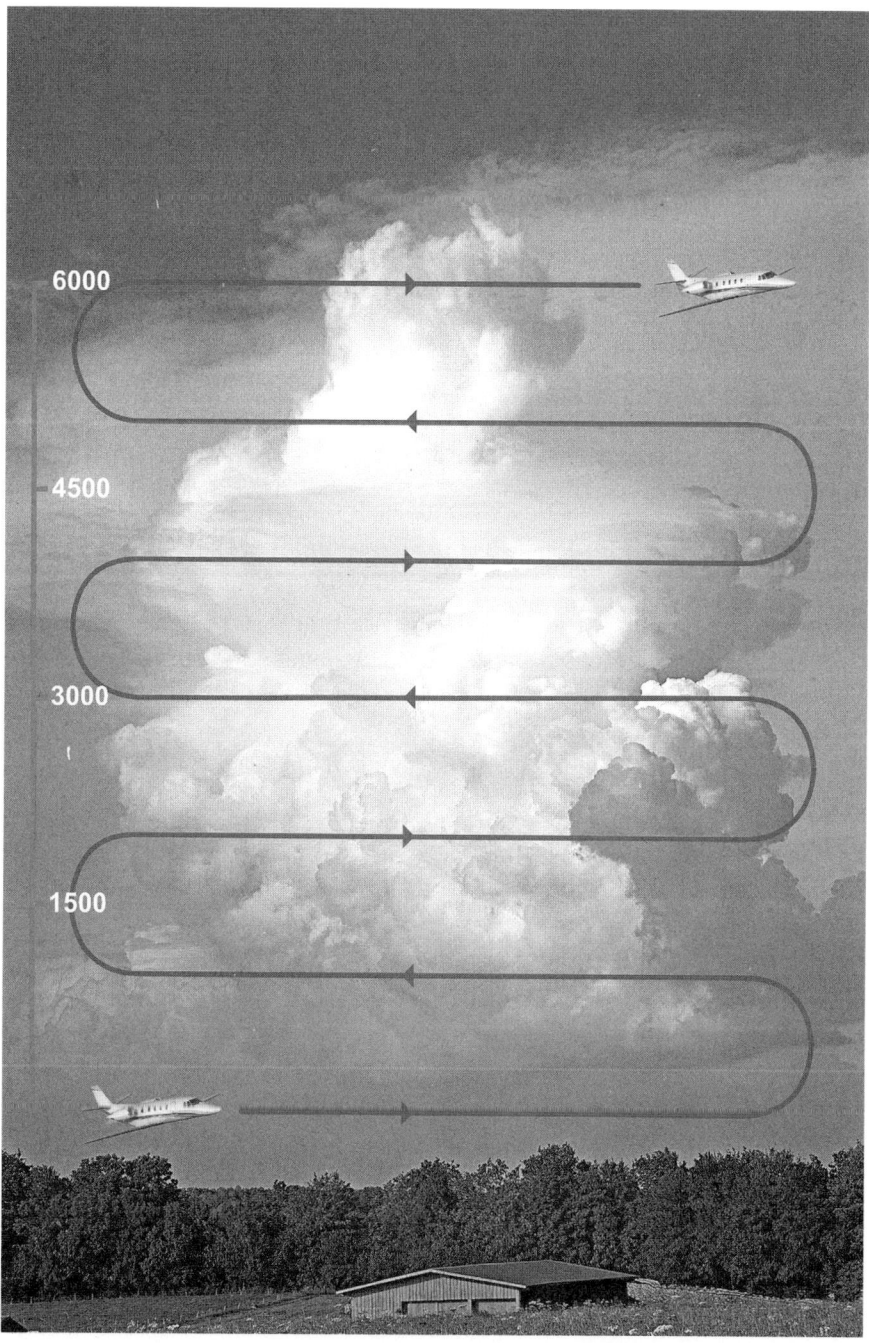

Figura 123: Altura en metros y geometría de vuelo de un avión equipado con instrumentos durante la penetración de una nube convectiva.

rrido por debajo de la nube, documentando el ascenso del aire cálido y húmedo, así como la precipitación, si la hay. Luego, asciende realizando un giro de 180 grados para penetrar en la parte más baja de la nube, y continúa subiendo hasta alcanzar su cima. Cada incursión dura apenas unos segundos, ya que el avión se mueve a gran velocidad. De esta manera, se realiza una especie de «tomografía» de la nube a diferentes altitudes, estudiando su desarrollo tanto vertical como horizontal. Normalmente, se llevan a cabo múltiples vuelos de este tipo en una nube bajo estudio. El centro de control en tierra guía al piloto mediante imágenes de radar, que no solo ayudan a identificar las zonas más interesantes para dirigir el avión, sino que también protegen al piloto y a la tripulación en caso de peligro inminente.

Tratemos ahora de entender en qué consiste el trabajo experimental realizado a bordo de estos aviones tan especiales durante las incursiones en las nubes. En la Figura 124 vemos un impresionante Cessna Citation de la Universidad de Dakota del Norte, equipado con instrumentos para muestrear los hidrometeoros en el interior de las nubes. Pensemos que, durante el vuelo dentro de la nube, no es posible utilizar equipos de laboratorio que requieren tiempo para realizar mediciones. Si usáramos un termómetro convencional, que necesita un tiempo para ajustarse a la temperatura externa (como cuando medi-

Figura 124: Cessna Citation de la Universidad de Dakota del Norte, equipada para el vuelo en nubes (izquierda). Detalle del ala con instrumentos para el muestreo de hidrometeoros (derecha).

mos la temperatura corporal bajo la axila), el avión ya habría salido de la nube y la medición sería inútil. Por lo tanto, se necesitan instrumentos de respuesta extremadamente rápida, casi instantánea, para medir en el lugar exacto donde se encuentra el avión en un momento dado. En la Figura 124 se observa que, bajo el ala, están montados dos de estos instrumentos, con una estructura muy aerodinámica. Notamos que están colocados casi en la punta del ala. ¿Por qué? La razón es que las mediciones deben realizarse lo más lejos posible de las perturbaciones generadas por el avión. Aunque esto no siempre es factible, montar los instrumentos lejos del fuselaje es la solución más satisfactoria, a pesar de que el ala también cause ciertas perturbaciones. De esta manera, se acercan lo más posible a las condiciones de una nube «virgen», no alterada por la intervención humana.

Los instrumentos para muestrear hidrometeoros en las nubes suelen derivar de tecnologías avanzadas desarrolladas a través de la investigación científica. En los inicios de los vuelos para estudiar la física de las nubes, el muestreo era muy «artesanal»: se untaba una hoja de plástico, madera o metal con un gel resistente al hielo, y luego se montaba en el ala del avión. Las gotitas y los cristales impactaban en la superficie de la hoja, dejando su huella en el gel. Una vez que el avión aterrizaba, la hoja se llevaba al laboratorio para contar el número de huellas (cráteres) dejadas por las gotitas, así como su forma y tamaño. De esta manera, se obtenía una idea de la composición de la nube. Sin embargo, este método tenía un problema: las gotitas y los cristales más pequeños seguían el flujo de aire alrededor de la hoja y no la golpeaban. Por lo tanto, las mediciones solo eran representativas de los hidrometeoros más grandes, lo que distorsionaba los resultados. Era necesario pensar en algo diferente, y *Particle Measuring Systems* (PMS) desarrolló un nuevo instrumento, que vemos en la Figura 125.

El instrumento PMS consiste en un cilindro metálico montado bajo el ala del avión, con una forma aerodinámica de ojiva que minimiza la perturbación del flujo de aire. En la parte frontal del instrumento, dos cilindros metálicos alojan un pequeño láser y un fotodiodo, un sensor sensible a la luz. El aire fluye entre estos dos elementos, y el láser ilumina los hidrometeoros contenidos en ese volumen de aire. Cuando una gotita o un cristal pasan a través del rayo láser, este se interrumpe, dejando una huella oscura en el fotodiodo. De esta manera, el hidrometeoro deja un rastro que es registrado por el ordenador de a bordo. Sin embargo, esta traza es bidimensional, mientras

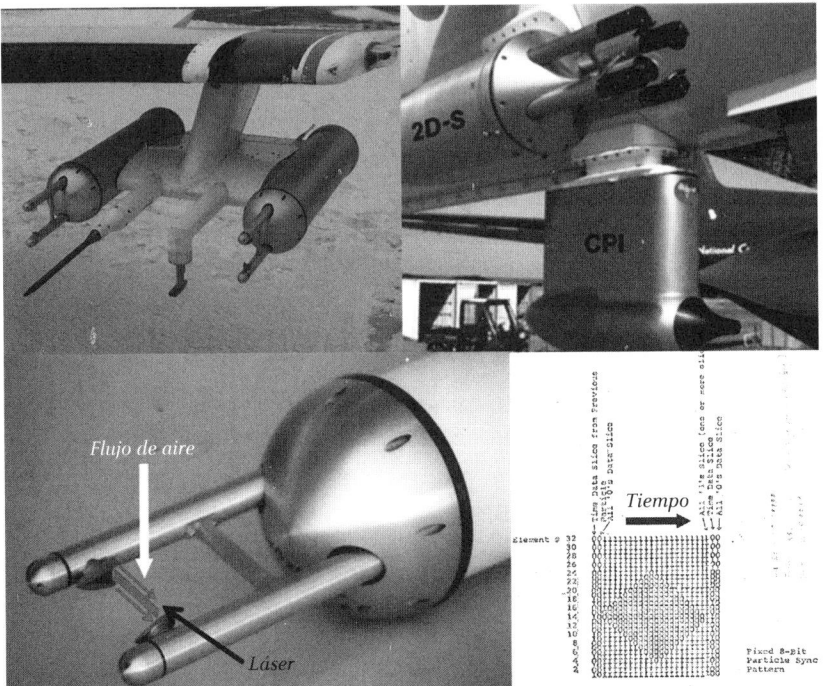

Figura 125: Medidores de hidrometeoros en nubes del *Particle Measuring System* (PMS). De izquierda a derecha y de arriba a abajo: montaje aerodinámico bajo el ala; medidor 3D; geometría de medición con el rayo láser (flechas que conectan las dos puntas del instrumento) y el flujo de aire (flecha vertical); adquisición típica de la forma de una partícula mediante su identificación en la matriz activa del sensor.

que los hidrometeoros tienen una estructura tridimensional. Para resolver esto, se ha desarrollado un instrumento con dos láseres que iluminan los hidrometeoros desde dos direcciones perpendiculares, proporcionando una imagen en 3D de las partículas. En la Figura 126 se muestran algunos ejemplos de adquisiciones realizadas por instrumentos PMS durante campañas de medición en nubes desde aviones. Otra forma de muestrear virtualmente las partículas en la nube es utilizar cámaras de altísima resolución, que capturan la forma y el tamaño de los hidrometeoros (Figura 127).

La imaginación de los científicos que estudian las nubes no tiene límites. Una de las primeras estrategias que los meteorólogos desarrollaron para obtener una imagen precisa del estado de la atmósfera en un momento dado fue utilizar globos llenos de helio que lleva-

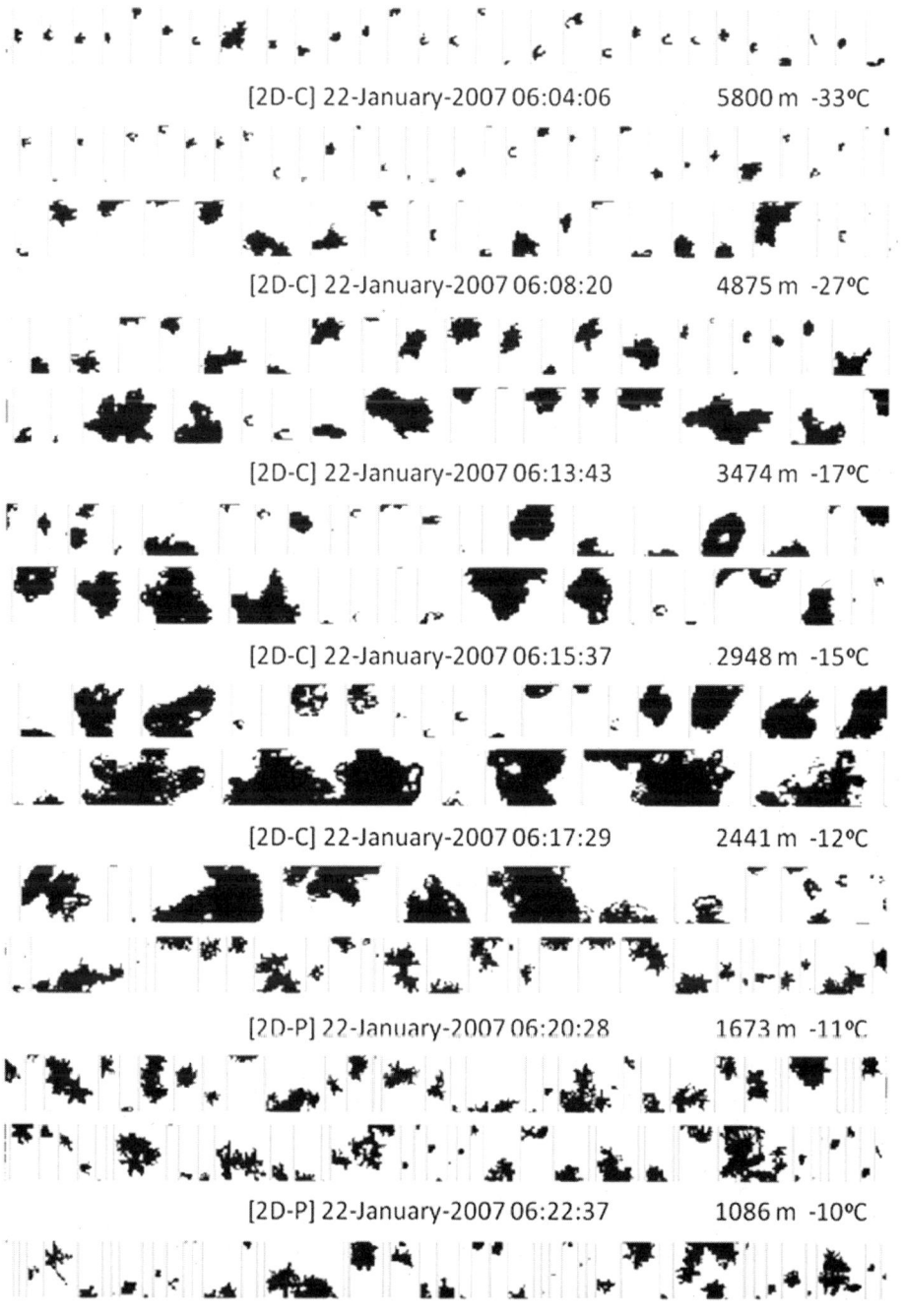

Figura 126: Ejemplos de registros de instrumentos PMS en nubes con cristales de hielo.

225

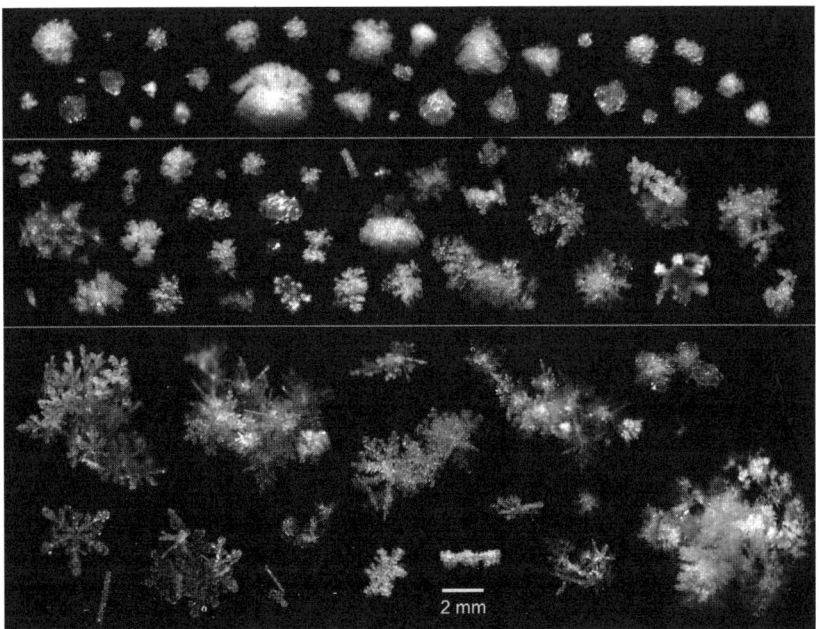

Figura 127: Imágenes de hidrometeoros captadas por una cámara de alta resolución montada en el ala del avión. (Tomado de Timothy J. Garrett y Sandra E. Yuter, «Observed Influence of Riming, Temperature, and Turbulence on the Fallspeed of Solid Precipitation», en *Geophysical Research Letters*, 41, 18, 28 de septiembre de 2014, pp. 6515-6522).

ban una pequeña sonda de poliestireno equipada con instrumentos básicos: termómetro, higrómetro, medidor de presión y, en algunos casos, un sensor GPS para determinar la posición. Estos globos sonda se lanzan en horarios establecidos (llamados sinópticos) y de manera sincronizada en todo el mundo, coordinados por la Organización Meteorológica Mundial (OMM). Pero, ¿cómo realizar estos lanzamientos durante eventos tormentosos intensos? Un globo no tendría ninguna posibilidad de alcanzar grandes alturas, ya que sería destruido por los fuertes vientos, el granizo y las descargas eléctricas. Los técnicos del NCAR en Boulder, Colorado, dieron vuelta al problema y, hace algunos años, inventaron la *dropsonde*, una sonda que, en lugar de ascender, desciende a través de la nube colgada de un pequeño paracaídas. En la Figura 128 vemos la sonda en vuelo después de ser lanzada desde un avión. Estas sondas penetran la nube y transmiten mediciones en tiempo real al avión, donde los ordenadores almacenan los datos. De esta manera, se obtiene un sondeo preciso y confiable de lo que ocurre dentro de la nube a diferentes altitudes.

Figura 128: La dropsonda diseñada por el NCAR de Boulder, Colorado, descendiendo con su paracaídas tras ser liberada desde la fuselaje de un avión [© UCAR, foto de Carlye Calvin].

Las dropsondas también son adecuadas para su uso automático, al igual que los globos sonda tradicionales. De hecho, se utilizan a bordo de aviones no tripulados, conocidos como *Unman-ned Aerial Vehicle* (UAV) o aeronaves pilotadas a distancia (*Remotely Piloted Aircraft,* RPA). Un ejemplo se muestra en la Figura 129. Inicialmente diseñados para uso militar (y comúnmente llamados «drones»), pronto se descubrió que su empleo en la monitorización atmosférica ahorraba tiempo y dinero, además de permitir campañas de medición sin poner en riesgo la vida de pilotos y científicos. Estos aviones pueden volar al doble de la altitud de los aviones comerciales y tienen una autonomía de hasta 26 horas consecutivas. Además, no necesitan penetrar las nubes, ya que están equipados con los instrumentos de teledetección más avanzados y dropsondas.

Hemos mencionado varias veces los radares meteorológicos y su uso en la física de las nubes. Aunque este no es el lugar para profundizar en la meteorología radar, es interesante entender cómo estos instrumentos nos ayudan a comprender la estructura interna de una nube desde la comodidad de una consola en tierra. La palabra «radar» es un acrónimo que significa *Radio Detection And Ranging*, lo que indica su propósito: emitir ondas electromagnéticas que, al chocar con un obstáculo, son reflejadas, proporcionando información sobre la distancia del objetivo. El radar moderno fue desarrollado durante la Segunda Guerra Mundial, aunque científicos como Guglielmo

Figura 129: El avión no tripulado Global Hawk [NASA].

Marconi ya habían trabajado en conceptos similares a principios del siglo xx. En la física de las nubes, el radar es una herramienta esencial para detectar hidrometeoros precipitantes y medir la intensidad de la precipitación. Las versiones Doppler se utilizan para medir el campo de viento, pero hoy en día los radares más importantes para el estudio de las nubes son los radares polarimétricos.

Un radar polarimétrico es capaz de explotar la componente transversal de las ondas electromagnéticas, es decir, su polarización. Los estados de polarización más comunes son horizontal/vertical (h/v) y circular a derechas/izquierdas (rhc/lhc). La respuesta diferencial de los hidrometeoros a estas ondas permite identificar su forma, orientación y fase (sólida o líquida). En la actualidad, las redes de radares meteorológicos de los servicios meteorológicos mundiales están siendo modernizadas para incorporar tecnología polarimétrica, lo que permite previsiones a muy corto plazo mucho más precisas, especialmente para eventos de precipitación intensa. La Figura 130 muestra un ejemplo ilustrativo de las capacidades de estos radares, captando una tormenta con granizo.

Sin embargo, las nubes no son siempre fenómenos localizados y de dimensiones reducidas. Como veremos en los capítulos siguientes, pueden cubrir vastas áreas y están estrechamente vinculadas a la meteorología, la hidrología y el clima. Precisamente por esta razón, la nefología, después de años de fructíferos estudios, ha salido al gran

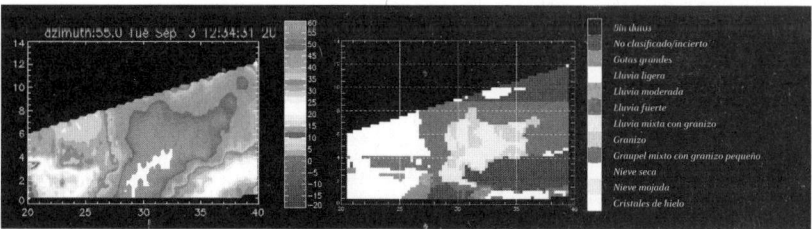

Figura 130: Clasificación polarimétrica de una nube tormentosa con granizo. Arriba: reflectividad en dBZ de la nube (el núcleo blanco indica una señal fuera de escala debido a la alta concentración de granizo). Clasificación de las hidrometeoros en la nube. Los números en los ejes representan la distancia al radar en kilómetros, tanto en dirección vertical como horizontal [Pier Paolo Alberoni, Arpae Servizio Idro-Meteo-Clima]. ⊡ Hay una versión a color de esta figura en los cuadernillos.

Figura 129b: El avión no tripulado RQ-4B Global Hawk en el Museo
Nacional de la USAF, en Dayton, Ohio [Andreas Stroh].

laboratorio de la atmósfera. Ahora se necesitan sistemas de observación a gran escala que proporcionen datos repetibles y sistemáticos. La visión verdaderamente global de las nubes solo puede obtenerse desde plataformas satelitales, que observan la Tierra de manera continua. Esto es algo en lo que he estado trabajando durante mucho tiempo, buscando un punto de vista paradójicamente «más cercano» a las nubes. Paradójico, porque hasta ahora hemos coincidido en que la única forma de observar las nubes «desde dentro» es penetrándolas de alguna manera. Sin embargo, estudiar una única nube en un lugar específico no nos dice todo sobre cómo se forman las nubes en general o cómo interactúan con su entorno. La única manera de obtener una comprensión precisa es observarlas en la naturaleza de forma regular y en todas las condiciones físico-químicas posibles. Aquí es donde entran en juego los satélites. Pero, ¿cómo pueden ayudarnos si no penetran las nubes? Debe haber una forma particular de utilizarlos para entender qué ocurre en su interior.

El primer satélite meteorológico lanzado con éxito fue el *Television InfraRed Observation Satellite-1* (TIROS-1), puesto en órbita el 1 de abril de 1960. Equipado con una cámara, transmitió datos durante 78 horas antes de apagarse. Desde entonces, la meteorología satelital, los satélites y los instrumentos de medición han alcanzado niveles extraordinarios de sofisticación y complejidad. Hemos pasado de sensores que observan las nubes en el espectro visible, similares a cámaras fotográficas, y en el infrarrojo, que actúan como termómetros, a sensores de microondas y radares espaciales. La flota actual de satélites en órbita para la meteorología y el clima cuenta con varias decenas de unidades que exploran toda la atmósfera desde ángulos de observación complementarios.

El concepto de observación satelital se basa, al igual que los radares terrestres, en la teledetección, es decir, la observación remota de las nubes utilizando la radiación que emiten o reflejan en distintas longitudes de onda. Los radares satelitales funcionan bajo el mismo principio que los terrestres, pero utilizan longitudes de onda y geometrías de escaneo adaptadas a la altitud y la navegación del satélite. No profundizaremos en los detalles técnicos para no aburrir al lector, pero es importante entender por qué se utilizan ciertos sensores y cómo nos ofrecen una plataforma privilegiada para observar las nubes.

La perspectiva esencial, incluso en el caso de los satélites, es tridimensional. Por ello, se necesitan sensores capaces de penetrar las nubes. Los sensores de microondas y los radares son los más adecuados para este propósito. La *Global Precipitation Measurement* (GPM) es la misión más importante en este ámbito, y en ella participan muchas naciones europeas (Figura 131). Los radiómetros de microondas y los radares de la constelación GPM nos ofrecen una visión sin precedentes de la composición agua-hielo de las nubes mientras estas se están desarrollando. Hasta ahora, había sido imposible separar de manera clara el hielo del agua líquida en las observaciones globales de las nubes, lo que limitaba la aplicación de estos datos en la previsión

Figura 131: El Core Observatory de la misión *Global Precipitation Measurement* (GPM) de la NASA.

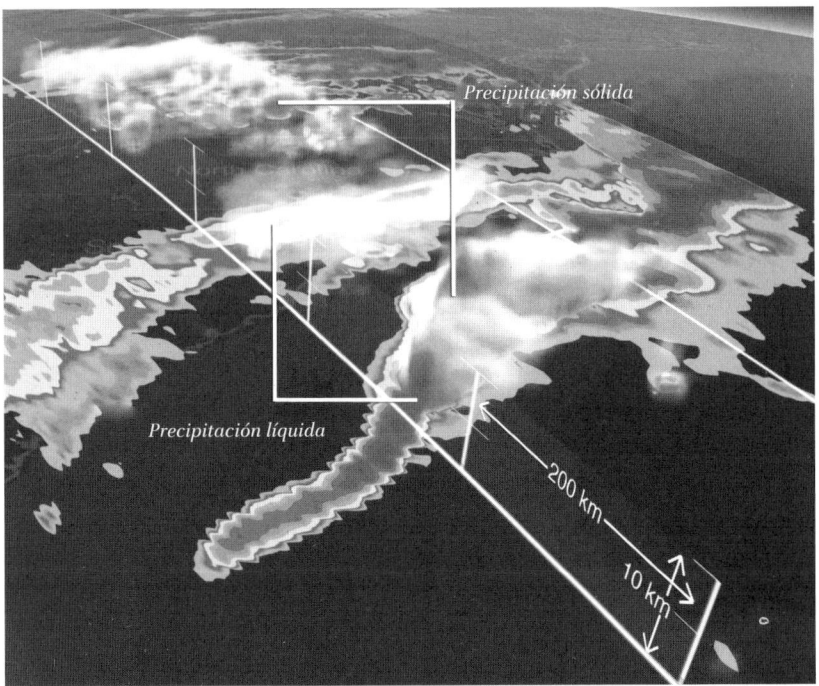

Figura 132: Tormenta de nieve observada por primera vez por la misión GPM el 17 de marzo de 2014. Los tonos azules representan la precipitación en estado sólido, mientras que los tonos rojos indican la precipitación en estado líquido [NASA]. ⊡ *Hay una versión a color de esta figura en los cuadernillos.*

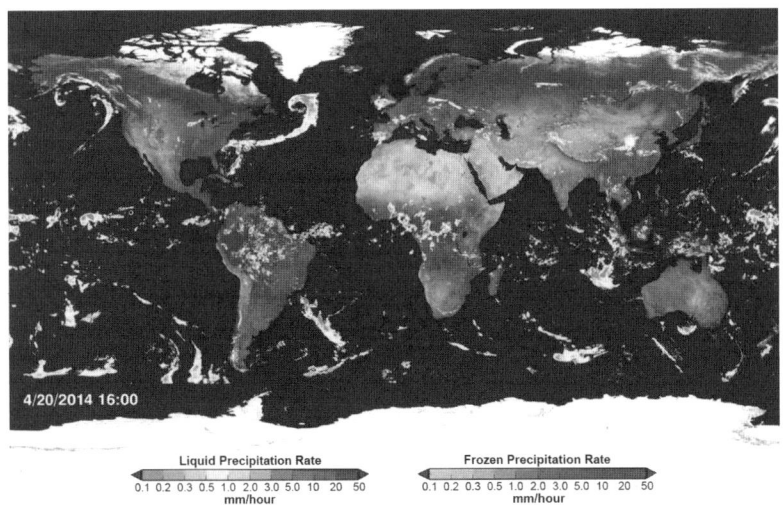

Figura 133: Mapa global de precipitación obtenido a partir de la constelación de satélites GPM. Por primera vez en la historia, el mapa incluye tanto la componente líquida como la sólida, y la cobertura geográfica se extiende hasta los 60° de latitud norte y sur [NASA]. ⊡ *Hay una versión a color de esta figura en los cuadernillos.*

meteorológica y los modelos climáticos. La Figura 132 muestra cómo las nubes son ahora visibles desde el espacio en toda su complejidad, incluso mientras producen precipitaciones de nieve. Si queremos entender lo que esto significa a escala global, basta con observar el mapa de precipitación líquida y sólida en todo el planeta (Figura 133). Estas dos figuras ilustran cómo nuestro conocimiento de los fenómenos precipitantes está avanzando significativamente, en paralelo con la disponibilidad de datos que mejoran la precisión de las previsiones a corto y medio plazo.

Sin embargo, las previsiones meteorológicas no son las únicas actividades humanas que se benefician de esta nueva forma de observar las nubes y la precipitación. La Figura 134 muestra una aplicación menos conocida, pero de gran impacto potencial para la protección del territorio y la vida humana. En algunas regiones del mundo, especialmente en áreas montañosas con suelos inestables, las precipitaciones pueden provocar deslizamientos de tierra y avalanchas. En la cordillera del Himalaya, estos fenómenos alcanzan proporciones catastróficas, causando miles de víctimas. Sin embargo, mi país y los del entorno tampoco están exentos de estos riesgos, dada su conformación geográfica y el estado de desequilibrio hidrogeológico.

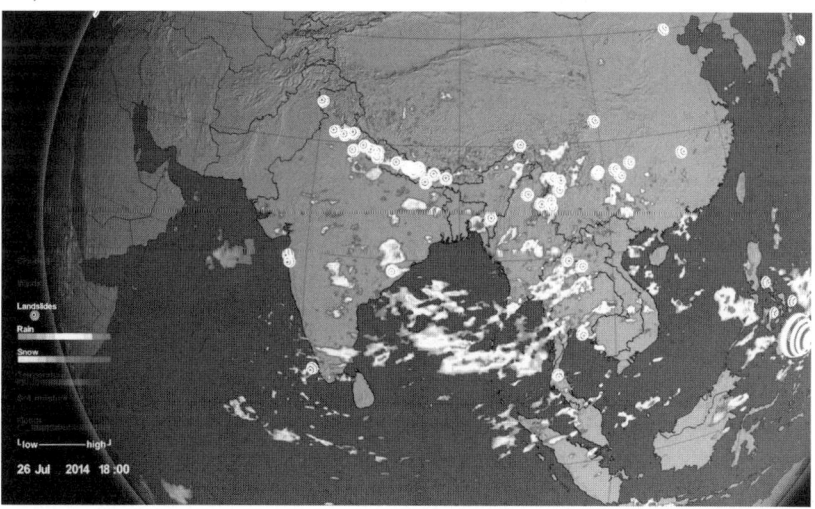

Figura 134: Aplicación de los datos satelitales al monitoreo de deslizamientos de tierra y corrimientos en zonas críticas del mundo, en este caso, la cordillera del Himalaya, una de las más afectadas por estos fenómenos. Los círculos indican las zonas de mayor incidencia de deslizamientos, su frecuencia e impacto [NASA]. ⊡ *Hay una versión a color de esta figura en los cuadernillos.*

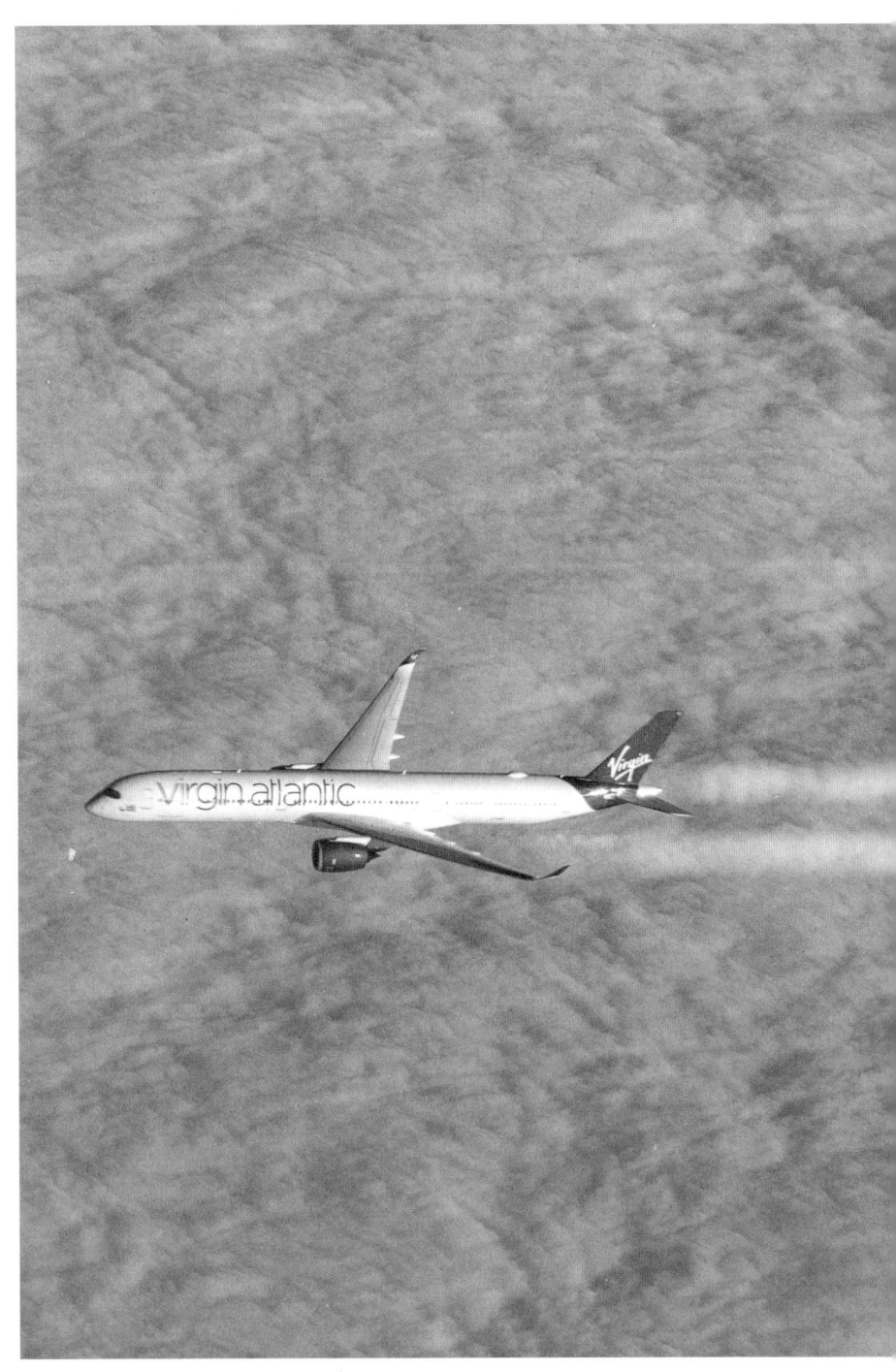

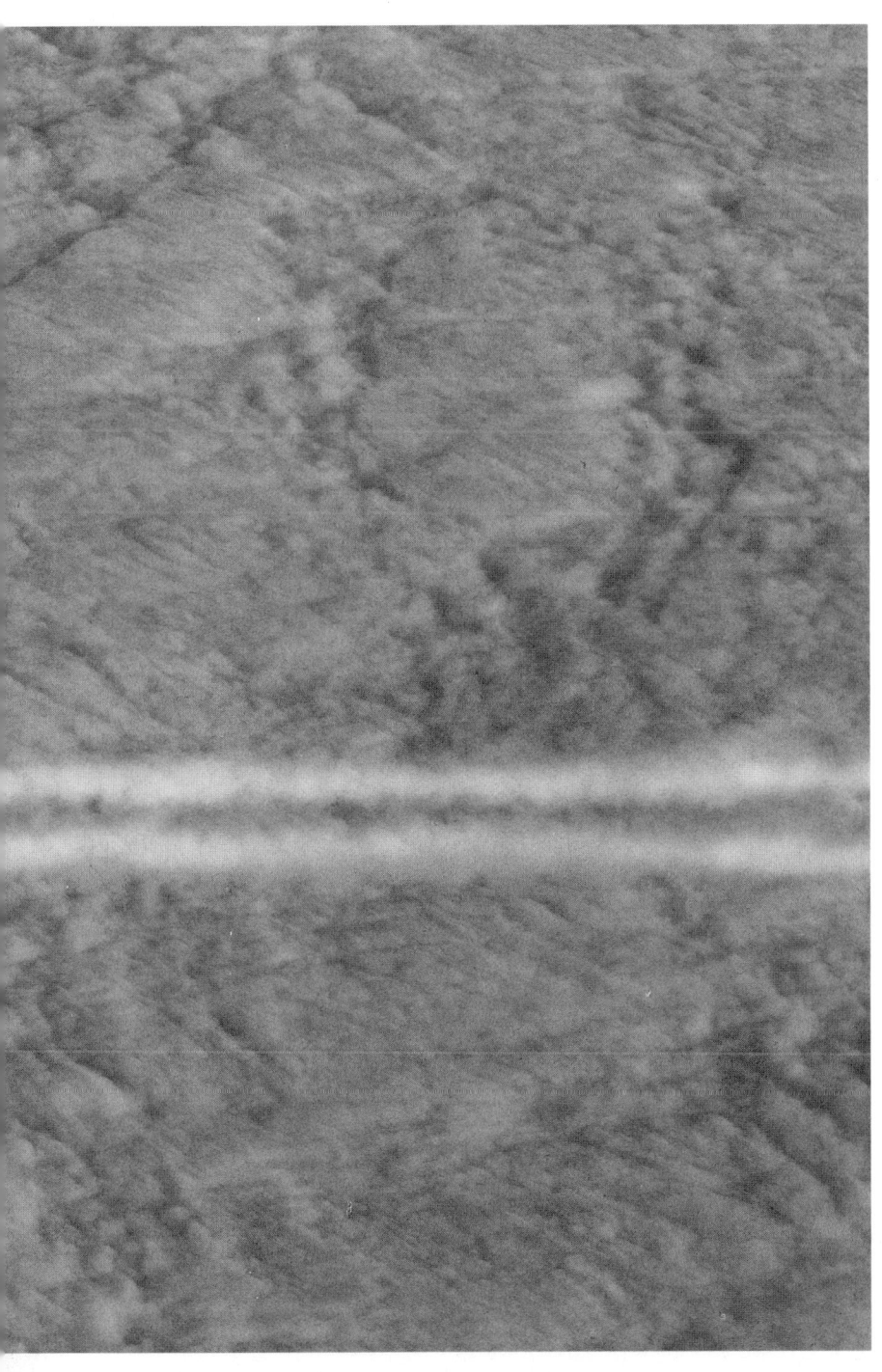

Un avión de Virgin Atlantic deja una estela de condensación
sobre un mar de nubes [Maarten Zeehandelaar].

Hemos llegado al final de nuestro viaje al interior de las nubes, explorando cómo el ser humano ha desarrollado herramientas y métodos para comprender los mecanismos físicos y químicos que gobiernan su formación y evolución. Pero el conjunto es mucho más complejo de lo que hemos descrito, y por razones de brevedad, no hemos mencionado muchos otros sistemas de observación que operan junto a los que hemos analizado. La Figura 135 nos ofrece una idea de la extensa red de observación que abarca desde los satélites geoestacionarios, situados a 36 000 km de altitud, hasta los teléfonos móviles de voluntarios que participan en iniciativas de ciencia ciudadana (*citizen science*), contribuyendo al esfuerzo global coordinado de medición. Estas observaciones son fundamentales para proporcionar datos de entrada a los modelos de previsión meteorológica y climática, ayudándonos a entender mejor el tiempo actual y los cambios climáticos que están por venir. Precisamente de esto nos ocuparemos en los próximos dos capítulos.

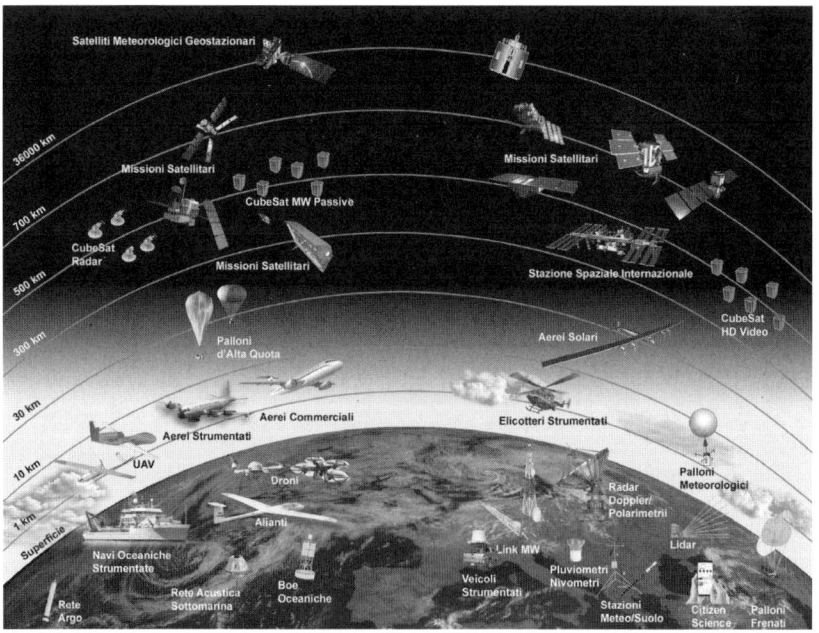

Figura 135: Los sistemas de observación de nubes y precipitaciones que forman parte del sistema global de la OMM. ⊡ *Hay una versión a color de esta figura en los cuadernillos.*

7. METEOROLOGÍA Y NUBES

La nefología es una disciplina estrechamente relacionada con la meteorología, como hemos visto a lo largo de este texto, pero no son sinónimos. El meteorólogo se enfoca en el estado presente y futuro de la atmósfera, del cual las nubes son una parte integral, quizás la más visible. Sin embargo, las previsiones meteorológicas abarcan un espectro mucho más amplio que la simple observación de las nubes.

Después de todo lo discutido en los capítulos anteriores, uno podría pensar que cualquiera de nosotros es capaz de predecir el tiempo simplemente observando las nubes y tratando de entender su evolución. En términos generales, esto es cierto, pero con importantes limitaciones. No es posible predecir el tiempo con 24, 36 o 48 horas de antelación solo mirando las nubes. Lo que sí podemos hacer es obtener indicaciones meteorológicas a muy corto plazo basándonos en su color, forma, velocidad de formación, dirección de procedencia y otros detalles visuales. Veamos algunos ejemplos que se derivan de lo que hemos analizado anteriormente.

Imaginemos un cielo inicialmente despejado en el que, de repente, comienzan a aparecer nubes altas y delgadas, como los cirros. A medida que estas se hacen más evidentes, se transforman en cirroestratos y, finalmente, en nubes cada vez más densas. Este proceso es una señal clara de la aproximación de un frente frío y de un empeoramiento del tiempo en las próximas horas. Es probable que lleguen tormentas, la temperatura descienda y comience a llover. Por otro lado, si en invierno el tiempo se vuelve «deprimente», con baja visibilidad y el cielo cubierto de estratos, estamos ante el paso de un frente cálido. Lo más probable es que estos estratos se transformen en nimboestratos de un gris plomizo, acompañados de lluvia o, si la temperatura en el suelo ronda los cero grados, de nieve. En resumen, estaríamos frente al clásico «tiempo de nieve» del que ya hemos hablado en varias ocasiones.

No creo que sea necesario describir en detalle la llegada de las tormentas de verano, ya que son bastante fáciles de reconocer. Los cúmulos adquieren un aspecto imponente y se transforman rápidamente en *Cumulus congestus*, volviéndose cada vez más oscuros y amenazantes. En los pueblos rurales, el cura solía tocar las campanas a rebato para advertir a los campesinos (que, por cierto, ya lo habían intuido por sí mismos) de la llegada inminente de la tormenta que él divisaba desde lo alto del campanario. Es entonces cuando aparecen los cumulonimbos, y la situación se complica: comienza la tormenta propiamente dicha, con lluvias torrenciales (los chaparrones), a menudo acompañadas de truenos y relámpagos. Si el cielo se oscurece aún más, es probable que estemos cerca de la zona de caída del granizo (o del granizo blando), lo que afectará negativamente a nuestros coches y huertos. Mientras tanto, la temperatura desciende notablemente debido al *downdraft*, que lleva el aire frío desde la cima de la tormenta hasta el suelo. Es por eso que, en verano, una tormenta suele traer un alivio temporal al calor y la humedad sofocantes. Sin embargo, una vez que la tormenta pasa, el sol vuelve a brillar, y la humedad dejada por la lluvia restablece invariablemente el bochorno anterior.

Cuando la tormenta está en su fase madura, y si estamos en el lugar adecuado, a veces podemos observar las nubes *Mammatus*, que literalmente «cuelgan» debajo del yunque de la tormenta. Esta es una buena señal, ya que indica que la tormenta está llegando a su fin y que pronto volverá el buen tiempo.

Por último, existen fenómenos muy particulares que pueden identificarse y comprenderse observando el color del cielo. Uno de ellos es el transporte de arena desde el desierto del Sáhara cruzando el Mediterráneo. Esta arena suele teñir el cielo de un tono rojizo cuando está prácticamente despejado. El sol aparece velado por un halo, y el cielo pierde su característico color azul. Si aparecen nubes y está pasando un frente, la lluvia caerá ensuciando nuestros coches recién lavados. Basta con pasar un dedo por la capa de «suciedad» que se deposita en los objetos para darse cuenta de que, efectivamente, se trata de arena.

Otro fenómeno realmente singular es la nieve que cae en invierno desde un cielo completamente despejado. ¿Qué está pasando en estos casos? Lo más probable es que, cerca del lugar donde ocurre este fenómeno —normalmente muy localizado—, haya un asentamiento industrial que emite partículas de aerosol. Estas partículas actúan como núcleos de congelación y, a las bajas temperaturas invernales, forman cristales de hielo a partir del vapor de agua presente cerca del suelo. Así, la nieve cae sin que haya una nube en el cielo. Este fenómeno se conoce como «nieve química», y es mejor no probarla, como hacíamos de niños con la nieve verdadera, ya que no es nada saludable. De hecho, hoy en día tampoco recomendaría probar la nieve común, ya que nuestros cielos están demasiado contaminados, y la nieve actúa como una «escoba» natural que recoge la contaminación que hemos liberado en la atmósfera.

Las nubes, especialmente las que producen precipitaciones, son de gran interés para quienes consultan las previsiones meteorológicas. ¿Lloverá mientras estoy navegando? ¿Podré celebrar mi boda al aire libre? ¿Será este verano más caluroso de lo normal? Estas mismas preguntas también las plantean quienes deben tomar decisiones basadas en las condiciones atmosféricas. Las previsiones meteorológicas son esenciales en campos como la hidrología, la gestión del agua (por ejemplo, en el control de presas), la agricultura, los transportes, el orden público, la construcción, la industria del espectáculo, el turismo y los viajes, entre otros. Cada uno de estos sectores, y muchos más, tiene necesidades diferentes y opera en escalas de tiempo y espacio muy variadas.

Aunque la meteorología puede responder satisfactoriamente a muchas de estas preguntas, hay otras para las que aún no es posible ofrecer respuestas con un grado suficiente de fiabilidad. Hoy en día, las previsiones meteorológicas son razonablemente precisas hasta 72 horas de antelación (tres días). Más allá de este plazo, se vuelven cada vez más inciertas y ofrecen indicaciones generales, sin pretender ser altamente precisas. En cuanto a las previsiones estacionales o climáticas, estas son aún más inciertas y no pueden considerarse «previsiones» en el sentido estricto, sino más bien escenarios probabilísticos.

Los modelos de previsión numérica (*numerical weather prediction*, NWP) han alcanzado un alto grado de sofisticación, evolucionando en paralelo al desarrollo de los ordenadores electrónicos y de la capacidad de almacenamiento de datos en soporte magnético. Hoy en día, vivimos en una época en la que ejecutar un modelo NWP es posible incluso en un portátil, cuya potencia de cálculo supera con creces la de los primeros ordenadores, que ocupaban habitaciones enteras. Aunque este no es el lugar para profundizar en los detalles de los modelos y las previsiones, nos centraremos en cómo las nubes se integran en estos sistemas y qué aspectos de su formación y precipitación logran predecir. Para entenderlo mejor, partiremos de la escala espacial (y temporal) más reducida, lo que nos permitirá comprender de qué estamos hablando.

Cuando hablamos de previsiones a corto plazo, es inevitable recordar, al menos para quienes tienen cierta edad, lo que solían hacer nuestros mayores, especialmente en el campo. Observaban el cielo y, basándose en la experiencia acumulada en el lugar donde vivían, eran capaces de predecir lo que sucedería en las próximas horas, a menudo incluso al día siguiente. ¿Eran mitos, fantasías, refranes pintorescos o había algo de verdad en ello? La respuesta no puede ser única para todos los casos, ya que las situaciones meteorológicas varían mucho entre sí y algunas son más difíciles de predecir que otras, dependiendo de la complejidad de los fenómenos involucrados. Sin embargo, no hay duda de que los refranes y las miradas de los abuelos al horizonte o a las sierras tenían un fundamento real.

El campesino está acostumbrado a observar su entorno y a entender de qué dirección llegará el mal tiempo, la lluvia, el viento o, por el contrario, si el buen tiempo reinará sin oposición en las horas siguientes. No hay magia en esto. Las corrientes, los frentes y las tormentas requieren condiciones específicas para desarrollarse, y estas condiciones son repetitivas, tanto en lo que respecta al origen de las masas de aire como a la influencia que ejercen, por ejemplo, las montañas. Por eso, frases como las que se escuchan en el Valle de Fiemme, donde he pasado muchos veranos, del tipo «Las nubes sobre la Litegosa, vaticinan agua copiosa»[5], no son difíciles de entender. Las corrientes se desarrollan al otro lado de la cadena del Lagorai y forman nubes que, en cuestión de horas, se vuelven precipitantes. Así de simple.

En resumen, existe una forma de predecir el tiempo basada en lo que podríamos llamar «modelos conceptuales» de los fenómenos meteorológicos. Un modelo conceptual no es más que un arquetipo de un fenómeno meteorológico específico, que nos permite comprender las condiciones bajo las cuales este ocurre. Sin embargo, como habrás intuido, no debemos confiar únicamente en la intuición del

---

5   [N. de T.] «*Le nubi sulla Litegosa indicano cattivo tempo*».

campesino, aunque respetemos profundamente esta sabiduría ancestral, basada en la observación minuciosa de la realidad. Pero hay algo más que considerar.

La forma de aprovechar los conocimientos específicos sobre los sistemas meteorológicos, adquiridos a lo largo del tiempo, se conoce en meteorología como *nowcasting*, un término que combina *now* (ahora) y *forecasting* (previsión). Este concepto fue acuñado por Keith Browning en 1982 durante el primer simposio dedicado al tema, y se definió como la «descripción detallada del estado actual del tiempo y la previsión de los cambios que pueden esperarse en un plazo de unas pocas horas». El *nowcasting* se basa en la observación en tiempo real de las condiciones atmosféricas, utilizando datos proporcionados por estaciones meteorológicas en superficie, radiosondeos, radares meteorológicos, observaciones libres, sensores satelitales y la circulación atmosférica local, entre otros. En esencia, son extrapolaciones de la situación meteorológica actual hacia el futuro inmediato. Al tratarse de extrapolaciones, su validez temporal es limitada, generalmente entre 0 y 12 horas, aunque en algunos casos se reduce a solo 3 o 6 horas. El *nowcasting* intenta cerrar la brecha que aún existe entre las previsiones generadas por los modelos de previsión numérica (NWP) y el momento presente. Para lograrlo, recurre a modelos conceptuales de procesos atmosféricos que aún no pueden ser descritos adecuadamente por las ecuaciones que sustentan los modelos de previsión tradicionales. Cabe destacar que los fenómenos principales objeto del *nowcasting* son aquellos que ocurren a escalas muy pequeñas, como tornados, granizo, tormentas convectivas, vientos fuertes, precipitaciones intensas y localizadas, niebla, visibilidad reducida y eventos invernales que implican la formación de hielo a nivel local (por ejemplo, nieve, aguanieve o engelamiento).

El *nowcasting* surgió cuando los datos provenientes de diversos instrumentos de teledetección, especialmente radares y satélites, comenzaron a estar disponibles. La razón es que estos sistemas de observación monitorean la atmósfera en tiempo real y de manera continua. Por ejemplo, un radar meteorológico en modo operativo es capaz de escanear el volumen de la atmósfera que lo rodea cada 15 minutos. Por su parte, los satélites meteorológicos en órbita geoestacionaria, ubicados a 36 000 km de altitud, también pueden enviar imágenes de la atmósfera cada 15 minutos, e incluso con mayor frecuencia si es necesario. Esto explica por qué los datos utilizados para seguir la evolución de los sistemas precipitantes provienen, en gran medida, de las observaciones de radar y satélite.

Los satélites son extremadamente versátiles para cubrir vastas áreas del globo y no tienen rivales en la fiabilidad de observación. Son plataformas privilegiadas para observar las nubes, para clasificarlas y para estudiar su evolución. En la Figura 136 se muestra una imagen indicativa del nivel de detalle alcanzado por los métodos de observación de las nubes desde satélite. Las nubes se clasifican de modo automático por un sistema informatizado que utiliza algoritmos de clasificación cuidadosamente calibrados, el hombre no interviene a no ser para un control de calidad del producto. Imágenes como esta se transmiten en tiempo real a los meteorólogos operativos que se sirven de ellas para entender el estado de las formaciones nubosas en su trabajo cotidiano de previsión del tiempo. Una de las cosas que seguramente un meteorólogo obtiene de una escena nubosa vista desde el satélite es si hay tormentas en formación, cuál es el estadio de su desarrollo y su dirección de propagación. Este último tipo de información se obtiene, obviamente, de la inspección de varias imágenes sucesivas que nos hacen entender hacia dónde se está desplazando la tormenta y si está en crecimiento o en disipación.

Los satélites son herramientas extremadamente versátiles para cubrir vastas áreas del planeta y no tienen rival en cuanto a la fiabilidad de sus observaciones. Son plataformas privilegiadas para clasificar y estudiar la evolución de las nubes. En la Figura 136 se muestra una imagen que ilustra el nivel de detalle alcanzado por los métodos de observación de nubes desde satélite. Se clasifican de manera automática mediante un sistema informatizado que utiliza algorit-

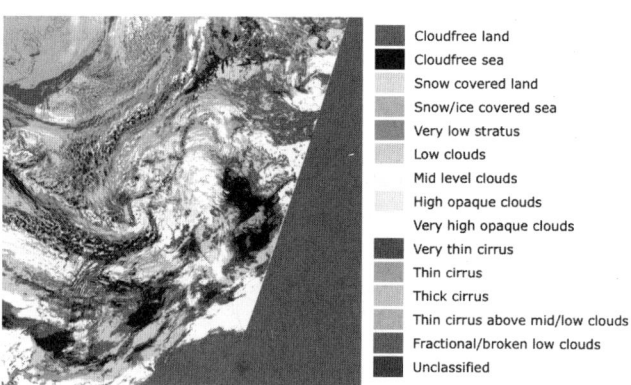

Figura 136: Clasificación de las nubes sobre Escandinavia y el norte de Europa a partir de imágenes de satélites en órbita polar [Swedish Meteorological and Hydrological Institute, © Eumetsat]. ☐ *Hay una versión a color de esta figura en los cuadernillos.*

mos cuidadosamente calibrados, sin intervención humana, excepto para realizar controles de calidad. Imágenes como esta se transmiten en tiempo real a los meteorólogos operativos, quienes las utilizan para comprender el estado de las formaciones nubosas en su trabajo diario de previsión del tiempo. Una de las informaciones clave que un meteorólogo puede extraer de una imagen nubosa captada por satélite es si hay tormentas en formación, en qué fase de desarrollo se encuentran y hacia dónde se dirigen. Esta última información se obtiene, obviamente, al analizar varias imágenes sucesivas, lo que permite determinar la dirección en la que se desplaza la tormenta y si está en proceso de crecimiento o disipación.

El radar meteorológico, que describimos brevemente en el capítulo anterior, es una herramienta de uso muy común en el *nowcasting*, ya que permite escanear la atmósfera a intervalos de tiempo muy cortos. Las secuencias de imágenes de radar se utilizan para extrapolar, en el futuro inmediato, los ecos detectados y predecir así el desplazamiento de las células tormentosas y, en general, del tiempo. Existen varios métodos para realizar estas extrapolaciones. El más simple es una técnica de extrapolación lineal sobre el movimiento de las células tormentosas, aunque este enfoque a menudo ignora su posible evolución dinámica y microfísica. Los métodos más recientes, en cambio, se basan en técnicas avanzadas de inteligencia artificial y aprendizaje automático (*machine learning*). Estos algoritmos son capaces de «aprender» a partir de una amplia variedad de casos de calibración, lo que les permite predecir con mayor precisión la evolución de las células tormentosas.

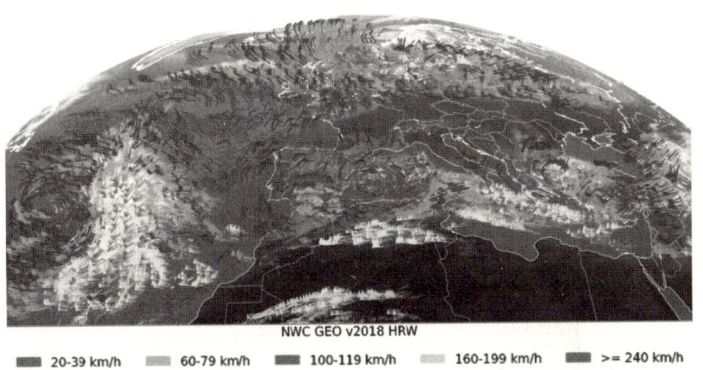

NWC GEO v2018 HRW

███ 20-39 km/h   ███ 60-79 km/h   ███ 100-119 km/h   ███ 160-199 km/h   ███ >= 240 km/h

Figura 137. Mapa de la velocidad del viento obtenido a partir de imágenes del satélite Meteosat [© Eumetsat]. ▣ *Hay una versión a color de esta figura en los cuadernillos.*

Existen numerosos sistemas de *nowcasting* basados en datos de radar. Uno de los más modernos es el *Forecasting a Continuum of Environmental Threats* (FACETS), desarrollado por la NOAA/NSSL, cuyo objetivo es predecir fenómenos meteorológicos extremos y proporcionar información de alerta en tiempo real, adaptada específicamente a las necesidades del usuario final de manera clara y comprensible.

Es evidente que disponer de escaneos de radar lo más frecuentes y rápidos posibles es clave para calcular con mayor precisión las trayectorias y la evolución de los sistemas precipitantes potencialmente peligrosos. Entre 2003 y 2016, el NSSL experimentó con el *Multifunction Phased Array Radar* (MPAR), un sistema compuesto por una matriz de pequeñas antenas en un panel plano que gira electrónicamente a velocidades extremadamente altas. El sucesor del MPAR, actualmente en estudio, contribuirá a modernizar las redes de radar, haciéndolas más versátiles para monitorear sistemas precipitantes de rápida evolución.

Los sistemas de observación de última generación no solo permiten estudiar las nubes con fines científicos, sino que también proporcionan herramientas prácticas para la toma de decisiones, especialmente en tareas de protección civil ante eventos extremos. Además, el uso de datos de precipitación en diversas escalas temporales ha mejorado la capacidad de respuesta de entidades públicas y privadas en la gestión de los recursos hídricos. Tampoco podemos olvidar las aplicaciones esenciales en el sector del transporte, especialmente en lo que respecta a la seguridad aérea, que ha alcanzado niveles impensables hace unas décadas. Los desastres aéreos, navales o terrestres relacionados con fenómenos meteorológicos extremos son cada vez menos frecuentes, gracias a nuestra creciente capacidad para predecir su ocurrencia y mitigar sus consecuencias.

Entre los numerosos instrumentos que proporcionan datos para el *nowcasting* moderno, el perfilador de viento o perfilador radárico de vientos (*wind profiler*), ocupa un lugar destacado. Este radar emite radiación electromagnética hacia arriba en rápidas secuencias y recibe los ecos de retorno de las nubes y la atmósfera, lo que permite obtener una medición continua de la variación vertical del viento en el lugar de observación. Su utilidad práctica radica, sobre todo, en la velocidad de adquisición de datos, que permite detectar incluso los cambios más sutiles en el campo de viento, incluyendo aquellos asociados a tormentas. Estos instrumentos son especialmente valiosos en aeropuertos, donde se utilizan para guiar despegues y aterrizajes en condiciones meteorológicas adversas y de rápida evolución. En la

Figura 138 se muestra un perfilador de viento en funcionamiento en un entorno aeroportuario.

Sin embargo, el *nowcasting* no es el único ámbito en el que las nubes desempeñan un papel crucial en la previsión meteorológica. Las previsiones a corto, medio y largo plazo se realizan mediante modelos de previsión numérica (NWP), que parten de una descripción del estado actual de la atmósfera para predecir su evolución utilizando ecuaciones que describen el movimiento de los fluidos, la termodinámica y la transferencia radiativa en la atmósfera. Estos modelos son la base de las previsiones que consultamos a diario en periódicos, internet, radio o televisión. Pero, ¿qué tienen que ver las nubes y su estructura con todo esto? Intentemos entenderlo, más allá de la complejidad de los modelos y los recursos computacionales necesarios para hacerlos funcionar.

Existen dos ámbitos principales en los que los modelos de previsión numérica (NWP) incorporan las nubes en su funcionamiento. Por un lado, está la microfísica, que se refiere a la emulación numérica de los procesos de precipitación que eliminan el exceso de humedad de la atmósfera, resultado de la previsión puramente dinámica de los campos de viento, temperatura y humedad. Por otro lado, está la parametrización convectiva (CP), un método mediante el cual los modelos tienen en cuenta los efectos de la convección, redistribuyendo la temperatura y la humedad en la columna atmosférica y reduciendo así la inestabilidad.

Figura 138: Ejemplo de perfilador radárico de vientos.

Sin embargo, en los modelos NWP modernos, la CP está cada vez menos presente, hasta volverse casi irrelevante. Esto se debe a que la microfísica se integra directamente en el modelo de manera explícita, sin necesidad de recurrir a parametrizaciones. La razón detrás de este cambio es que los modelos operan ahora a resoluciones espaciales mucho más altas, lo que exige que las ecuaciones incluyan de forma explícita la estructura microfísica de las nubes. Naturalmente, este nivel de detalle requiere recursos computacionales cada vez mayores, pero los avances tecnológicos de las últimas décadas han hecho posible este salto en la capacidad de cálculo.

El desarrollo de las nubes y la precipitación en el esquema microfísico de un modelo se traduce en la liberación o absorción de calor latente durante la condensación o evaporación, lo que modifica los campos de viento, temperatura y humedad. El enfriamiento evaporativo del aire, que ocurre tras la caída de la precipitación en capas no saturadas, también juega un papel crucial. Con el tiempo, estos procesos pueden reforzar la circulación atmosférica que inicialmente generó las nubes y la precipitación en el modelo. Esta circulación reforzada, a su vez, puede aumentar la precipitación y el calor latente, creando un ciclo de retroalimentación que influye en la evolución del propio modelo. Los esquemas de cálculo que incorporan las nubes en los modelos siguen una secuencia física que primero simula la formación de la nube y luego la precipitación. Los esquemas más simples diagnostican la precipitación únicamente a partir del agua (o hielo) presente en la nube. Por otro lado, los esquemas más complejos modelizan directamente los procesos físicos internos de la nube, incluyendo explícitamente diferentes tipos de hidrometeoros, tanto de nube como de precipitación.

La Figura 139 muestra un esquema relativamente complejo de conversión del agua entre sus diferentes formas en un modelo NWP, con seis categorías de hidrometeoros. Las líneas discontinuas indican las interacciones que conducen a la formación de granizo blando (graupel): por ejemplo, el choque de cristales de hielo con gotas de lluvia puede producir engelamiento por contacto, dando lugar a nieve o granizo blando. Alternativamente, el proceso de *riming* también puede generar granizo blando. En el modelo, la masa de hielo producida por estos procesos pasa temporalmente a la categoría de nieve antes de convertirse en granizo. Este ejemplo ilustra la importancia de esquematizar correctamente la formación de hidrometeoros y la precipitación para el funcionamiento preciso del modelo.

Aún queda un largo camino por recorrer para desarrollar modelos que incluyan toda la microfísica de las nubes en la secuencia espacio-temporal adecuada, con el fin de minimizar los errores de previsión. Hasta que esto no se logre, los errores en la predicción de eventos tormentosos seguirán siendo muy significativos. Esto explica por qué, a veces, en verano nos sorprendemos cuando una tormenta nos cae encima sin haber sido prevista con exactitud. La investigación en este campo avanza a buen ritmo, y los resultados no tardarán en llegar. Sin embargo, es importante recordar que la previsión perfecta no existe ni existirá nunca.

Las nubes y la precipitación, observadas mediante instrumentos de teledetección, son una herramienta extremadamente poderosa para verificar las predicciones meteorológicas. Los mapas de reflectividad obtenidos por radar, por ejemplo, permiten contrastar las simu-

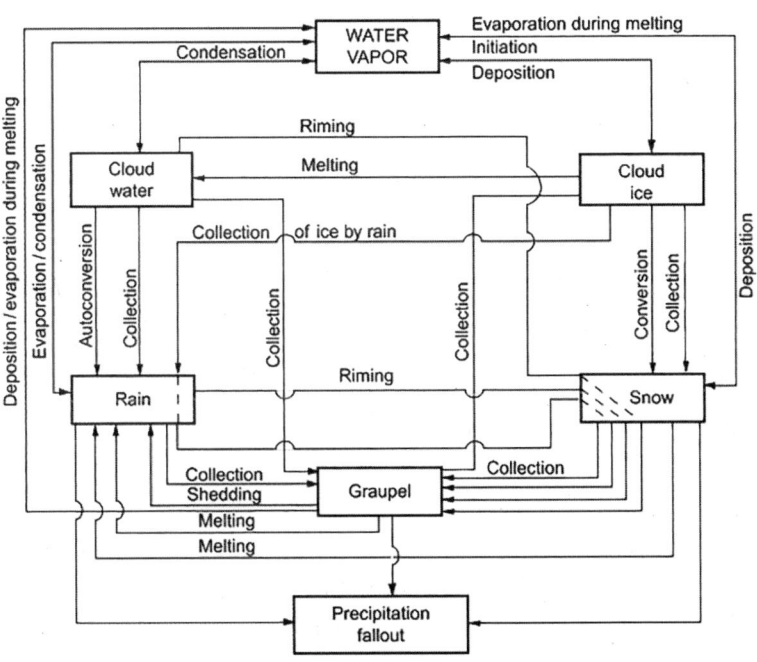

Figura 139. Esquema microfísico en un modelo NWP. Tomado con permiso de «The Mesoscale and Microscale Structure and Organization of Clouds and Precipitation in Midlatitude Cyclones», de Steven A. Rutledge y Peter V. Hobbs. *Journal of the Atmospheric Sciences*, 41, 15 de octubre de 1984 [American Meteorological Society].

laciones con la realidad. Los sistemas de previsión generan mapas de formaciones nubosas y, mediante algoritmos de reflectividad, también producen mapas simulados que pueden compararse directamente con los observados. Esto hace que la verificación de los resultados sea cada vez más objetiva y precisa.

En esencia, las nubes están desempeñando un papel cada vez más importante en la mejora de la precisión de las predicciones. En particular, los avances en la predicción de tormentas locales, un desafío especialmente complejo, se deben en gran medida a la incorporación de la microfísica de las nubes a una resolución extremadamente alta. ¡Nos esperan tiempos emocionantes en el campo de la meteorología!

8. EL CLIMA CAMBIA, ¿LAS NUBES TAMBIÉN?

«Quien siembra nubes, recoge lluvia».
ROMANO BATTAGLIA, *El hombre que vendía el cielo.*

Según la definición oficial de la OMM, el clima es «el estado promedio del tiempo atmosférico a varias escalas espaciales (local, regional, nacional, continental, hemisférica o global) registrado a lo largo de al menos 30 años». El clima se diferencia, por lo tanto, del «tiempo meteorológico», además de por el intervalo temporal de observación y estudio, sobre todo por su tendencia, que es razonablemente estable a lo largo de los años aunque con una variabilidad interanual debida a las estaciones y otra de medio-largo plazo que se superpone a ella. Naturalmente las cosas no son tan simples y los recientes cambios, con el impulso del calentamiento global, modifican en cierto modo las definiciones dadas anteriormente.

¿Qué relación tienen las nubes con el clima? Es cierto que hemos mencionado en varias ocasiones que las nubes experimentan cambios en cuestión de minutos o, como máximo, horas, lo que dificulta vincularlas directamente con variaciones estacionales, decenales o incluso seculares. Hasta ahora, hemos abordado las nubes como fenómenos meteorológicos individuales, con una dinámica diurna y características específicas. Sin embargo, es momento de ampliar nuestra perspectiva y considerar a las nubes como procesos atmosféricos intrínsecamente ligados al clima de la Tierra. En otras palabras, debemos preguntarnos cómo se transforman las nubes en respuesta a los cambios climáticos a escala regional y global. Por ejemplo, si

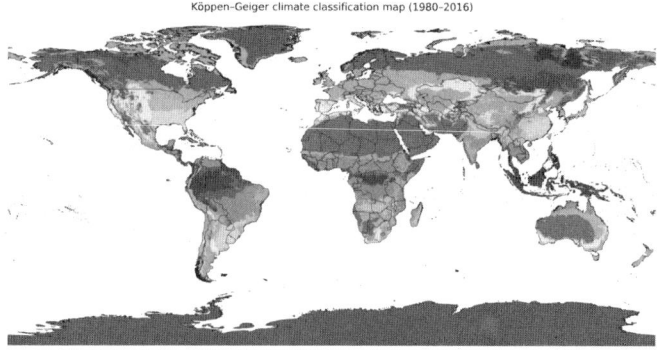

Köppen-Geiger climate classification map (1980-2016)

Figura 140. El sistema de clasificación de Köppen-Geiger utiliza colores y sus matices para clasificar el clima terrestre en cinco zonas climáticas, basándose en criterios como la temperatura, que permiten el crecimiento de diferentes especies vegetales. (Tomado de Hylke E. Beck et al., «Present and Future Köppen-Geiger Climate Classification Maps at 1-km Resolution», en *Scientific Data*, 5, 30 de octubre de 2018).

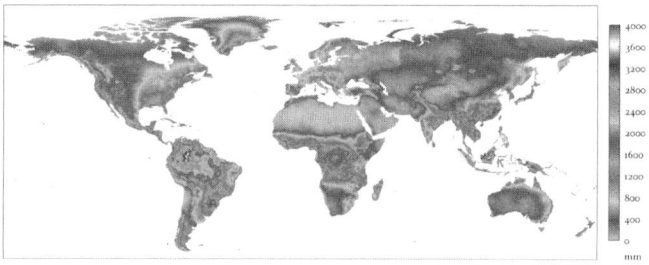

Figura 141. Distribución media de la precipitación anual (en mm) sobre las áreas continentales. El grosor en mm describe la profundidad de la capa de agua caída sobre el suelo (WorldClim, http://www.worldclim.org).

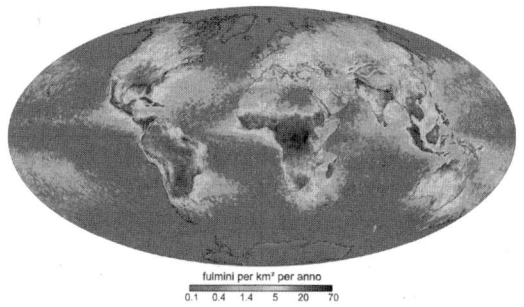

Figura 142. Promedio anual de rayos por km² según los datos del *Lightning Imaging Sensor* (LIS) en el satélite TRMM entre 1995 y 2002. En gris o violeta claro se indican los lugares donde (en promedio) se registró solo un rayo. Las zonas con mayor cantidad de rayos se muestran en rojo, degradándose hacia el negro [NASA].

⊡ *Hay una versión a color de estas figuras en los cuadernillos.*

la temperatura media del planeta aumenta, ¿cómo reaccionan las nubes? ¿Se modifica su formación, distribución o comportamiento? Además, el vapor de agua, esencial para la formación de nubes, está presente en grandes cantidades, pero su disponibilidad se está volviendo más localizada que en el pasado. Esto plantea interrogantes cruciales: ¿se generarán más tormentas en ciertas regiones, con lluvias más intensas y concentradas, mientras que otras zonas experimentarán una drástica disminución de precipitaciones? Estas son algunas de las cuestiones que los expertos discuten y que frecuentemente aparecen en los medios de comunicación. Estas preguntas no son meramente académicas; tienen una relevancia profunda para nuestro futuro. Comprender cómo las nubes responden a los cambios climáticos es fundamental para anticipar los desafíos que enfrentará la humanidad en un mundo en transformación.

Es importante aclarar a qué nos referimos cuando hablamos de «clima» o «climas». La elección del término depende del contexto. Si nos enfocamos en el clima promedio de la Tierra, considerando las condiciones meteorológicas y climáticas a escala global, el término se usa en singular. Sin embargo, si hablamos de las condiciones climáticas específicas de una región, que difieren notablemente de las de otras zonas, entonces es más apropiado utilizar el plural, «climas». Una forma efectiva de definir y clasificar los «climas» de la Tierra es analizarlos en función de las características del suelo y de las especies vegetales que crecen en cada región. Este enfoque nos permite identificar patrones y diferencias claras entre las diversas áreas del planeta. La clasificación de Köppen-Geiger (Figura 140) es una herramienta fundamental para este propósito. Este sistema divide la superficie terrestre en cinco grandes zonas climáticas, cada una con sus propias particularidades, y utiliza matices adicionales para subdividirlas aún más:

— Zona A: tropical o ecuatorial (azul).
— Zona B: árida o seca (rojo, rosa y naranja).
— Zona C: templada cálida (verde).
— Zona D: continental (violeta y azul claro).
— Zona E: zona polar (gris).

Esta clasificación, aunque general y no diseñada para describir con precisión cada zona, resulta muy ilustrativa en cuanto a la disponibilidad de agua y está intrínsecamente ligada a los patrones de precipitación. La Figura 141 muestra la distribución media anual de las

Figura 143. Distribución de la cobertura nubosa entre julio de 2002 y abril de 2015, según los datos del sensor MODIS a bordo de los satélites de la NASA. Los tonos de gris van desde el negro (ausencia de nubes) hasta los tonos intermedios de gris (nubosidad creciente) y el blanco (nubosidad frecuente). ⊡ *Hay una versión a color de esta figura en los cuadernillos.*

precipitaciones sobre las tierras emergidas, revelando una conexión notable entre la subdivisión de los climas y la cantidad de lluvia que recibe cada región. Otra confirmación de esta relación proviene de la distribución anual de los rayos, ilustrada en la Figura 142, basada en observaciones del *Lightning Imaging Sensor* (LIS) a bordo de la misión satelital *Tropical Rainfall Measuring Mission* (TRMM), desarrollada por la NASA y la JAXA. Los datos muestran que los rayos tienden a concentrarse principalmente sobre las tierras emergidas y en la zona tropical, lo que refleja la frecuencia de tormentas que ocurren anualmente en estas áreas.

Llegados a este punto, es evidente que debemos examinar cómo se distribuyen las nubes, ya que tanto la lluvia como los rayos dependen directamente de ellas. Una vez más, recurrimos a las observaciones de sensores satelitales, en particular del sensor MODIS, que ya hemos mencionado anteriormente. La Figura 143 muestra la distribución de la cobertura nubosa entre 2002 y 2015. Aunque se observa una coincidencia general entre la presencia de nubes y las precipitaciones, esta relación no es absoluta. La razón, como hemos visto antes, es que no todas las nubes son capaces de generar lluvia.

Sería crucial entender si la distribución global de las nubes cambiará con el clima en transformación. Sin embargo, lamentablemente, aún no somos capaces de responder a esta pregunta, que es fundamental para el futuro de nuestro planeta. De hecho, se trata de una de las cuestiones más difíciles relacionadas con el cambio climático.

A menudo, ni siquiera podemos predecir con precisión cómo evolucionarán las nubes en las próximas horas, por lo que resulta ilusorio intentar anticipar qué sucederá en las próximas décadas o incluso siglos. La pregunta no es si seremos capaces de saber exactamente qué nubes y cuántas habrá en un día específico del futuro, sino más bien cuál será el comportamiento promedio de las nubes en un clima cambiante. No obstante, incluso esta pregunta sigue siendo extremadamente difícil de responder.

Los climatólogos afirman que las nubes son el «nudo gordiano» del problema climático. Estas influyen en el clima y, a su vez, son influidas por él. Actúan como espejos, reflejando la radiación solar hacia el espacio, y también como mantas, atrapando el calor emitido por la superficie terrestre y reirradiándolo hacia ella. Este mecanismo es sumamente complejo, y los científicos se enfrentan grandes desafíos para determinar los efectos netos de las nubes sobre el clima, y viceversa. Demasiados procesos físico-químicos interactúan simultáneamente en los cambios climáticos, y modelarlos todos es una tarea titánica. Aunque la ciencia está dedicando esfuerzos considerables a este fin, aún se requerirá tiempo para llegar a conclusiones sólidas y definitivas.

Estudios recientes han mostrado sobre un período de tiempo de 1980 a 2009 que el mundo se ha vuelto más nuboso hacia los Polos y menos en las latitudes medias. Además, las nubes de elevado desarrollo vertical parecen haberse vuelto aún más altas. Estas observaciones están de acuerdo con tres diferentes previsiones de los modelos climáticos:

— Las trayectorias de los sistemas precipitantes (el camino que recorren los ciclones en los hemisferios Norte y Sur) parecen desplazarse hacia los Polos.
— Las regiones subtropicales secas se expandirían.
— La cima de las nubes más altas se volvería aún más alta.

Todos estos cambios podrían, a su vez, intensificar el calentamiento global. Las nubes tormentosas desempeñan un papel crucial en mantener «fresco» el planeta, ya que reflejan parte del calor hacia el espacio. Sin embargo, su eficacia disminuye si se desplazan hacia latitudes más altas, al norte o al sur, donde la radiación solar es menos intensa debido a la curvatura de la Tierra y a la inclinación de su eje de rotación. Por otro lado, en las zonas más secas y con menor cobertura nubosa, ubicadas en latitudes más bajas, se registra

El medicán (ciclón tropical mediterráneo) Numa mostrando un distintivo ojo sobre el mar Jónico el 18 de noviembre de 2017 [NASA].

La intensa nevada que azotó España en 2021 cubrió gran parte del país, como lo muestra esta imagen capturada por el satélite COPERNICUS SENTINEL-3, tomada el 12 de enero a las 11:40 CET. La tormenta Filomena golpeó España durante un fin de semana, cubriendo una gran parte del territorio con una espesa capa de nieve. El día anterior a la captura de esta imagen, la temperatura descendió hasta los −25 °C en Molina de Aragón y Teruel, en las sierras al este de Madrid, el termómetro marcó la noche más fría en, al menos, 20 años. COPERNICUS SENTINEL-3 es una misión de dos satélites. Cada satélite lleva consigo un conjunto de instrumentos de última generación para medir sistemáticamente los océanos, el suelo, el hielo y la atmósfera, con el fin de monitorear y comprender las dinámicas globales a gran escala [COPERNICUS SENTINEL DATA, ESA].

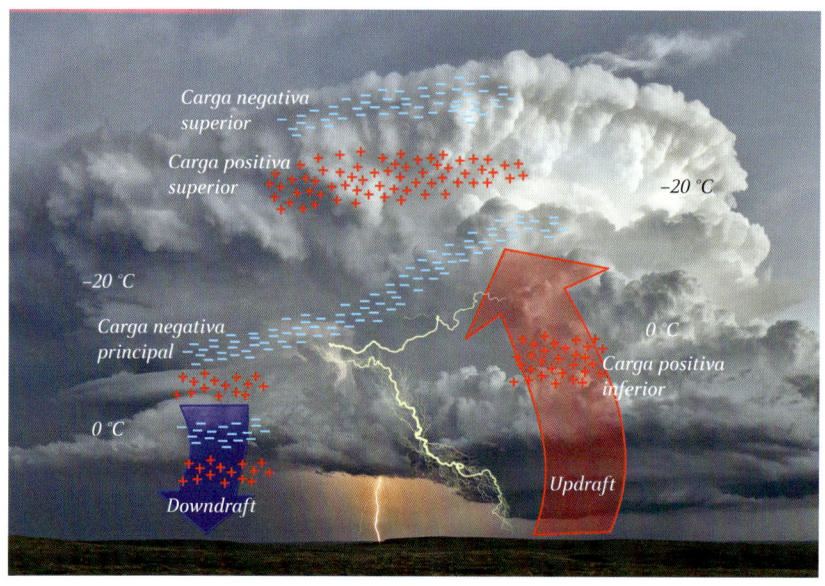

Figura 94: Estructura eléctrica de una tormenta sujeta a una intensa electrificación.

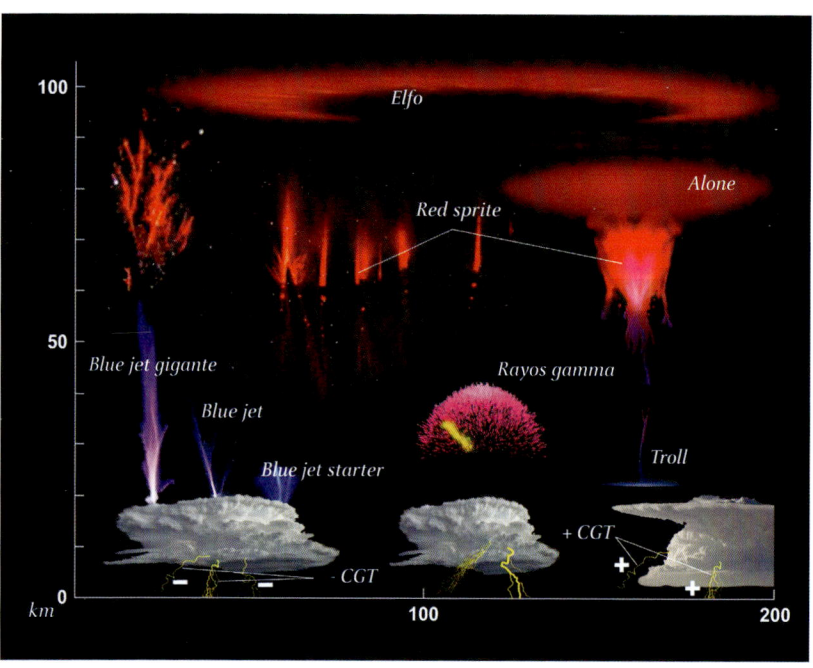

Figura 96: Fenómenos electromagnéticos que se desarrollan en la atmósfera como efecto de la actividad eléctrica de las tormentas.

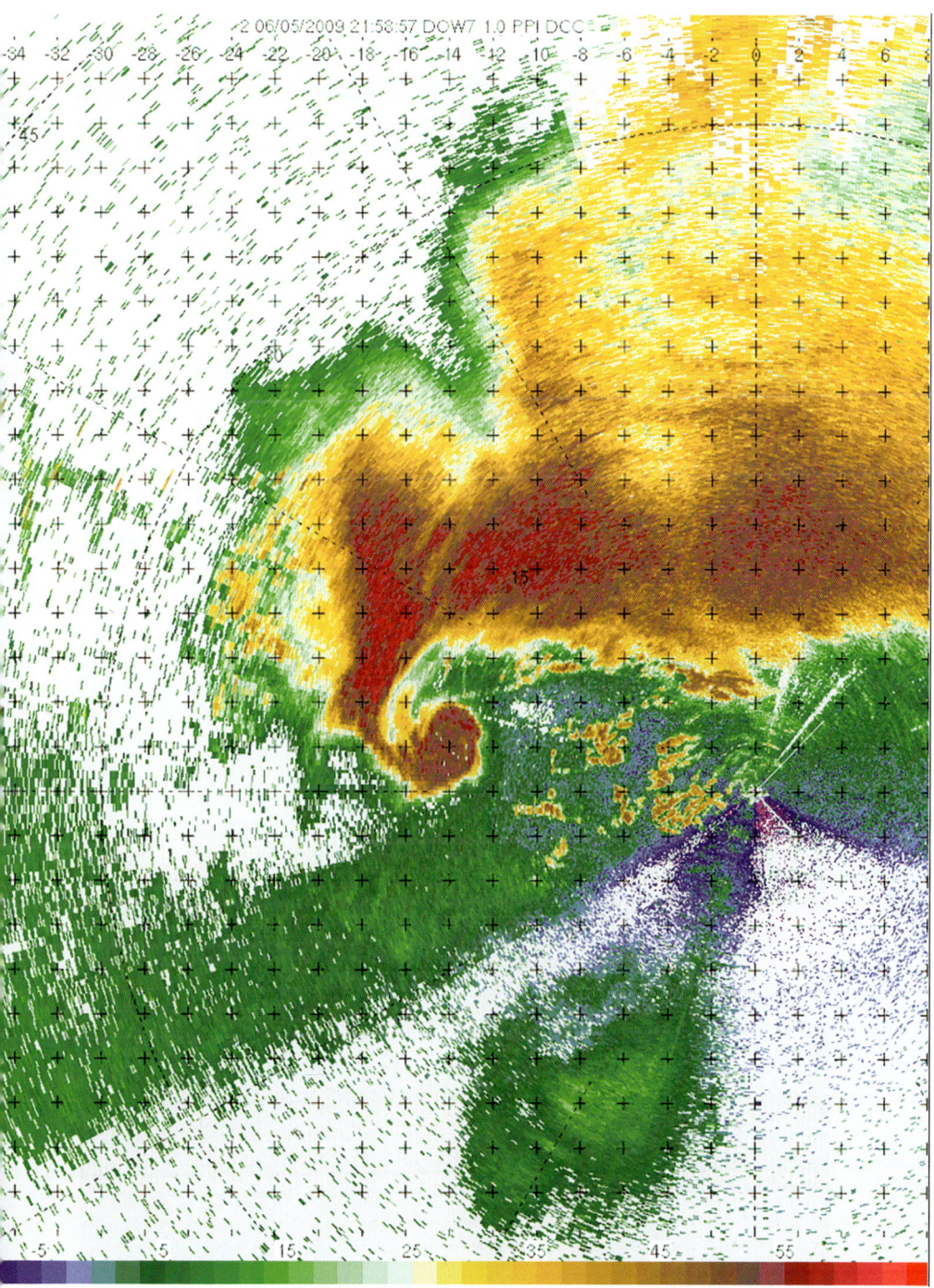

Figura 120: Imagen típica de reflectividad del radar DOPPLER ON WHEELS-3 apuntado a una tormenta tornádica. En el centro de la imagen se observa la característica forma de gancho (*hook echo*), indicio de la formación de un tornado [Center for Severe Weather Research].

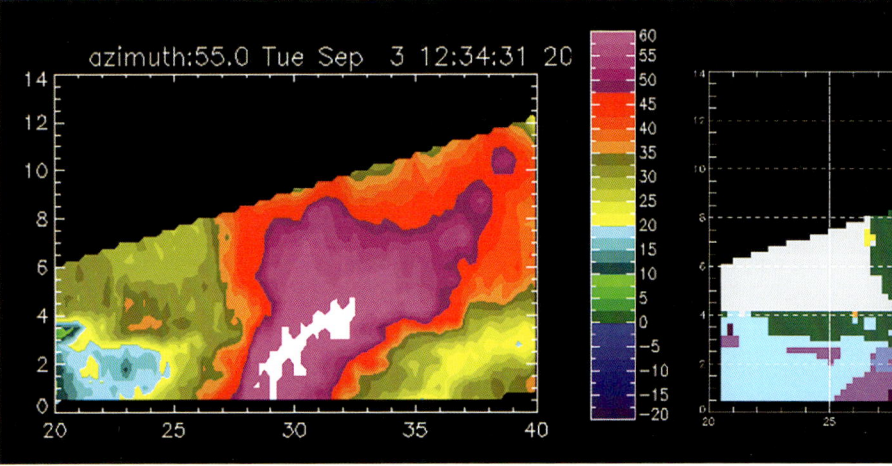

Figura 130: Clasificación polarimétrica de una nube tormentosa con granizo. Arriba: reflectividad en dBZ de la nube (el núcleo blanco indica una señal fuera de escala debido a la alta concentración de granizo). Clasificación de las hidrometeoros en la nube. Los números en los ejes representan la distancia al radar en kilómetros, tanto en dirección vertical como horizontal. (Pier Paolo Alberoni, Arpae Servizio Idro-Meteo-Clima).

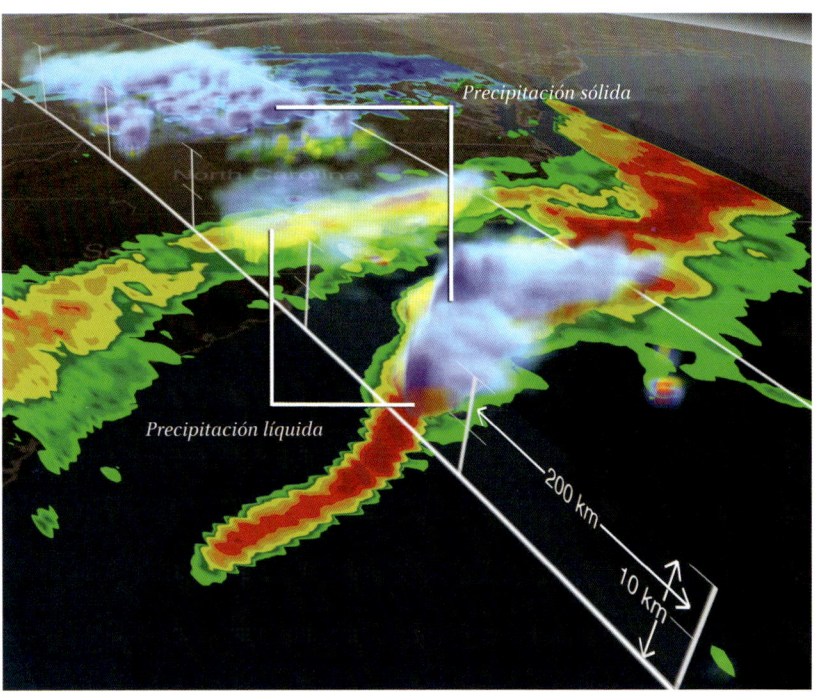

Figura 132: Tormenta de nieve observada por primera vez por la misión GPM el 17 de marzo de 2014. Los tonos azules representan la precipitación en estado sólido, mientras que los tonos rojos indican la precipitación en estado líquido [NASA].

Sin datos
No clasificado/incierto
Gotas grandes
Lluvia ligera
Lluvia moderada
Lluvia fuerte
Lluvia mixta con granizo
Granizo
Graupel mixto con granizo pequeño
Nieve seca
Nieve húmeda
Cristales de hielo

Granizo [Kolibri Plus]

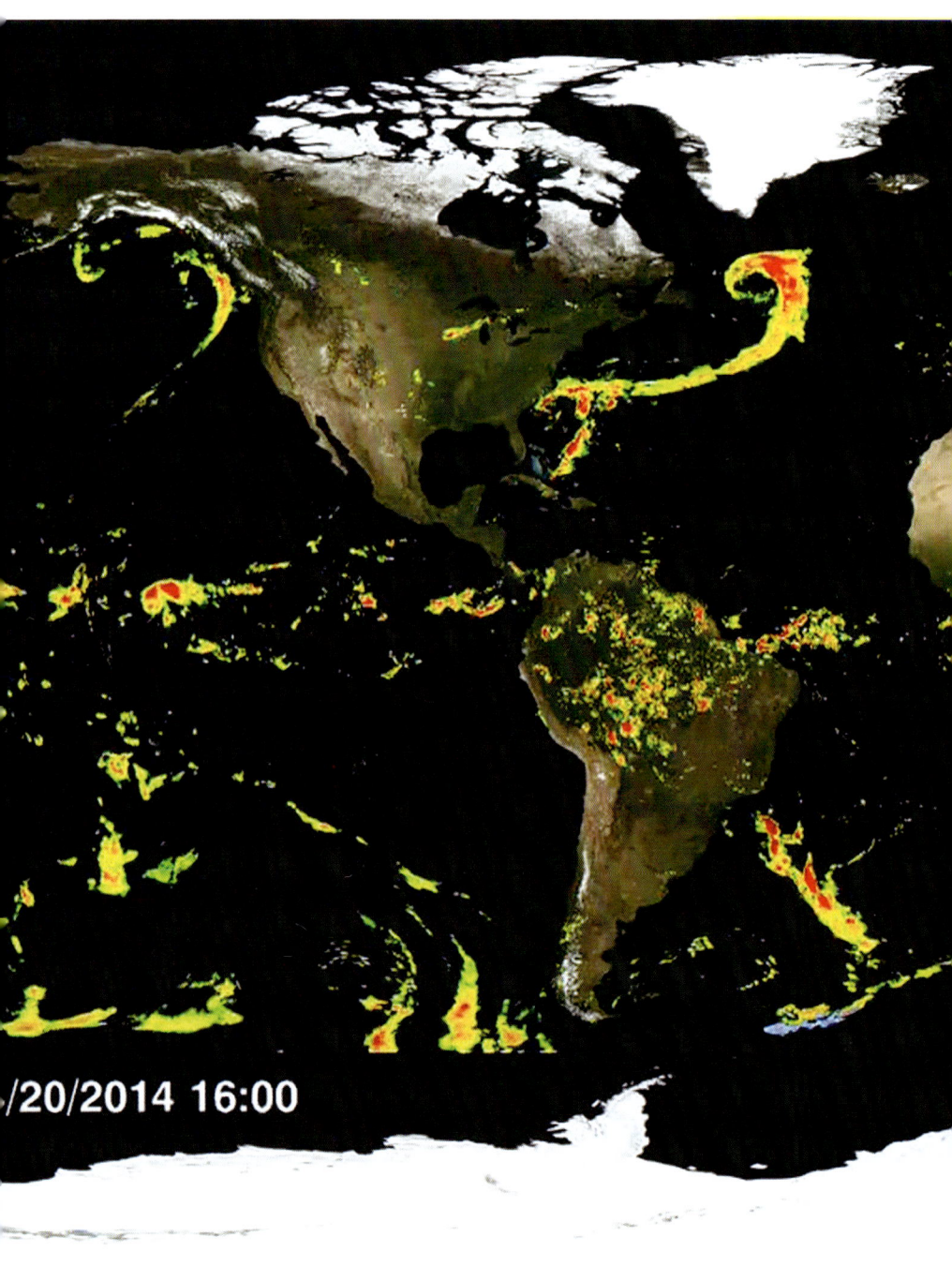

/20/2014 16:00

Liquid Precipitation Rate

0.1 0.2 0.3 0.5 1.0 2.0 3.0 5.0 10 20 50
mm/hour

Frozen Precipitation Rate

0.1 0.2 0.3 0.5 1.0 2.0 3.0 5.0 10 20 50
mm/hour

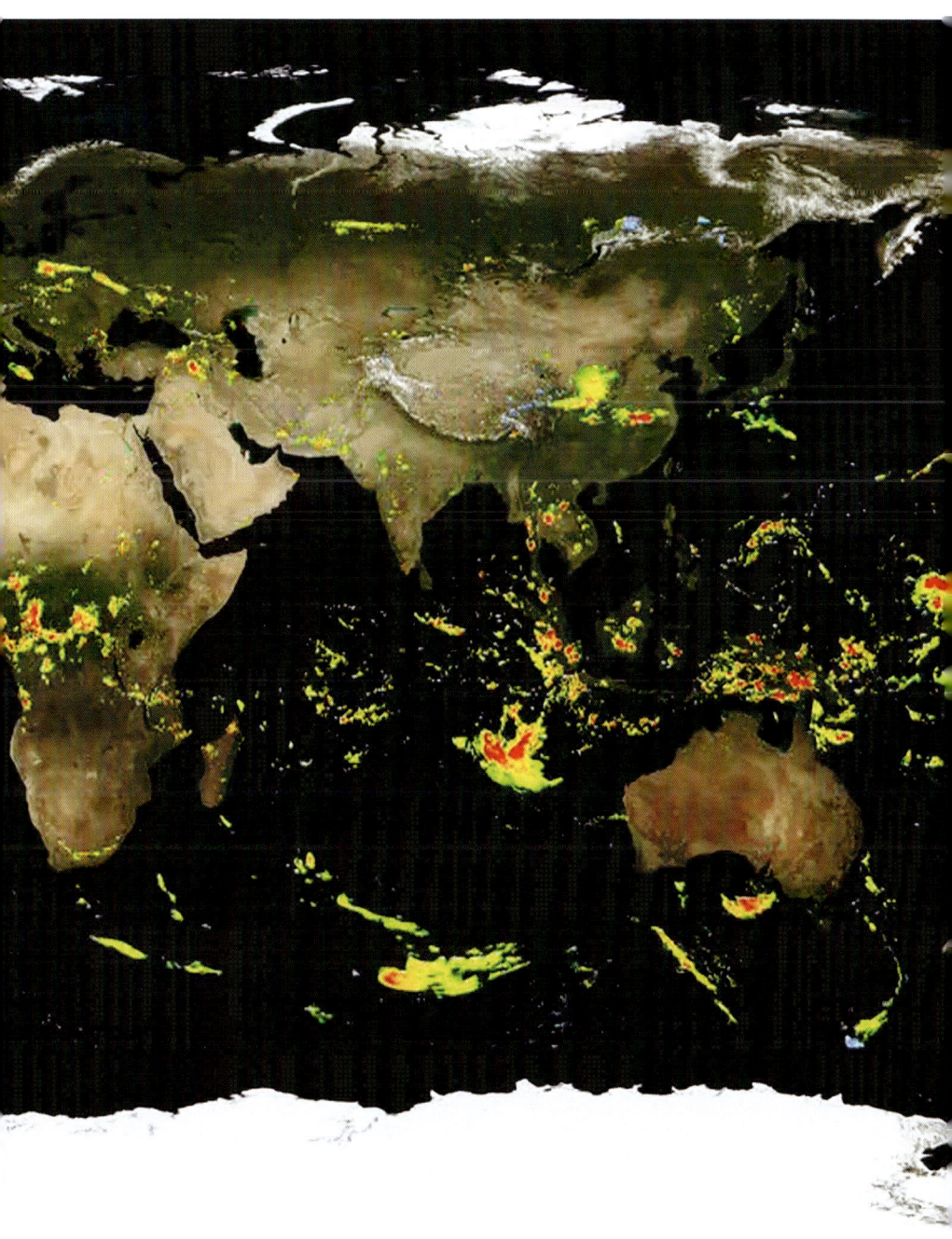

Figura 133: Mapa global de precipitación obtenido a partir de la constelación de satélites GPM. Por primera vez en la historia, el mapa incluye tanto la componente líquida como la sólida, y la cobertura geográfica se extiende hasta los 60° de latitud norte y sur [NASA].

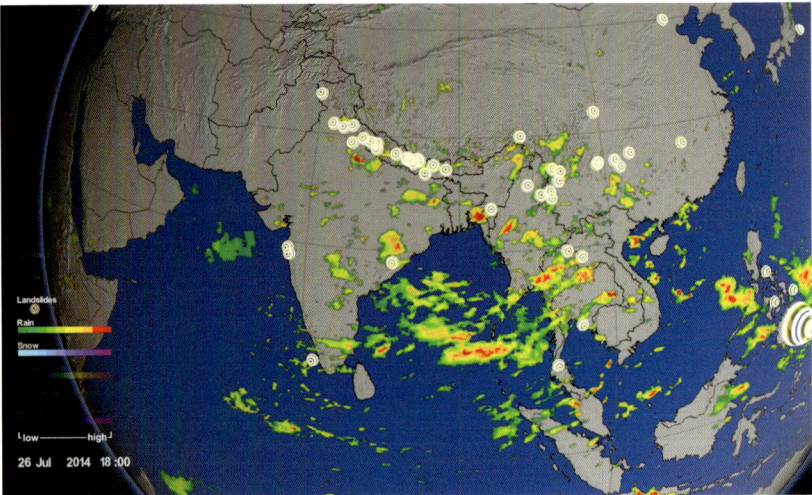

Figura 134: Aplicación de los datos satelitales al monitoreo de deslizamientos de tierra y corrimientos en zonas críticas del mundo, en este caso, la cordillera del Himalaya, una de las más afectadas por estos fenómenos. Los círculos indican las zonas de mayor incidencia de deslizamientos, su frecuencia e impacto [NASA].

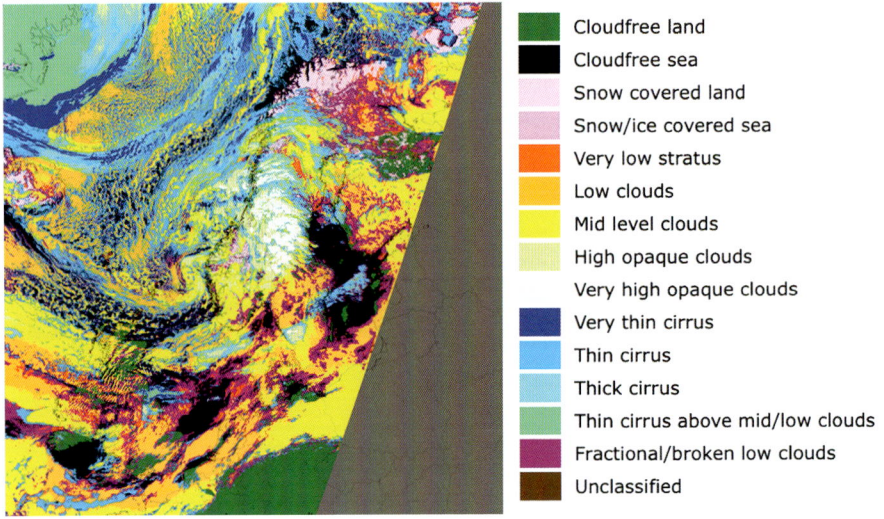

Figura 136: Clasificación de las nubes sobre Escandinavia y el norte de Europa a partir de imágenes de satélites en órbita polar [Swedish Meteorological and Hydrological Institute, © Eumetsat].

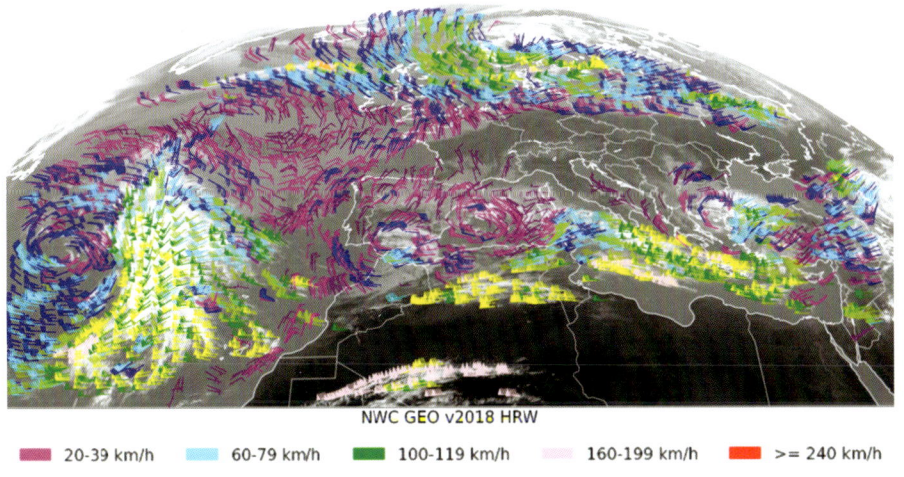

NWC GEO v2018 HRW

█ 20-39 km/h █ 60-79 km/h █ 100-119 km/h █ 160-199 km/h █ >= 240 km/h

Figura 137. Mapa de la velocidad del viento obtenido a partir
de imágenes del satélite Meteosat [© Eumetsat].

Köppen–Geiger climate classification map (1980–2016)

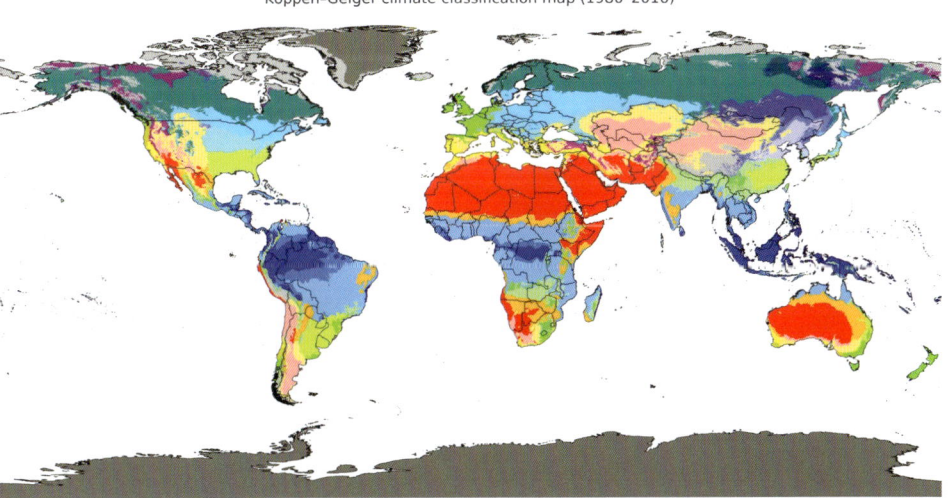

Figura 140. El sistema de clasificación de Köppen-Geiger utiliza colores y sus matices para clasificar el clima terrestre en cinco zonas climáticas, basándose en criterios como la temperatura, que permiten el crecimiento de diferentes especies vegetales. (Tomado de Hylke E. Beck
et al., «Present and Future Köppen-Geiger Climate Classification Maps at 1-km Resolution», en
Scientific Data, 5, 30 de octubre de 2018).

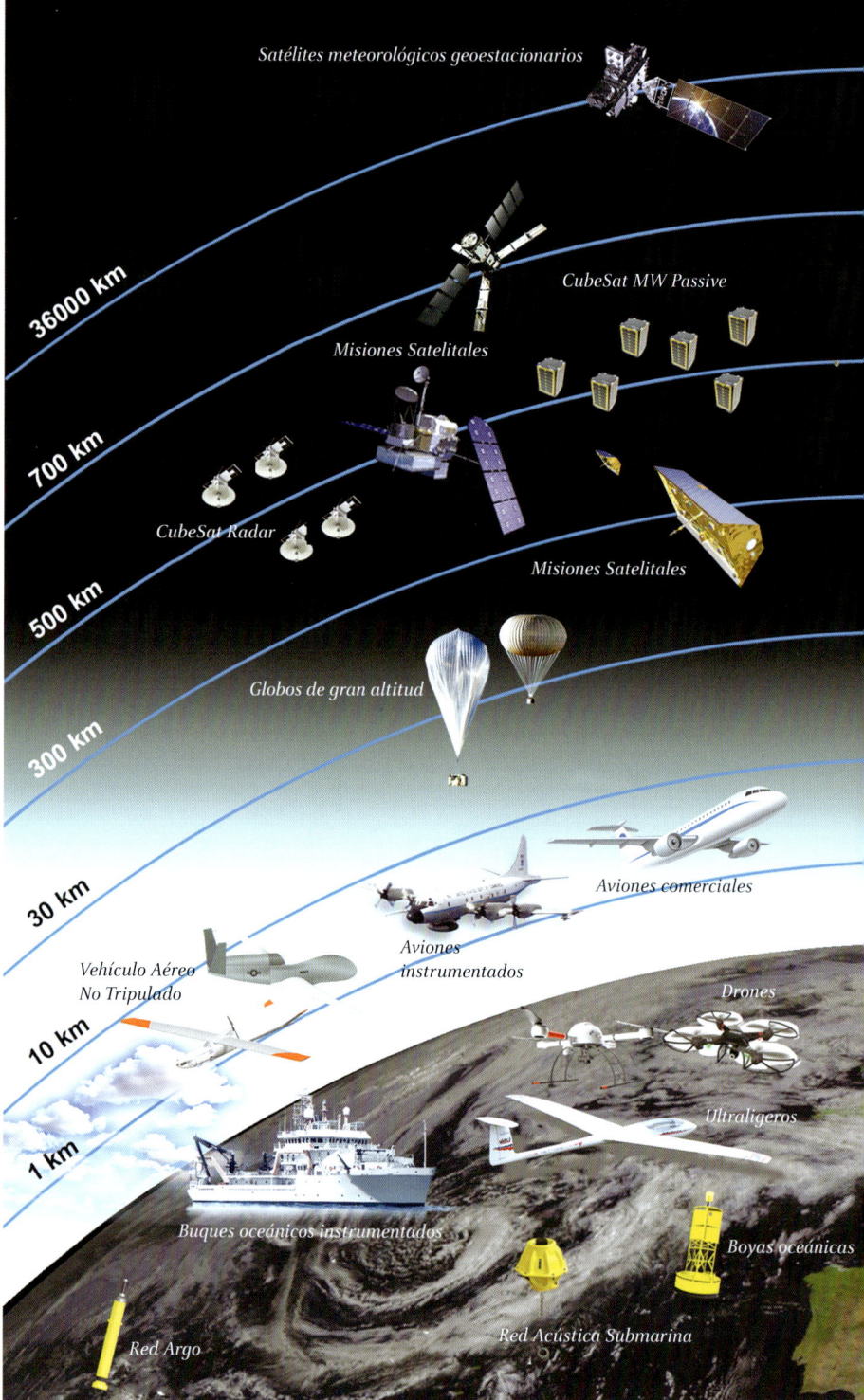

Satélites meteorológicos geoestacionarios

36000 km

CubeSat MW Passive

Misiones Satelitales

700 km

CubeSat Radar

Misiones Satelitales

500 km

Globos de gran altitud

300 km

30 km

Aviones comerciales

Vehículo Aéreo No Tripulado

Aviones instrumentados

Drones

10 km

Ultraligeros

1 km

Buques oceánicos instrumentados

Boyas oceánicas

Red Argo

Red Acústica Submarina

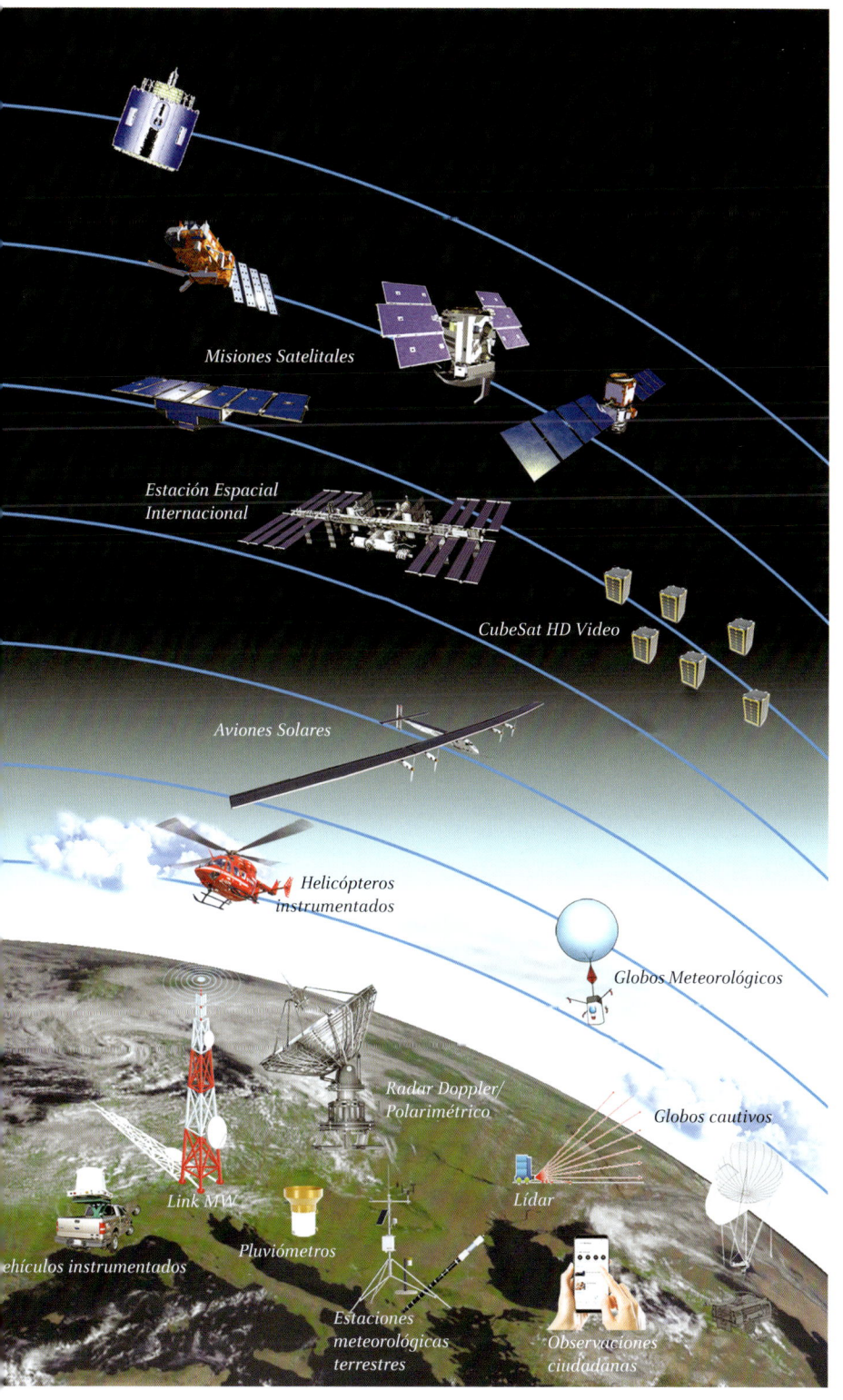

Figura 135: Los sistemas de observación de nubes y precipitaciones que forman parte del sistema global de la OMM.

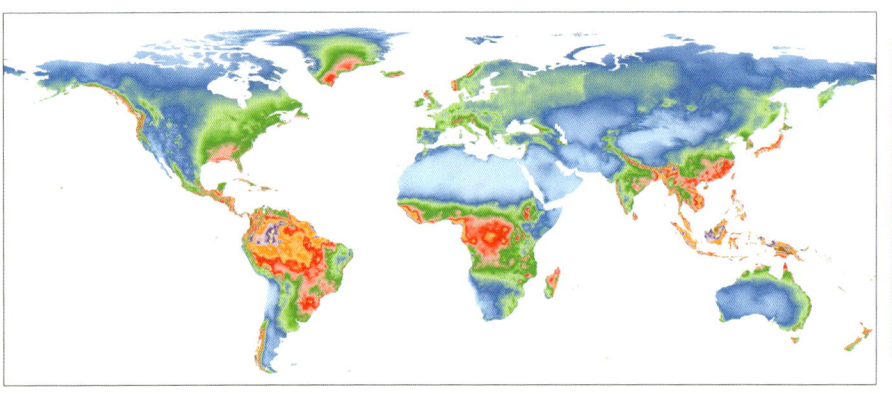

Figura 141. Distribución media de la precipitación anual (en mm) sobre las áreas continentales. El grosor en mm describe la profundidad de la capa de agua caída sobre el suelo (WorldClim, http://www.worldclim.org).

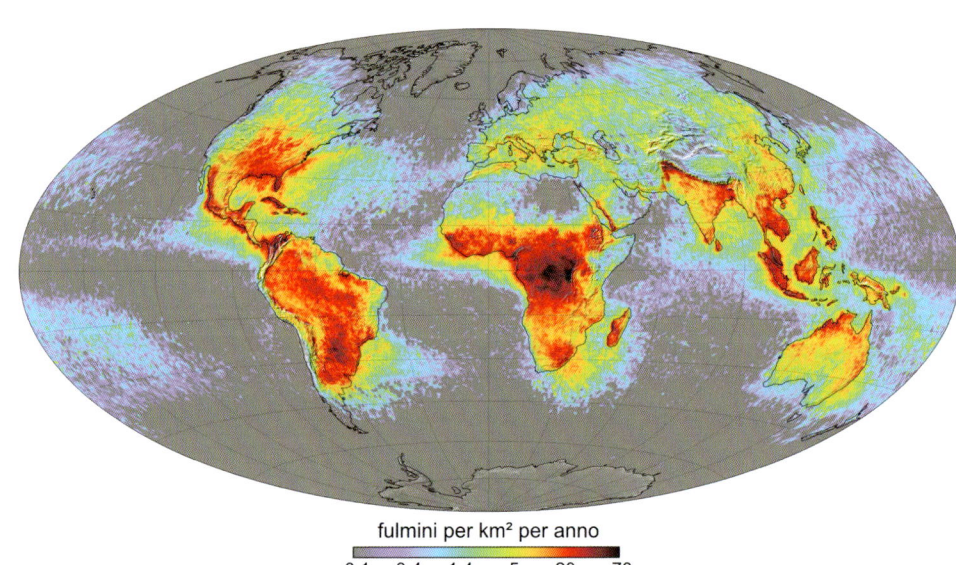

fulmini per km² per anno

Figura 142. Promedio anual de rayos por km² según los datos del *Lightning Imaging Sensor* (LIS) en el satélite TRMM entre 1995 y 2002. En gris o violeta claro se indican los lugares donde (en promedio) se registró solo un rayo. Las zonas con mayor cantidad de rayos se muestran en rojo, degradándose hacia el negro [NASA].

En el centro de la imagen, un rayo es captado desde la Estación Espacial Internacional el 12 de diciembre de 2013, muestra un intenso color blanco entre las luces amarillas de las ciudades de Kuwait City y otras de Arabia Saudita [NASA].

Nubes noctilucentes [Christer Nyqvist].

Sobrevolando nubes [A. Lesik].

una menor absorción de radiación solar. Por último, las cimas de las nubes más altas actúan como una verdadera «manta», potenciando el efecto invernadero y contribuyendo aún más al calentamiento.

Sin embargo, estos estudios distan de ser concluyentes, ya que muchas preguntas siguen sin respuesta. Por ejemplo, aún no está claro cómo separar los efectos que los gases de efecto invernadero tienen sobre las nubes de aquellos causados por las erupciones volcánicas. Además, los estudios sobre las nubes que podrían ser más determinantes para el futuro calentamiento de la Tierra —como los estratocúmulos marinos, que se forman a baja altura sobre los océanos subtropicales— siguen siendo insuficientes. Estas nubes cubren aproximadamente el 20 % de la superficie oceánica en latitudes bajas y desempeñan un papel clave al proteger el océano de la radiación solar entrante. Pero, ¿cómo evolucionarán en un mundo cada vez más cálido? Un estudio de modelos realizado en 2019 por T. Schneider y colaboradores, publicado en la revista *Nature Geoscience*, sugiere que estos estratocúmulos se vuelven inestables cuando los niveles de CO_2 superan las 1200 ppm (partes por millón de gas respecto a la masa de aire atmosférico). Además del calentamiento provocado por el aumento de CO_2, esta inestabilidad generaría un incremento adicional de 8 K a nivel global y de 10 K en las regiones subtropicales. Una vez que los estratocúmulos se fragmentan, solo vuelven a formarse cuando la concentración de CO_2 desciende significativamente por debajo del nivel que desencadenó la inestabilidad. Sin embargo, aún no está claro si estos resultados reflejan la realidad o son simplemente una hipótesis derivada de modelos. La respuesta, en este caso, sigue siendo esquiva, pero los resultados son plausibles y, sin duda, alarmantes. Quizás sea momento de tomar estas advertencias muy en serio...

Si razonamos con sentido común, podríamos deducir que el calentamiento de la Tierra aumentará la evaporación del agua y, por tanto, habrá más vapor de agua disponible para condensarse y formar nubes, ¿no es así? En teoría, esto implicaría una atmósfera más nubosa, con nubes más densas y espesas. Sin embargo, hay otro factor a considerar: una atmósfera más cálida requiere una mayor cantidad de moléculas de vapor de agua para alcanzar la saturación y condensarse, lo que complica la formación de nubes. Por ello, es difícil predecir con exactitud cómo responderán las nubes a las alteraciones climáticas provocadas por la actividad humana.

Un ejemplo ilustrativo es la comparación entre el verano y el invierno. Aunque en verano las temperaturas son más altas y la humedad suele ser mayor, el cielo no es significativamente más nuboso, en promedio, que en invierno. Esto demuestra que la relación entre el calor, la humedad y la formación de nubes no es tan directa como podría parecer a primera vista.

Otros estudios basados en modelos han concluido que las nubes bajas, en las simulaciones, se comportan de manera similar a lo observado por los satélites y los instrumentos en tierra. En las latitudes medias, por ejemplo, las nubes tienden a volverse ligeramente más delgadas y menos reflectantes en escenarios de clima más cálido. En los trópicos, también pierden reflectividad, pero por una razón distinta: en un clima más cálido, las nubes pierden más agua debido al aumento de las precipitaciones. Sin embargo, no todos los tipos de nubes responden de la misma manera. Por ejemplo, los yunques de las tormentas, que se forman a gran altitud, se vuelven más extensos y reflectantes en un clima más cálido. Dado que estos cambios en las nubes bajas y altas tienden a compensarse mutuamente, el efecto neto sobre el clima sugiere que las nubes en un mundo más cálido no serían muy diferentes de las actuales. Esto contradice la idea, presente en algunos modelos climáticos, de que las nubes más reflectantes podrían «salvarnos» parcialmente del calentamiento global al reflejar una porción significativa de la radiación solar hacia el espacio. Según estos estudios más recientes, como señalan los científicos del *Goddard Institute for Space Studies* (GISS) de la NASA, las nubes no serían el «caballero blanco» que nos rescata del cambio climático. En resumen, como suele ocurrir en el ámbito científico, se necesitan más investigaciones para comprender mejor los mecanismos de causa y efecto que vinculan a las nubes con el clima. Mientras la ciencia avanza en este campo, sería prudente trabajar en la reducción de las emisiones de gases contaminantes y partículas a la atmósfera, como una medida preventiva esencial.

El esfuerzo de la comunidad científica por desarrollar modelos cada vez más sofisticados, capaces de generar escenarios climáticos confiables en los que las nubes estén correctamente representadas, es fundamental. También existen iniciativas dedicadas a monitorear la distribución de las nubes, similares a los programas que rastrean la temperatura global o los niveles de CO_2 en la atmósfera. Un ejemplo destacado es el *International Satellite Cloud Climatology Project* (ISCCP), lanzado en 1982 por William B. Rossow como parte del *World*

Climate Research Program (WCRP) de la Organización Meteorológica Mundial (OMM). Este proyecto recopila mediciones de radiancia de satélites meteorológicos y las analiza para obtener datos sobre la distribución de las nubes, sus propiedades y sus variaciones a escala diaria, estacional e interanual. El ISCCP tiene como objetivo determinar si las nubes están cambiando en cantidad, altura, espesor, tipología u otras características debido al cambio climático, o si, por el contrario, son ellas las que ejercen efectos significativos sobre el calentamiento global. Los datos recopilados y los análisis derivados se utilizan para estudiar el papel de las nubes en el clima terrestre, tanto en lo que respecta a su influencia sobre los intercambios radiativos y energéticos como a su papel en el ciclo global del agua. Solo a través de una perspectiva satelital global, como la que ofrece el ISCCP, podemos comprender los cambios en las nubes y su conexión con las alteraciones climáticas, especialmente en relación con las modificaciones en la circulación atmosférica y su termodinámica.

Además de reducir la contaminación, ¿podemos hacer algo más para alterar lo que parece ser un calentamiento irreversible de nuestro planeta? ¿Es posible modificar activamente el tiempo atmosférico y, por tanto, el clima? Algunos afirman que sí, pero veamos en qué consisten estas propuestas.

Una idea que ya hemos explorado parcialmente en el Capítulo 6 es el Proyecto Cirrus de 1947, que utilizaba hielo seco para inseminar nubes y provocar su congelación. Desde entonces, la tecnología ha avanzado significativamente. Pero, ¿cómo y por qué se inseminan las nubes? La respuesta radica, en primer lugar, en el deseo humano de aumentar las precipitaciones o incluso generarlas en zonas donde escasean o son inexistentes. Estamos hablando de la modificación del tiempo atmosférico (*weather modification*), es decir, la alteración artificial de las nubes para convertirlas en precipitantes.

Desde un punto de vista histórico, es importante destacar que todas las civilizaciones han sentido fascinación por la idea de modificar el tiempo, atribuyéndole un carácter mágico y sobrenatural. Las divinidades han sido invocadas a través de ritos, más o menos fantasiosos, para implorar lluvia o para pedir protección frente a fenómenos meteorológicos extremos. En la Edad Media, el obispo Agobardo de Lyon escribió en su obra *Contra vulgi insulsam opinionem de grandine et tonitruis* en contra de las supersticiones populares relacionadas con el clima. Esta época marcó el inicio de la desconfianza hacia aquellos que se autoproclamaban magos capaces de influir en el tiempo, conocidos como *tempestarii*. Estos personajes afirmaban tener el poder de provocar tormentas y eran temidos, e incluso odiados, en las zonas rurales. Allí, la gente recurría a los llamados «defensores» —brujos que, a cambio de un inevitable pago en dinero, «protegían» a la población de los *tempestarii*—. En resumen, todo se reducía a magia y, sobre todo, a intereses económicos. Por supuesto, las brujas —figuras recurrentes en estas historias— también fueron acusadas de provocar tormentas (Figura 144) con «fines inconfesables».

Desde las sugerentes y supersticiosas creencias de la Edad Media hasta nuestros días, el camino ha sido largo. Sin embargo, el ser humano no solo ha intentado, sino que sigue intentando, modificar el tiempo para su propio beneficio. La estrategia más común en la actualidad es la siembra de nubes (*cloud seeding*), que consiste en dispersar partículas de aerosol que actúan como núcleos de condensación o congelación, alterando así la composición microfísica de las nubes. El objetivo principal es aumentar la capacidad de precipitación de una nube, ya sea en forma de lluvia o nieve. También se han realizado intentos para suprimir la formación de niebla e, incluso, para evitar el granizo. La siembra se lleva a cabo tanto desde tierra como mediante el uso de cohetes o aviones (Figura 145). Las sustancias más utilizadas son el yoduro de plata, el yoduro de potasio y el hielo seco (dióxido de carbono sólido, mencionado anteriormente), ya que su estructura cristalina es muy similar a la del hielo. Esto permite inducir la formación

Figura 144. Ulricus Molitoris, *De lamiis et phitonicis mulieribus - Teutonice vnhol-den vel hexen* (*Sobre las brujas y las mujeres adivinas*), Otmar, Reutlingen, 1489.

de cristales de hielo a temperaturas relativamente altas (alrededor de −5 °C). Estos cristales se agrupan en copos de nieve que precipitan y, al derretirse al pasar por el nivel de cero grados de la nube, aumentan la cantidad de lluvia en el suelo. Es importante destacar que la siembra de nubes presupone la existencia previa de una nube, ya que su objetivo es alterar su microfísica. En otras palabras, no es posible sembrar un cielo despejado, ya que el resultado sería nulo. Sin embargo, la controversia sobre la eficacia de los experimentos de siembra de nubes sigue abierta. Hasta ahora, no existen evidencias concluyentes que demuestren de manera inequívoca su efectividad práctica.

La siembra de nubes ha generado numerosas controversias, especialmente entre los defensores de las conspiranoias sobre las llamadas *chemtrails* (estelas químicas). Según estas teorías, las estelas de condensación que dejan los aviones no estarían compuestas por vapor de agua, sino por agentes químicos o biológicos, rociados intencionalmente desde aeronaves equipadas con dispositivos especiales para diversos fines. Si bien es cierto que los primeros experimentos de siembra de nubes fueron llevados a cabo por instituciones militares, estas teorías carecen por completo de fundamento científico.

A pesar de que se ha demostrado repetidamente que la idea de una conspiración internacional para esparcir sustancias tóxicas desde el cielo es absurda, una investigación realizada en 2011 reveló que, a nivel global, alrededor del 17 % de la población está convencida de la existencia de este tipo de complot. Este dato, por sí solo, refleja cuánto trabajo queda por hacer para educar y fomentar que basen sus creencias

Figura 145. *Cloud seeding* (siembra de nubes) con partículas nucleantes desde tierra (izquierda) y desde avión (derecha).

en hechos científicos, y no en teorías fantasiosas. Lamentablemente, parece que no estamos tan lejos de los tiempos de Agobardo de Lyon o de las acusaciones contra las brujas en los siglos XV y XVI.

Hasta ahora, hemos hablado de la siembra de nubes, un procedimiento relacionado con la modificación del tiempo, pero no con la adopción de medidas a largo plazo para combatir el cambio climático. Sin embargo, el ser humano también ha dirigido su atención hacia esta necesidad de mayor alcance, dando inicio a una nueva aventura tecnológica: la geoingeniería. Las propuestas en este campo son numerosas y de naturaleza muy diversa. Algunas incluyen crear cultivos más reflectantes o resistentes a la sequía, pintar de blanco terrenos y edificios, lanzar billones de espejos al espacio para reflejar la luz solar, o añadir hierro y nitrógeno a los océanos para promover el almacenamiento de carbono por parte del fitoplancton. Sin embargo, es fácil comprender que muchas de estas ideas enfrentan grandes desafíos, tanto técnicos como económicos, que dificultan su aplicación práctica.

En lo que respecta a la geoingeniería relacionada con las nubes, una de las propuestas más sugerentes es la de Stephen H. Salter, profesor emérito de la Universidad de Edimburgo. En la década de 1970, mientras trabajaba en algo completamente distinto, Salter observó que las estelas dejadas por las chimeneas de los barcos eran bastante persistentes y, en general, más brillantes que las nubes circundantes (Figura 146). Esto se debe a que las partículas contaminantes de aerosol emitidas por los barcos actúan como núcleos de condensación de tamaño reducido, produciendo gotitas de agua más pequeñas y, por tanto, más reflectantes. En 1990, el físico John Latham, de la Universidad de Manchester, propuso utilizar partículas naturales, como la sal marina, para lograr un efecto similar, es decir, «blanquear» las nubes y aumentar su reflectividad. Latham contactó a Salter, ya que necesitaba un ingeniero para diseñar un mecanismo de vaporización. Tras considerar numerosos desafíos técnicos, Salter diseñó un aerodeslizador sin piloto, controlado por ordenador y alimentado por energía eólica (Figura 147), capaz de bombear una neblina ultrafina de sal marina directamente a las nubes, obtenida del agua de mar circundante.

Según los cálculos de Salter, vaporizar agua de mar a un ritmo de 10 m³ por segundo podría contrarrestar todo el calentamiento global acumulado hasta ahora, con un coste estimado entre 100 y 200 millones de dólares anuales. Con una flota de 300 de estos aerodeslizadores, se podría reducir la temperatura global en 1,5 °C. Además, Salter sugiere que flotas más pequeñas podrían utilizarse para mitigar

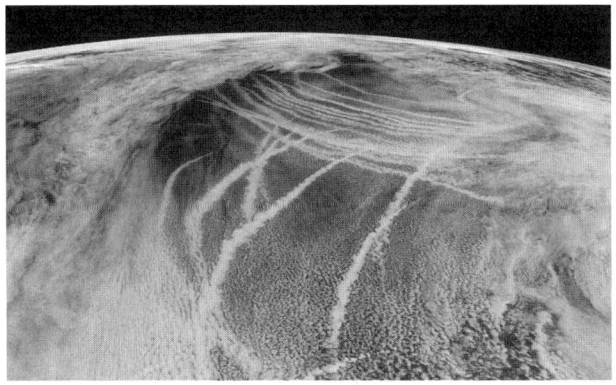

Figura 146. Estelas generadas por las columnas de humo de las chimeneas de los barcos, que provocan la modificación de los estratocúmulos y hacen que las nubes sean más blancas y reflectantes.

Figura 147. Hidroala sin piloto, diseñada por Stephen H. Salter para rociar núcleos de cloruro de sodio (sal marina) desde el mar y modificar el poder reflectante de las nubes [© John MacNeill].

eventos meteorológicos extremos a nivel local. Aunque el proyecto es muy controvertido, no carece de plausibilidad científica ni de viabilidad tecnológica. Un aspecto positivo es que su impacto ambiental sería mínimo, ya que solo utilizaría sal marina. Sin embargo, su implementación probablemente requeriría una década de desarrollo, y hasta ahora no se ha avanzado debido al debate en curso, especialmente en lo que respecta a la cantidad de partículas necesarias y el grado de enfriamiento que se podría lograr.

Más allá de cualquier idea brillante para combatir el calentamiento global, una cosa es segura: todavía no sabemos lo suficiente, especialmente sobre el papel de las nubes. ¿Seguirán actuando como una pantalla que refleja la radiación solar entrante, o su capacidad para hacerlo disminuirá? ¿Los estratocúmulos marinos, cruciales para el efecto invernadero, se volverán cada vez más fragmentados e inestables? ¿Aumentarán las nubes tormentosas en algunas regiones del planeta mientras disminuyen drásticamente en otras? Estas y muchas otras preguntas siguen sin una respuesta definitiva, y la ciencia tendrá que seguir trabajando intensamente para resolverlas. Para lograrlo, no solo se necesitan modelos cada vez más refinados, sino también observaciones globales más precisas y prolongadas en el tiempo.

Epílogo: medir el cielo

«¿Qué harán las hormigas en los días de lluvia?».

HARUKI MURAKAMI, *NORWEGIAN WOOD*.

Mientras que las hormigas en el universo de Haruki Murakami tienen pocas alternativas más allá de refugiarse y esperar a que cese la lluvia, el ser humano cuenta con un abanico de posibilidades mucho más amplio. Entre ellas, la más importante —y a menudo la más subestimada— es la de emular al hombre que mide las nubes en la obra de Jan Fabre (Figura 148). Esta escultura del provocador artista belga podría parecer, a primera vista, una suerte de desafío irónico, especialmente si se tiene en cuenta el lema que la acompaña: *Monumento a la medida de lo inconmensurable*. Sin embargo, al reflexionar sobre su significado, la obra adquiere una profundidad inesperada.

Desde los albores de la civilización, el ser humano ha dirigido su mirada hacia el cielo, intentando descifrar el enigma de las nubes que se agolpan sobre él. No solo para mitigar los efectos del mal tiempo, sino también para predecirlo y, así, poder resguardarse. Pero para lograrlo, primero ha tenido que comprender cómo se forman esas masas etéreas, y aún hoy sigue en ese empeño. Es necesario alzar la vista hacia lo alto o, incluso, observarlas desde el espacio para entender su evolución y sus manifestaciones meteorológico-climáticas, que todavía no hemos logrado descifrar por completo. Más crucial aún es interpretar las señales de cambio que las nubes nos envían, mensajes que aún no terminamos de comprender.

Figura 148. Jan Fabre, *El hombre que mide las nubes (Monumento a la medida de lo inconmensurable)*, 2019. Vista de la instalación en la 58ª Bienal de Venecia (© Angelos BV / Foto: Floriana Giacinti).

Puede parecer una tarea titánica, dada la naturaleza evanescente, cambiante y esquiva de las nubes. De hecho, es difícil encontrar en la naturaleza algo más complejo de esquematizar. Sin embargo, comprender mejor los procesos de formación, evolución y disipación de las nubes no es solo un desafío intelectual, sino una necesidad vital para nuestro futuro como especie en este planeta nublado. Es esencial para proteger no solo a los seres humanos, sino a todos los seres vivos, de cambios que podrían resultar devastadores. Si aspiramos a preservar intacta nuestra casa común, debemos entender también cómo funcionan las nubes.

Espero que este libro haya logrado despertar en ti un interés genuino por este tema, y que ahora puedas mirar las nubes no como meras espectadoras pasivas, sino como fieles compañeras de viaje en la vida cotidiana. Incluso en aquellos días en los que el cielo parece despejado y ausente de su presencia, no te impacientes: espera y verás, pronto volverán. Y cuando lo hagan, si prestas atención a los cambios del cielo, podrás decir, con la certeza de Jules Renard (*Journal, 1887-1910*): «Mi país está allí donde pasan las nubes más bellas».

Pequeño glosario para cazadores de nubes

AGUA SUPERENFRIADA. Agua que se encuentra en las nubes en estado líquido a temperaturas inferiores a 0 °C. Muy frecuente en las tormentas, se ha documentado su existencia hasta −38,5 °C.

AEROSOL ATMOSFÉRICO. Partículas o corpúsculos en suspensión en la atmósfera de origen natural o antrópico.

AGREGADO. Conjunto de cristales de hielo que se unen tras una colisión y que forman un copo de nieve.

BLUE JET. Fenómeno eléctrico-luminoso de brevísima duración caracterizado por una forma de cono invertido de color azul. Se produce en la estratosfera entre 20 y 50 km por encima de las tormentas.

BLUE STARTER. También llamado blue streamer. Fenómeno luminoso en movimiento ascendente y conectado a los blue jets, pero más breve y brillante que estos últimos, alcanzando una altitud de 20 km.

BREAKUP. Rotura de las gotas grandes por efecto de la inestabilidad mecánica.

CICLÓN. Vórtice atmosférico, es decir, región atmosférica en la que la presión es más baja que en las zonas circundantes a la misma altitud (baja presión). Está típicamente asociado a tiempo perturbado y a los frentes meteorológicos.

CICLÓN TROPICAL. Sistema ciclónico que se origina en los océanos tropicales o subtropicales, caracterizado por un centro o vórtice de baja presión de núcleo cálido y por frentes tormentosos dispuestos en espiral y en rotación alrededor de un centro bien definido. Produce fuertes vientos e intensas precipitaciones.

CLOUD SEEDING. Véase siembra de nubes.

CONDENSACIÓN. Paso de la fase gaseosa a la líquida (en química se denomina también licuefacción).

COALESCENCIA. Fenómeno por el cual las gotitas dispersas en el aire se unen para formar agregados de mayor tamaño.

DART LEADER. Descarga secundaria que se genera después del return stroke en un rayo y que deposita carga negativa a través del canal ionizado.

DENDRITA. Cristal de hielo con estructura arborescente y densa ramificación.

DEPOSICIÓN. Sedimentación de las moléculas de vapor sobre la superficie del cristal de hielo en formación que le permite crecer rápidamente en tamaño.

DOWNDRAFT. Corriente descendente en una nube. Puede arrastrar consigo lluvia u otra precipitación.

DRIZZLE. Llovizna. Precipitación de gotitas de dimensiones más pequeñas que las de las gotas de lluvia (generalmente más pequeñas de 0,5 mm).

DROPSONDE. Sonda para muestreo vertical de la atmósfera. Se lanza desde aviones y cae vertical a través de la nube.

EFECTO TWOMEY. Proceso que prevé cómo la adición de núcleos de condensación por contaminación antrópica puede aumentar la cantidad de radiación solar reflejada por las nubes interfiriendo de hecho con el balance radiativo terrestre.

ESTRATOSFERA. Región de la atmósfera terrestre entre 20 y 50 km de altitud (empieza a 8 km en los Polos y a 20 km en el Ecuador).

EVAPORACIÓN. Paso del estado líquido al gaseoso.

EXOSFERA. Región de la atmósfera terrestre entre 500 km de altitud y el espacio exterior.

FAVONIO. En alemán *föhn*, es un viento cálido y seco que se presenta por efecto caída sobre la cadena alpina debido a la pérdida de humedad de las masas de aire en tránsito sobre ella.

ENGELAMIENTO En inglés *freezing rain* (lluvia engelante, lluvia gélida). A diferencia del *sleet*, las gotas producidas por la fusión de los cristales de hielo están demasiado cerca del suelo y no tienen tiempo de volver a congelarse. La lluvia cae sobre suelo muy frío y se produce una pátina de hielo liso.

GEOINGENIERÍA. Conjunto de las estrategias estudiadas para contrarrestar el aumento de la temperatura del planeta a través de intervenciones directas del hombre.

GIGANTIC JET. Fenómenos similares a los *blue jet*, pero que alcanzan altitudes más elevadas y que se caracterizan por la parte superior coloreada de rojo.

GRANIZO. En inglés *hail*. Hidrometeoros helados de grandes dimensiones crecidos por deposición sucesiva de gotitas superenfriadas en régimen de crecimiento seco (poca agua superenfriada) y húmedo (mucha agua superenfriada). El granizo (hailstone) tiene por tanto normalmente una estructura de cebolla alternando hielo denso y menos denso.

GRAUPEL. En italiano, *neve tonda* o *gragnola*. Bolitas de hielo crecidas por depósito de gotitas superenfriadas y en general de consistencia friable. A menudo confundida con el granizo, puede representar el primer estadio de su formación.

HAZE. Calima. Neblina de gotitas recién formadas sobre núcleos de condensación sobre todo en aire fuertemente contaminado. Puede formarse también en condiciones limpias, pero con altas sobresaturaciones.

HIELO LISO. *Glaze* en inglés. Depósito de hielo homogéneo y compacto, generalmente transparente, formado por la congelación de gotitas de llovizna o gotas de lluvia subfundidas sobre objetos cuya superficie tiene una temperatura inferior a 0°C o ligeramente superior. El hielo liso sobre el suelo no debe confundirse con el hielo térreo —o hielo oscuro— cuando aparece en la superficie de una carretera. El hielo térreo se forma cuando el agua procedente de la precipitación de gotitas de llovizna o gotas de agua no subfundidas se congelan en el suelo, cuando la nieve del suelo vuelve a congelarse tras haberse fundido total o parcialmente o cuando la nieve del suelo se hace compacta y dura por el tráfico.

HIELO SECO. Dióxido de carbono (CO_2) en estado sólido a temperaturas en torno a -78 °C. Pasa directamente del estado sólido al gaseoso sin pasar por el estado líquido (sublimación).

HIDROMETEORO. Cualquier componente de la nube relacionado con la condensación de la humedad: gotitas, gotas, cristales, agregados, graupel, granizo, etc.

HURACÁN. Ciclón tropical que se forma sobre el océano Atlántico con vientos sostenidos de velocidad superior a 120 km/h.

ICE PELLET. Ver *sleet*.

INVERSIÓN. Inversión del gradiente térmico de la atmósfera por el que la temperatura aumenta con la altitud en lugar de disminuir.

LEADER. Llamado también *streamer*, es el canal ionizado que se mueve desde el suelo hacia la nube llevando la carga positiva. Cuando se une al *stepped leader*, parte el *return stroke* y el rayo se vuelve visible.

MEDICÁN. Ciclón mediterráneo de tipo tropical (*tropical-like cyclone*).

MESOSFERA. Región de la atmósfera terrestre entre 60 y 90 km de altitud.

MIST. Niebla poco densa constituida por pequeñas gotitas sobre un área muy húmeda o sobre una superficie de agua.

MULTICÉLULA. Clúster de tormentas compuesto por varias células tormentosas, cada una de las cuales en una fase diferente del ciclo de vida de una tormenta.

NOWCASTING. Previsión a corto y cortísimo plazo (0-12 horas).

NUBE CÁLIDA. Nube en la que los procesos microfísicos ocurren todos a temperaturas por encima de 0 °C y por tanto mayoritariamente en fase líquida.

NUBE FRÍA. Nube en la que los procesos microfísicos están basados en la fase de hielo y que, mayoritariamente, se desarrolla a temperaturas por debajo de 0 °C.

NUBE MIXTA. Nube cuya formación está basada en gran medida en la fase hielo, pero que contiene en general mucha agua sobreenfriada. A veces el término se usa como sinónimo de nube fría.

NUCLEACIÓN. Formación de agregados de moléculas de vapor hasta la producción de un hidrometeoro de agua o de hielo. Se dice homogénea si ocurre solo a partir del vapor y heterogénea si ocurre con el concurso de una partícula de aerosol.

RED SPRITE. Descargas eléctricas a gran escala que ocurren por encima de las tormentas y que son provocadas por rayos de carga positiva. Se encuentran entre 50 y 90 km de altitud.

RETURN STROKE. Descarga de retorno a través del canal ionizado hacia la nube y que hace visible el rayo.

RIME SPLINTERING. Conocido también como efecto Hallett y Mossop. Proceso de producción de cristales de hielo secundarios en la nube durante el crecimiento de los graupel por captura de gotitas sobreenfriadas entre -3 y $-8\,^{\circ}\text{C}$.

RIMING. Depósito de partículas de hielo granular sobre la superficie de un cristal de hielo por efecto del engelamiento por impacto sucesivo de gotitas sobreenfriadas.

SALTACIÓN. Transporte de partículas de arena desde la superficie terrestre, operado por el viento que las desplaza. Fenómeno típico de generación de aerosol atmosférico de origen desértico.

SEEDER FEEDER. Mecanismo de aumento de la precipitación orográfica en el que la precipitación de una nube a gran altitud (seeder) cae a través de un estrato a altitud más baja (feeder). El mecanismo de aumento ocurre a través de colisión/coalescencia o crecimiento.

SIEMBRA DE NUBES. En inglés *cloud seeding*. Técnica que apunta a cambiar la cantidad y el tipo de precipitación a través de la dispersión en las nubes de sustancias químicas (a menudo yoduro de plata) que actúan como núcleos de congelación para favorecer la formación de las precipitaciones.

SLEET. Lluvia helada. Cristales de hielo se funden durante el paso a través de un estrato cálido y luego vuelven a congelarse y caen al suelo como bolitas de hielo (*ice pellet*).

SMOG. Término inglés derivado del cruce entre *smoke* (humo) y *fog* (niebla) que indica una forma de contaminación atmosférica en los estratos bajos de la atmósfera.

SOLUCIÓN. Mezcla homogénea en la que una o más sustancias están contenidas en fase líquida, sólida o gaseosa.

SOLUTO. Compuesto que contribuye a la solución junto con el solvente. En la atmósfera el soluto es una sal disuelta en el agua de la gotita por la disolución de la partícula soluble de aerosol.

SOMBRA PLUVIOMÉTRICA. En inglés *rain shadow*, es un fenómeno que se manifiesta en la vertiente de sotavento de montañas u obstáculos orográficos. La lluvia cae a barlovento y el aire a sotavento es seco y no produce precipitación.

SOBRESATURACIÓN. Estado de una solución que contiene más material disuelto del que podría ser disuelto por el solvente en condiciones normales. En la atmósfera se entiende del vapor respecto al aire.

SPLINTERING. Rotura de los cristales de hielo en fragmentos a partir del cristal de partida por efecto del *riming* o de un choque mecánico.

SPRITE HALO. Luminiscencia de forma discoidal que aparentemente precede la formación de un *red sprite* y que se propaga hacia abajo de 85 a 70 km de altitud y dura alrededor de 1 milisegundo.

STEPPED LEADER. Canal ionizado que se desarrolla desde la nube hacia el suelo. Tiene un aspecto por secciones y abre el camino al verdadero rayo.

Sublimación. Paso del estado sólido al gaseoso sin pasar por el estado líquido.

Supercélula. También supercelda, es una tormenta caracterizada por la presencia de una baja presión en rotación, el mesociclón.

Superenfriamiento. También llamado sobrefusión o sobreenfriamiento. Es la permanencia del agua en estado líquido tras el enfriamiento por debajo de la temperatura de congelación (ver también agua sobreenfriada). *Supercooled drop* es el término que se usa en inglés para una gotita superenfriada.

Tensión superficial. Tensión mecánica de cohesión de la gotita sobre su superficie externa.

Térmica. Corriente de aire ascendente debida a los movimientos convectivos que se generan por efecto del calentamiento por irradiación de los estratos atmosféricos cercanos al suelo.

Termosfera. Región de la atmósfera terrestre entre 95 y 500 km de altitud.

Tifón. Nombre de los huracanes en el océano Pacífico.

Troll. Se asemeja a los *blue jet*, pero es de color rojo y parece manifestarse cuando los tentáculos de un *sprite* se extienden hasta la altitud de la nube tormentosa.

Troposfera. Región de la atmósfera terrestre entre la superficie terrestre y 8 km en los Polos y 20 km en el Ecuador. Contiene las tres cuartas partes de toda la masa gaseosa de la atmósfera.

Updraft. Corriente ascendente en una nube. Lleva en altitud el aire cálido y húmedo.

Weather modification. Modificación del tiempo. Siembra de las nubes con núcleos de condensación o de congelación para aumentar su potencial precipitante.

Yoduro de Plata. La fórmula química es AgI y es un compuesto amarillo, fotosensible, utilizado en fotografía y en medicina por las propiedades desinfectantes y en la siembra de nubes para la producción de cristales de hielo que favorecen la formación de la precipitación.

Siglas

ARW-WRF, Advanced Research-Weather Research and Forecast model (NCAR).
ATS-1, Applications Technology Satellite-1 (NASA).
AVHRR, Advanced Very High Resolution Radiometer (NOAA).
CCN, Cloud condensation nuclei. Pequeñas partículas de aerosol de tamaño típicamente de 1/100 de una gotita sobre las que condensa el vapor de agua en los estadios iniciales de formación de una nube. Pueden ser de origen natural o antrópico.
CNR, Consiglio nazionale delle ricerche.
CNRS, Centre national de la recherche scientifique.
CO2, Dióxido de carbono o anhídrido carbónico. Uno de los principales gases de efecto invernadero.
CP, Convective parameterization.
CSWR, Center for Severe Weather Research.
CTG, *Cloud-to-ground*. Rayos nube-tierra.
DLR, Deutsches Zentrum für Luft- und Raumfahrt (German Aerospace Center).
DOW, Doppler on Wheels.
DWD, Deutscher Wetterdienst.
ELVES, *Emission of Light and Very Low Frequency perturbations due to Electromagnetic pulse Sources*. Elfo, una tenue luminiscencia, plana y en expansión hasta 400 km de diámetro de la duración de 1 milisegundo que se desarrolla en la ionosfera a unos 100 km de altitud.
ESSL, European Severe Storms Laboratory.
EUMETSAT, European Organization for the Exploitation of Meteorological Satellites.
FACETS, Forecasting a Continuum of Environmental Threats (NSSL).
FISBAT, Istituto per lo studio dei fenomeni fisici e chimici della bassa e alta atmosfera (CNR).
GAW, Global Atmospheric Watch (WMO).
GISS, Goddard Institute for Space Studies (NASA).
GPM, Global Precipitation Measurement mission (NASA & JAXA).
GPS, Global Positioning System.
HALO, High Altitude and Long Range Research Aircraft (DLR).
H/V, Horizontal/Vertical polarization (radar).
IC, *Intra-cloud*. Rayos nube-nube.
IN, *Ice nuclei*. Partículas de aerosol que actúan como núcleos para la formación de cristales de hielo en nubes frías.
INPE, Instituto nacional de pesquisas espaciais.
ISAC, Istituto di scienze dell'atmosfera e del clima (CNR).

ISAO, Istituto di scienze dell'atmosfera e dell'oceano (CNR).

ISCCP, International Satellite Cloud Climatology Project.

ISS, International Space Station.

JAXA, Japan Aerospace eXploration Agency.

JMA, Japan Meteorological Agency.

K, Grado Kelvin. Se obtiene sumando 273 al valor del grado centígrado. Por tanto, 20 °C = 293 K.

Bibliografía

Aristóteles, *Meteorologia*, a c. di Lucio Pepe, Bompiani, Milano 2003.

Braham, R. A. Jr., «The Thunderstorm Project», in *Bulletin of the American Meteorological Society* 1835-1845, dicembre 1996, vol. 77, n. 12

Ceravolo Tonino, *Storia delle nuvole. Da Talete a Don DeLillo*, Rubbettino, Soveria Mannelli 2009.

Clément Gilles, *Nuvole*, DeriveApprodi, Roma 2011.

Corigliano Andrea, *Meteorologia*, vol. v, *Nubi e precipitazioni*, Ronca, Cremona 2018.

Cotton William R. e Anthes Richard A., *Storm and Cloud Dynamics*, Academic Press, San Diego 1989.

Descartes René, *Discorso del metodo*, a c. di Giambattista Gori, Rizzoli, Milano 2010.

Flossmann Andrea, Levizzani Vincenzo e Wang Pao K., «On the fundamental role of Hans Pruppacher for cloud physics and cloud chemistry», in *Atmospheric Research*, settembre 2010, vol. 97. Gallino Stefano, *Il meteo per la vela. Manuale per la regata e la crociera*, Nutrimenti, Roma 2015.

Gianfreda Francesca, Miglietta Marcello e Sansò Paolo, *La terra degli uragani. Trombe d'aria nel Salento. 1467-2005*, Colibrì, Milano 2006.

Geer Ira W., *Glossary of weather and climate. With related oceanic and hydrologic terms*, American Meteorological Society, Boston 1996.

Giuliacci Mario, Giuliacci Andrea e Corazzon Paolo, *Manuale di meteorologia. Guida alla comprensione dei fenomeni*, Alpha Test, Milano 2019.

Goethe Johann Wolfgang, von, *La forma delle nuvole e altri saggi di meteorologia*, a c. di Gabriella Rovagnati, Archinto, Milano 2000

Hakim Gregory J. e Patoux Jérôme, *Weather. A Concise Introduction*, Cambridge University Press, Cambridge 2018.

Henson Robert, *The Rough Guide to Weather*, Rough Guides, New York 2008.

Houze Robert A. jr., *Cloud Dynamics*, Elsevier, Amsterdam 2014.

Howard Luke, *Essay on the Modifications of Clouds*, Cambridge University Press, Cambridge 2011.

Kappenberger Giovanni e Kerkmann Jochen, *Il tempo in montagna. Manuale di meteorologia alpina*, Zanichelli, Bologna 1997.

Khvorostyanov Vitaly I. e Curry Judith A., *Thermodynamics, Kinetics and Microphysics of Clouds*, Cambridge University Press, New York 2014.

Lamb Dennis e Verlinde Johannes, *Physics and Chemistry of Clouds*, Cambridge University Press, Cambridge 2011.

Levizzani Vincenzo e Setvák Martin, «Multispectral, High-Reso-lution Satellite Observations of Plumes on Top of Convective Storms», in *Journal of the Atmospheric Sciences*, febrero 1996, vol. 53, n. 3.

Libbrecht Kenneth, *Ken Libbrecht's field guide to snowflakes*, Voyageur, Minneapolis 2016.

Libbrecht Kenneth e Wing Rachel, *The art of the snowflake. Winter's Frozen Artistry*, Voyageur Press, Minneapolis 2015.

Lohmann Ulrike, Lüönd e Mahrt Fabian, *An introduction to clouds. From the micro-scale to climate*, Cambridge University Press, Cambridge 2016.

Lucchetti Emanuele, *Atlante delle nubi*, Technopress, Roma 2011. Ludla

Frank H., *Clouds and Storms: The Behavior and Effect of Water in the Atmosphere*, Pennsylvania State University Press, Uni- versity Park 1980.

Ludlam Frank H. e Scorer S., *Cloud study: A Pictorial Guide*, John Murray, London 1957.

Ludlum David McWilliams, National Audubon Society: *Field Guide to North American Weather*, Alfred A. Knopf, New York 2005.

Mason Basil John, *The Physics of Clouds*, Oxford University Press, Oxford 2010.

Pruppacher Hans R. e Klett James D., *Microphysics of clouds and precipitation*, Springer, London 2010.

Rogers Roddy R. e Yau Man Kong, *A Short Course in Cloud Physics*, Butterworth Heinemann, Oxford 1989.

Scorer Richard S., *Clouds of the World. A Complete Color Encyclopedia*, David & Charles, Exeter 1972.

Straka Jerry M., *Cloud and Precipitation Microphysics. Principles and Parameterizations*, Cambridge University Press, Cambridge 2009.

Strangeways Ian, *Precipitation. Theory, Measurement and Distribution*, Cambridge University Press, Cambridge 2010.

Wallace John M. e Hobbs Peter Victor, *Atmospheric Science: An Introductory Survey*, Academic Press, Amsterdam and Paris 2006.

Wang Pao K., *Physics and Dynamics of Clouds and Precipitation*, Cambridge University Press, Cambridge 2013.

Zanocco Damiano, *Atlante universale delle nuvole. Come si chiamano e come si classificano le nubi.* Antiga Edizioni, Crocetta del Montello 2019.

Sitios web

Australian Severe Weather, http://australiasevereweather.com/index.html.
Cas, Cloud Appreciation Society, https://cloudappreciationsociety.org.
Cnr-Isac, Consiglio nazionale delle ricerche, Istituto di scienze dell'atmosfera e del clima, http://www.isac.cnr.it.
Come Rain or Shine: Understanding the Weather, University of Reading and Royal Meteorological Society, https://www.futurelearn.com/courses/come-rain-or-shine?dm_i=2PRB,10T1Y,79LLPK,3VXYA,1.
Essl, European Severe Storms Laboratory, https://www.essl.org/cms/.
Iccp, International Commission on Clouds and Precipitation, http://www.iccp-iamas.org.
Isccp, International Satellite Cloud Climatology Project, https://isccp.giss.nasa.gov.
Italian Climate Observatory Ottavio Vittori, http://www.isac.cnr.it/cimone/.
MetEd, Teaching and Training Resources for the Geoscience Community, Ucar, Comet, https://www.meted.ucar.edu/index.php.
Nasa, Earth Observatory, https://earthobservatory.nasa.gov.
Nasa, Gateway to Astronaut Photography, https://eol.jsc.nasa.gov.
Nasa, Scientific Visualization Studio, https://svs.gsfc.nasa.gov/index.html.
Nasa, Visible Earth, https://visibleearth.nasa.gov.
Ncei, National Centers for Environmental Information, https://www.ncei.noaa.gov.
Noaa, Photo Library, https://photolib.noaa.gov.
Santiago Borja, https://www.santiagoborja.com.
Snow crystals, Guide to snowflakes, http://www.snowcrystals.com/guide/guide.html.
Storm Shop, http://www.thestormshop.com/index.htm
Torro, TORnado and storm Research Organisation, http://www.torro.org.uk.
What's This Cloud, https://whatsthiscloud.com.
Wmo, International Cloud Atlas, Manual on the Observation of Clouds and Other Meteors, Wmo-No. 407, https://cloudatlas. wmo.int/home.html.
Ww2010. Weather World, University of Illinois, http://ww2010. atmos.uiuc.edu/ (Gh)/home.rxml.

Agradecimientos

Este libro y toda mi vida como científico no habrían sido posibles sin mi familia, que siempre me ha apoyado —a veces soportado—: Ángela, en primer lugar, y luego Marcello, Martino y Valerio. Franco Prodi y Hans R. Pruppacher me enseñaron mucho de la ciencia y de la vida, junto a mis padres y a mi querida tía Lucía: todos ellos siempre creyeron en mí sin reservas.

He realizado y sigo llevando a cabo investigaciones en el Instituto de Ciencias de la Atmósfera y del Clima del Consejo Nacional de Investigación (CNR). El CNR me ha permitido mantener la mirada en las nubes, sin restricciones, dándome la oportunidad de descubrir algunos de sus secretos inexplorados.

Sería imposible agradecer uno por uno a todos mis estudiantes por la motivación que me han brindado para enseñarles la física de las nubes. Ver su entusiasmo al aprender los misterios de la atmósfera es el resultado más hermoso de mi carrera. Junto a mis colegas Elsa Cattani, Sante Laviola, Silvio Davolio, Marcello Miglietta, Alessia Nicosia y Franco Belosi, comparto esta maravillosa aventura educativa con prometedores jóvenes, mirando hacia el futuro. Enseñar la física de las nubes no habría sido posible sin mi colega y amigo Rolando Rizzi, quien me llamó a la Universidad de Bologna hace quince años, desafiándome —¡como solo él sabe hacer!— a enseñar a los jóvenes.

Estoy agradecido a mis colegas Paolo Bonasoni, por las imágenes históricas del Monte Cimone y del profesor Ottavio Vittori, y a Pier Paolo Alberoni por las imágenes del radar de San Pietro Capofiume —al que trata como si fuera su criatura—.

Estoy en deuda con muchos artistas y escritores por su visión del cielo y de las nubes —no nubes «científicas»— como compañeras del género humano en su aventura en la Tierra.

En Il Saggiatore he encontrado un equipo formidable de hombres y mujeres dotados de una gran capacidad de escucha y profesionalidad. Andrea Gentile y Giuseppe Favi creyeron en mí desde nuestro primer encuentro en el CNR en Bolonia, donde nos elegimos mutuamente y entendimos que no podía ser de otra manera. Damiano Scaramella demostró una paciencia infinita al manejar un manuscrito de un «escritor» en ciernes, convirtiéndolo en algo serio. Marica Fasoli, con su sabiduría gráfica, me trató como a un colega, aunque yo de diseño gráfico entiendo lo justo, ¿verdad, Marica? Carlo Vidotto reunió todo el material hasta convertirlo en un verdadero libro, también con una paciencia monumental para una serie de detalles en los que, como se sabe, siempre pueden aparecer los duendes. Marco Prato revisó mis figuras e impidió que cometiera errores en este campo minado. En resumen, este libro es un esfuerzo colectivo de personas maravillosas que hacen su trabajo con gran pasión y competencia.

VINCENZO LEVIZZANI

Este libro se terminó de imprimir el 4 de marzo de 2025, exactamente seis años después de que un rayo extraordinario iluminara los cielos argentinos durante 16,73 segundos, estableciendo un récord mundial que perdura hasta hoy. Mientras ese relámpago dibujaba su firma eléctrica sobre las calles, las nubes, contemplaban la danza de luz más larga jamás registrada en la historia. Que este libro sirva de homenaje a los nefólogos, esos científicos que, con la mirada y el corazón en las alturas, dedican sus días a descifrar los secretos de las nubes, cartografiando las metamorfosis del cielo. Sus observaciones nos recuerdan que arriba, en ese océano de hidrometeoros que nos cobija, queda todo un universo por descubrir.